Engineering MECHANICS – STATICS

공업역학 [정역학]

류 연 선 저

홍릉과학출판사

머리말… Preface

공업역학(工業力學, Engineering Mechanics)은 공학계열의 대학 교육과정에서 맨 처음에 배우는 전공의 기초과목이라 할 수 있다. 공업역학의 학습 내용은 고등학교 과정의 수준에서 공부한 기본적인 물리학(역학, 힘과 운동)과 수학(삼각함수, 벡터)의 기초 위에 기술된다. 공업역학은 이후에 배우게 되는 응용역학, 재료역학, 유체역학, 고체역학, 구조역학, 토질역학, 탄성학 등의 기초가 되는 과목이기도 하다. 따라서 공업역학을 철저히 공부하고, 학습내용을 충분히 익히는 것은 대단히 중요하다.

공업역학은 정역학(靜力學, statics)과 동역학(動力學, dynamics)으로 구분되며, 대부분의 학과에서 3학점 또는 6학점으로 1학기 또는 2학기 동안 강의된다. 그러나 1학기 3학점으로 공업역학을 마치는 경우에는 정역학을 주로 강의하고, 동역학은 별도의 과목으로 운용하기도 한다.

이 책은, 16주로 구성된 1학기에 맞추어서 정역학을 강의 및 학습할 수 있도록 편성된 강의용 교과서이다. 즉, 16주를 강의(13주), 시험(2주), 예비 및 연습(1주)으로 할당해서 운영하면 되리라고 생각하여, 13개의 Lesson으로 편성한 것이다. 3학점에 주당 3시간의 강의와 적당한 양의 연습시간이 있는 것으로 생각하고 각 Lesson의 내용을 조정하였다.

Lesson마다 강의 제목과 주된 내용의 핵심어귀(核心語句, keywords)를 제시하였다. 또 강의내용은 개조식, 요약식, 서술식 및 도해식 등으로 자유롭게 그러나 선후관계를 고려하여 기술하였다. 매 Lesson마다 예제를 통하여 학습내용을 정리, 복습하고 연습문제를 통하여 확실히 익히도록 하였다. 학생들의 강의노트와 같은 형식을 취하기 위해 핵심적인 내용이 담긴 간단한 영문도 본문 중에 포함시켰다. 이렇게 함으로써 전공분야의 기초가 되는 용어를 영어로 익힐 수 있고, 국제무대에서 활동할 기술자의 자질을 갖추는 데도 도움이 되리라고 생각했기 때문이다.

각각의 Lesson에 포함된 예제는 강의 중에 토의 및 설명되는 것이 바람직하다. 강의내용의 연장과 다음 강의내용의 준비과정으로도 예제를 사용했기 때문이다. 매 Lesson의 끝에 있는 연습문제는 꼭 풀어보기 바란다. 연습문제는 가급적 강의 내용의 순서에 따라 배열하였다. 역학을 공부하는 것은 언어를 습득하는 것과 같아서 배운 내용을 연습해 보고 사용해 보아야 할 뿐 아니라, 연습문제의 풀이과정에서 강의 중에 명확하지 않던 부분도 확인되기 때문이다.

이 책은 저자들의 강의 경험을 토대로 1997년에 초고를 완성하고, 그때부터 강의교재로 사용하면서 수정과 보완을 계속한 것이다. 앞으로도 더 좋은 교과서가 되도록 체제와 내용, 예제와 연습문제 등을 지속적으로 보완할 예정이다. 또 이 책에는 공업역학의 1부인 정역학만 포함되어 있으며, 멀지 않은 장래에 공업역학의 2부라 할 수 있는 동역학의 강의용 교과서도 준비할 예정이다. 강의를 담당하는 교수님들과 수강하는 학생들의 아낌없는 조언과 충고 및 질문을 기대한다.

Learning Mechanics is like learning a Language. It is absolutely necessary to practice it and to use it.

2012년 여름에, 저자 씀.

목차··· Contents

ENGINEERING MECHANICS

LESSON 01

서론 ··· Introduction

[+ 공업역학의 정의 definition of engineering mechanics + 기본개념 fundamental concepts]

1 공업(=공학, engineering)이란?

> Engineering is any systematized practical application of the knowledge and findings – gained by study, experience, practice, and experiments – of theoretical sciences, mathematical and physical, so that they can be put to work for the benefit of mankind or the enhancement of human life.

이 책의 제목이면서 강의 교과목의 이름으로도 사용되는 '공업역학(工業力學, engineering mechanics)'은 '공업(工業, engineering)'과 '역학(力學, mechanics)'의 합성어이다. 공업은 좁은 의미에서 흔히 제조업을 의미하기도 하지만 여기에서는 공학(工學, engineering)과 같은 의미로 사용하는 용어이다.

공학은, 과학적 원리(科學的 原理, scientific principles)에 근거를 둔 이론적 지식(理論的 知識, theoretical knowledge)을 인류의 복지향상을 위해 창조적으로 응용하는 체계화된 실용학문이라고 정의할 수 있다. 여기서 이론적 지식은 수학적이나 물리학적인 지식을 의미하며, 이들은 연구, 경험, 실험이나 실무를 통하여 얻어진다. 공학은 기술(技術, technology)이라고도 하며 과학(科學, science)과 비교하여 설명하면 그 의미가 더욱 분명해지기도 한다.

공학의 관심사는 인간이 생활을 영위하는 과정에서 '만들 필요가 있는 것, 즉 있어야 할 것(what-is-to-be)'을 올바로 만드는 기예(技藝, art)이며, 과학의 관심사는 자연계에 '존재하는 것(what-is)'에 대한 지식(知識, knowledge)이다. 과학이 인간의 지적 호기심에서 출발하여 그 궁극적 목표가 더 좋은 이론(理論, better theory)을 발견하는 것이라면, 공학의 동기는 일상생활에서의 필요성이며 그 궁극적 목표는 더 좋은 사물(事物, better object)의 제작이라 할 것이다. 과학의 과정에서 객관성(客觀性, objectivity)을 추구하고 그 결과로서 미지에 대한 탐구(探究, exploration of what-has-not-known)가 이루어지는 반면, 공학의 과정에서는 주관성(主觀性, subjectivity)이 강조되고 그 결과로서 이제까지는 존재하지 않았던 것의 창조(創造, creation of what-has-not-been)가 이루어진다.

공학과 과학의 이러한 특성 때문에 공학을 넓은 의미의 과학에 포함시켜 응용과학(應用科學, applied science)이라고도 하며, 이러한 구분이 필요할 때는 과학을 순수과학(純粹科學, pure science)이라고도 한다. 표 1.1에는 과학과 공학의 동기와 과정 및 기대하는 목표와 결과 등을 비교하여 정리하였다.

표 1.1 Science and engineering

분야	동기	과정	목표	결과
과학 science	지적 호기심 curiosity	객관성 objectivity	더 좋은 이론 better theory	미지의 탐구 exploration
공학 engineering	생활의 필요성 necessity	주관성 subjectivity	더 좋은 사물 better object	새로운 창조 creation

2 역학(力學, mechanics)

Mechanics is an applied science which describes and predicts the conditions of rest or motion of bodiesunder the action of forces.

역학은, 물체에 힘이 작용할 때 그 영향(정지 또는 운동, 변위 및 변형 등)을 예측-분석-기술(豫測-分析-記述, prediction-analysis-description)하는 학문이라고 정의한다. 따라서 역학을 공부하려면 물체와 힘의 개념을 이해해야 한다. 힘에 관해서는 나중에 상세히 공부하기로 하고, 여기에서는 먼저 물체에 대하여 정의하고 그 특성을 살펴보기로 한다.

질량(質量, mass)은 가지고 있으나 크기가 없는(크기가 무시할 수 있을 정도로 매우 작은) 점을 질점(質點, particle = dimensionless mass point)이라 한다. 비록 크기가 없는 질점이라도 무수히 많이 모이게 되면 크기를 가지게 되는데(이것이 수학적인 적분의 개념이다), 이렇게 무한히 많은 질점이 연속적으로 모여 있는 집합체를 물체(物體, body)라고 정의한다. 물체는 질량과 크기를 가지며 역학의 대상이 된다.

물체에 작용하는 힘과 그 영향의 관계에서 물체를 분류하면, 힘이 작용하여도 변형이 발생하지 않는다고 가정하는 강체(剛體, rigid body)와 힘이 작용하면 변형이 발생하는 변형체(變形體, deformable body)로 구분할 수 있다. 엄밀한 의미에서 볼 때, 변형이 발생하지 않는 강체는 자연계에 존재하지 않는다. 그러나 작용하는 힘의 범위 내에서 변형의 크기가 공학적으로 무시할 수 있을 만큼 충분히 작으면, 그 물체는 강체로 취급할 수 있다는 것이다.

물체나 질점의 공간상의 위치(位置, place)가 변화할 때 이를 물체 또는 질점의 변위(變位, displacement)라 한다. 또 물체를 구성하고 있는 질점 상호간의 상대적인 위치가 변화하고 그 결과로서 물체의 형태(形態, form)가 변화할 때 이를 물체의 변형(變形, deformation)이라 한다. 따라서 변위는 질점과 물체가 모두 경험할 수 있는 성질이고, 변형은 물체에만 관련되는 성질이다. 즉, 질점은 크기가 없으므로 변형을 경험할 수 없다. 또 강체는 변형은 없고 변위만 발생하는 이상적인 물체라 할 수 있고, 변형체는 변형과 더불어 변위가 발생하는 물체이다.

모든 물체의 변형에는 질점 또는 물체의 변위가 수반된다. 그러나 하나의 물체를 구성하고 있는 모든 질점이 동일한 변위를 일으키는 경우에는 질점 상호간의 상대적인 위치변화가 없으므로 변형은 발생하지 않게 된다. 이와 같이 변형이 발생하지 않으면서 생기는 물체의 변위를 강체변위(剛體變位, rigid-body displacement)라고 한다. 또 변형체가 변형하는 과정에서 발생하는 변위에는 어느 정도의 강체변위가 항상 포함된다.

3 공업역학(工業力學, engineering mechanics)의 정의

Engineering **mechanics** is an applied science which describes and predicts the conditions of rest or motion of **rigid bodies** under the action of forces.

넓은 의미에서, 공학에 관련된 역학은 모두 공업역학이라 할 수 있을 것이다. 그러나 여기에서 정의하는 공업역학은 그 대상 물체가 강체이며, 강체에 작용하는 힘의 영향을 공부하는 과목이다. 즉, 강체에 힘이 작용할 때, 그 강체의 정지(靜止, rest) 또는 운동(運動, motion)의 조건과 영향에 관련된 물리적 현상에 대해 예측-분석-기술하는 것이다. 따라서 공업역학을 강체역학(剛體力學, mechanics of rigid bodies)이라고도 한다.

강체는 변형이 발생하지 않는 물체이므로, 강체에 힘이 작용하면 변위만 발생할 수 있다. 즉, 강체는 정지하고 있거나 또는 운동하는 것이다. 따라서 공업역학은 정지상태의 물체를 대상으로 하는 정역학(靜力學, statics)과 운동하는 물체를 대상으로 하는 동역학(動力學, dynamics)으로 구분된다. 동역학은 다시 운동하는 물체의 시간과 공간상의 위치 및 변위, 속도, 가속도 등의 관계를 다루는 운동학(運動學, kinematics)과 물체의 운동과 힘의 관계를 다루는 운동역학(運動力學, kinetics)으로 구분된다.

물체의 운동은 병진운동(竝進運動, translation)과 회전운동(回轉運動, rotation)으로 분해할 수 있다. 병진운동은 물체를 구성하는 모든 질점이 동일한 직선변위를 일으키는 것을 말하며, 회전운동은 모든 구성 질점이 한 점 또는 축을 중심으로 동일한 각도만큼 회전하는 것을 말한다. 질점이나 물체의 공간상의 위치나 운동을 성분으로 표시하기 위해서 좌표계(座標系, coordinate system)를 이용한다. 예를 들어 오른손 직교좌표계(x, y, z)에서 물체의 공간운동 성분을 표현하면 3개의 병진운동 성분과 3개의 회전운동 성분으로 구성된다. 즉, 병진운동에는 물체의 이동(移動)으로서 x축 방향의 이동(x-translation), y축 방향의 이동(y-translation), z축 방향의 이동(z-translation)이 있고, 회전운동의 성분에는 x축에 관한 회전(x-rotation), y축에 관한 회전(y-rotation), z축에 관한 회전(z-rotation)이 있다. 질점은 크기가 없으므로 회전운동의 성분은 의미가 없고 3개의 병진운동 성분만으로도 질점의 운동을 표현할 수 있다. 한편 물체의 공간상의 위치를 표시하려면, 그 물체를 구성하는 모든 질점의 위치를 표시해야 한다.

4 역학에 사용되는 기본개념

역학의 이론에 사용되는 기본개념에는 시간(時間, time), 공간(空間, space), 힘(force), 질량(質量, mass), 에너지(energy), 동력(動力, power) 등이 있다. 또 기본개념을 이용하여 만들어지는 물리량도 역학 이론의 전개과정에서 도입된다. 공학에서 기본 개념 또는 물리량들을 계량할 때 사용되는 기본적인 단위(單位, unit)는 시간[Time, T], 거리[Length, L], 힘[Force, F]이다. 물리학에서는 힘 대신에 질량[Mass, M]이 이용된다.

(1) **시간** : 시간을 t라 표시하면 항상 $t \geq 0$ 이며, $t = 0$일 때의 현상을 초기조건(初期條件, initial condition)이라 한다.

(2) **공간** : 기준위치로부터의 거리와 각도 등을 이용하여 점의 위치를 표시하며, 여기에서는 오른손 직교좌표계(right-hand Cartesian coordinate system)를 주로 사용한다.

(3) **힘** : 질량을 가진 물체가 가속도를 가지게 하는 물리량으로서, 크기와 방향 및 작용점(작용선)으로 표시한다.

기본개념 등과 같은 일반적인 물리량(物理量, physical quantity)은 그 물리량이 가지는 크기와 방향성분의 특성에 따라 스칼라(scalar), 벡터(vector), 텐서(tensor)로 분류할 수 있다. 시간, 거리, 속력, 면적, 부피, 질량, 에너지, 동력 등은 크기만을 가진 스칼라이고, 변위, 속도, 힘, 가속도 등은 크기와 하나의 방향을 가진 벡터이며, 인장력, 압축력, 변형 등은 크기와 2개의 방향을 가진 텐서(2계 텐서)이다.

5 역학에 사용되는 기본원리

역학에서 사용되는 물리량에 관한 방정식은 물리량의 균형(均衡, balance)을 의미하며, 이는 물리량의 보존(保存, conservation)에 관한 원리로부터 얻어진다. 주로 사용되는 균형 방정식과 보존원리는 다음과 같은 3가지로 요약할 수 있다.

(1) 힘의 균형(balance of forces)과 운동량의 보존(conservation of momentum)

(2) 물질의 균형(balance of matter)과 질량의 보존(conservation of mass)

(3) 에너지의 균형(balance of energy)과 에너지의 보존(conservation of energy)

공업역학 및 유사한 계열의 역학에서는 힘의 균형에 관한 방정식과 운동량 보존의 원리가 가장 빈번히 사용된다. 정지하고 있는 물체에 작용하는 힘의 균형을 표현한 방정식이 나중에 배우게 되는 정역학적 평형방정식(靜力學的 平衡方程式, static equilibrium equations)이며, 운동하는 물체에 작용하는 힘의 균형을 표현한 동역학적 평형방정식이 운동방정식(運動方程式, equations of motion)이다.

Exercise

1.1 과학(science)과 공학(engineering)의 동기, 방법, 목표, 결과 등을 비교 설명하라.

1.2 오른손 직교좌표계(直交座標系)에서 강체의 변위성분(變位成分, displacement components)을 열거하라. 또 질점의 변위성분과 비교하여라.

1.3 유체(流體, fluid)는 변형체이면서도 고체(固體, solid) 변형체와는 그 특성이 판이하다. 강체역학, 고체역학, 유체역학을 작용하는 힘과 그 영향의 특성별로 비교 및 설명하라.

1.4 좌표계(座標系, coordinate system)의 종류를 열거하고, 위치의 표시법을 설명하라. 또 서로 다른 좌표계 사이의 상호관계를 유도하라.

1.5 물리량에서 스칼라, 벡터, 텐서의 예를 아는 대로 들어라.

ENGINEERING MECHANICS

LESSON 02

단위 … Unit

[+ 단위계 (SI 단위, 공학단위, 영미단위, 한국전통단위) unit systems + 단위변환 unit conversion + 차원해석 dimension]

1 단위계의 종류

역학에서 사용되는 개념과 물리량을 수량화하기 위해서는 단위가 필요하다. 국가와 사회집단에 따라서 고유의 단위계(單位系, unit system)를 사용하여 왔으나, 이제는 국제표준단위(Système Internationale d'Unités; SI단위)가 공통적으로 사용되는 추세이다. 그러나 전통적으로 사용되어 온 단위도 이해하고 있어야 하므로, 여기에서는 SI단위 및 전통적으로 사용해 온 미터계 공학단위(engineering metric system), 영미 관용단위(US-British customary system), 우리나라의 전통단위를 소개하고 상호관계도 알아본다.

물리량의 단위는 기본단위(基本單位, base units)와 기본단위들이 조합되어 만들어진 유도단위(誘導單位, derived units)로 구분할 수 있다. 역학에서 사용되는 기본단위로서, 물리학에서는 시간-길이-질량(time-length-mass; T-L-M)등을 사용하지만, 공학에서는 흔히 질량 대신에 힘(force; F)을 기본단위로 사용한다. 따라서 공업역학에서는 시간-길이-힘(T-L-F) 등이 주된 기본단위로 사용될 것이다.

기본단위로써 T-L-M이 사용되는 경우에 힘은 질량[M]에 가속도[LT^{-2}]를 곱한 것으로 정의되는 유도단위이므로, $F = MLT^{-2}$ 이라고 쓸 수 있다. 또 T-L-F가 기본단위로 사용되는 경우에는 질량을 유도단위로 생각할 수 있으며, $M = FL^{-1}T^{2}$ 이라고 쓸 수 있다. 그 외의 기본단위로는 물량(物量, amount of substance), 전류(電流, electric current), 온도(溫度, temperature), 조도(照度, luminous density) 등이 있다.

SI단위계와 공학단위계 및 영미단위계에서 시간의 기본단위는 공통적으로 초(秒, <u>sec</u>ond; sec 또는 s로 표기함)를 사용하며, 때에 따라서는 분(分, <u>min</u>ute; min), 시간(時間, <u>h</u>ou<u>r</u> hr) 등의 단위도 사용한다. 또 일(日, day), 주(週, <u>w</u>ee<u>k</u> wk), 월(月, month), 년(年, <u>y</u>ea<u>r</u> yr) 등도 사용할 수 있다.

2 SI단위: 국제표준단위(國際標準單位)

(1) 길이 : m (meter)
(2) 질량 : kg (kilogram)
(3) 힘 : N (뉴턴, newton); $1\ N = (1\ kg)(1\ m/s^2) = 1\ kg \cdot m/s^2$

SI단위에서는 길이와 질량을 기본단위로 하고 힘을 유도단위로 생각한다. 질량의 기본단위로써 g(그램, gram)을 사용하지 않고 kg(킬로그램, kilogram)을 사용함을 유의하라. 힘의 기본단위가 되는 1 N의 힘은 1 kg의 질량에 $1\ m/s^2$의 가속도를 발생시키는 힘이다.

매우 적은 물리량이나 대단히 큰 물리량을 기본단위인 m, N 등이나 이를 이용한 유도단위로 표현하기 위하여 10^{α}와 같이 멱수(冪數, ten's power)를 사용하면 편리하다. 따라서 SI단위에서는 단위 앞에 접두문자(接頭文字, prefix)를 이용하여 10의 멱수를 표기한다. 접두문자는 1개 또는 2개의 영문자 또는 그리스문자로서 표기한다. 현재 국제적으로 사용되고 있는 SI 접두문자를 표 2.1에 수록하였다.

표 2.1 SI prefixes for 10^{α}

α : symbol (prefix)	α : symbol (prefix)
1 : da (deca)	−1 : d (deci)
2 : h (hecto)	−2 : c (centi)
3 : k (kilo)	−3 : m (milli)
6 : M (mega)	−6 : μ (micro)
9 : G (giga)	−9 : n (nano)
12 : T (tera)	−12 : p (pico)
15 : P (peta)	−15 : f (femto)
18 : E (exa)	−18 : a (atto)
21 : Z (zeta)	−21 : z (zepto)
24 : Y (yota)	−24 : y (yokto)

접두문자를 사용할 때 유의할 사항을 열거한다.

- 유도단위의 분모에는 접두어를 가급적 사용하지 않는다 [$N/mm^2 \rightarrow MN/m^2$].

- 접두어를 2개 이상 동시에 사용하지 않는다.
  [mMm → km, kMN→GN].
- 멱수로서 3의 배수가 아닌 것(da, h, d, c 등)은 잘 사용하지 않는다.
- 가장 자주 사용되는 접두어는 k, M, G, m, μ 등이다.

3 미터계 공학단위(工學單位)

(1) 길이 : m (meter)
(2) 힘 : kg (kilogram) : $1\ kg = 1\ kg_f = (1\ kg_m)(9.80\ m/s^2)$
$= 9.80\ kg_m \cdot m/s^2 = 9.8\ N$

힘의 단위로써 kg을 사용하며, 이를 SI단위계의 질량 단위와 구분하여 표기해야 할 경우에는 kg_f(kilogram force; 힘)과 kg_m(kilogram mass; 질량) 같이 첨자 f와 m을 사용한다. SI단위계의 힘 1 N은 1 kg_m의 질량에 1 m/s^2의 가속도를 발생시키는 힘이며, 미터계 공학단위의 힘 1 kg_f은 1 kg_m의 질량에 9.80 m/s^2의 가속도(중력 가속도)를 발생시키는 힘이다. 따라서 공학단위의 힘 1 kg_f은 지구상에서 질량 1 kg_m의 무게(weight)를 나타낸다.

또 SI 접두문자는 미터계 공학단위에서 대개 그대로 사용하지만, 힘의 단위에서 2중 접두어를 피하기 위해서 t(톤, ton)을 활용한다(1 t = 1000 kg).

4 영미 관용단위(英美 慣用單位)

(1) 길이 : in (inch), ft (foot or feet), yd (yard), mi (mile)
(2) 힘 : lb (pound; libra의 약자), kip (kilopound), ton

영미 단위계에서는 SI 접두문자를 사용하지 않는다. 즉, 1000 in를 1 kin로 표기하지 않으며, 힘의 크기를 표시할 때 10^6 lb를 1 Mlb로 표기하지 않는다는 것이다. 따라서 위에 표기된 길이와 힘의 단위를 모두 기본단위로 사용한다.

길이의 단위로써 도면에서는 기호 " (inch)와 '(feet)를 흔히 사용한다. 또 해양, 항공, 우주 관련의 거리 단위로서 nmi(nautical mile; 해리(海里))

도 사용한다. 힘의 단위에서 ton은 공학단위의 ton과 표기는 같지만 그 크기는 다르다. 길이와 힘의 단위에서 각각의 단위 사이의 변환 관계를 정리해 보자.

(1) 길이

- 1 in = 1" = 25.4 mm
- 1 ft = 1' = 12 in = 0.3048 m
- 1 yd = 3 ft = 36 in = 0.9144 m
- 1 mi = 1760 yd = 5280 ft ≅ 1609.3 m
- 1 nmi = 1852 m

(1) 힘

- 1 lb ≅ 0.45359 kg ≅ 4.4482 N
- 1 kip = 1 k = 1000 lb
- 1 ton = 2000 lb ≅ 907 kg

5 한국의 전통단위(傳統單位, Korean customary units)

우리나라의 전통단위로써 길이, 넓이, 부피, 무게의 단위를 정리한다. 넓이 및 부피에 길이의 제곱과 3제곱 등의 유도단위를 쓰지 않고 독립된 단위체계를 사용하는 것이 우리나라 전통단위의 특징이다. 또 10의 멱수를 나타내는 것과 같은 접두어도 사용하지 않으며, 넓이나 부피의 단위 중에는 토지 면적(土地 面積)이나 곡량(穀量) 등과 같은 특수 용도에만 사용하는 것도 있다.

(1) 길이 및 거리

치(寸, 촌), 자(尺, 척), 간(間), 정(町), 리(里)

- 1 치 = 30.3 mm
- 1 자 = 10 치 = 0.303 m ≅ 1 ft
- 1 간 = 6 자 = 60 치 = 1.818 m

- 1 정 = 60 간 = 360 자 ≅ 109.1 m
- 1 리 = 36 정 ≅ 3.927 km (지방에 따라서는 '10 리'라고도 함)

(2) 힘(무게)

돈, 냥(兩), 근(斤), 관(貫)

- 1 돈 = 3.75 g
- 1 냥 = 10 돈 = 37.5 g
- 1 근 = 16 냥 = 160 돈 = 0.6 kg ≅ 5.884 N
- 1 관 = 100 냥 = 1000 돈 = 3.75 kg ≅ 36.77 N

(3) 넓이(면적)

평(坪), 단(段, 마지막 단위일 때는 단보(段步)), 정(町, 또는 町步)

- 1 평 = 6 자 × 6 자 ≅ 3.305 m^2
- 1 단보 = 300 평
- 1 정보 = 10 단보

(4) 부피(액량(液量), 곡량(穀量))

홉(合, 합), 되(升, 승), 말(斗, 두), 섬(石, 석)

- 1 홉 ≅ 180.39 cm^3
- 1 되 = 10 홉
- 1 말 = 10 되
- 1 섬 = 10 말

6 유도단위의 차원

기본단위인 길이[L], 시간[T], 힘[F] 또는 질량[M]을 이용하여 유도단위가 얻어지며, 여러 가지의 물리량이 유도단위로 표시된다. 물리량의 정의에 따라 기본단위 L, T, F, M 등을 이용하여 표기하면 물리량의 차원(次元, dimension)을 알 수 있다. 물리량의 차원을 알면, 각각의 단위계에서 그 물리량의 단위들을 표시할 수 있다.

표 2.2에는 유도단위로 표시되는 물리량을 차원에 따라 정리하였다. 동일한 차원을 이용하여 여러 가지의 물리량이 표기되기도 한다. 즉, 서로 다른 특성을 가진 물리량의 단위가 같을 수 있다는 것이다. 예를 들어 차원이 FL^{-2}인 물리량에서, 탄성계수는 스칼라이고 압력은 벡터이며 응력은 2계 텐서이다.

표 2.2 Dimension of derived units

차원	물리량
L^2	면적(area), 단면적(cross-sectional area)
L^3	부피(volume), 단면 1차모멘트(first moment of area), 단면계수(section modulus)
L^4	단면 2차모멘트(moment of inertia of area) 체적 1차모멘트(first moment of volume)
LT^{-1}	속도(velocity), 속력(speed): mph(mile per hour, mi/hr), kt(knot, nmi/hr)
LT^{-2}	가속도(acceleration)
FL	모멘트(moment), 우력(couple), 토오크(torque): N · m, lb · ft 등 에너지(energy), 일(work): J(joule, N · m)
FL^{-1}	선분포하중, 표면장력(surface tension), 스프링상수(spring constant)
FL^{-2}	압력(pressure), 응력(stress), 탄성계수(modulus of elasticity) : Pa(pascal, N/m^2), psi(pound per square inch, lb/in^2), psf(pound per square feet, lb/ft^2)
FL^{-3}	단위중량(unit weight), 물체력(body force)
FT	충격량(impulse), 운동량(momentum): MLT^{-1}
FLT	각운동량(angular momentum)
FLT^{-1}	동력(power): 마력(馬力, ps 또는 hp), W(watt, J/s = N · m/s)
ML^2	질량 2차모멘트(moment of inertia of mass)
T^{-1}	진동수(frequency): Hz (hertz, s^{-1}), 각속도(angular velocity): rad/s, rpm(revolution per minute)
T^{-2}	각가속도(angular acceleration): rad/s^2

7 단위변환(unit conversion)

물리량의 연산 및 방정식에서는 차원(次元, dimension)과 단위(單位, unit)가 고려되어야 한다. 즉, 물리량에 관한 등식이나 부등식의 양변은 각각 같은 종류(scalar, vector, tensor)와 차원의 물리량이어야 한다. 물리량의 덧셈(뺄셈)은 동일한 종류, 차원 및 단위일 때만 가능하다. 서로 다른 종류, 차원, 또는 단위의 물리량들의 곱셈(나눗셈)은 가능하다.

덧셈연산이나 방정식 등이 의미를 가지려면 사용단위가 일치해야 하며, 이를 위해 단위변환(單位變換)이 필요하게 된다. 또 서로 다른 단위계를 사용하는 물리량 사이에 단위변환을 하려면, 변환상수(變換常數, conversion factor)를 이용한다. SI단위와 영미관용단위의 변환상수를 표 2.3에 수록한다.

단위변환에서 단위연산(單位演算, unit operation)을 먼저 하고, 변환상수를 포함한 수치연산(數値演算, numerical operation)을 차례로 하면 된다.

표 2.3 US-British customary units and SI conversion factors (다음 페이지에 계속)

Quantity (물리량)	US-British unit	SI equivalent
acceleration(가속도)	ft/s^2 in/s^2	0.3048 m/s^2 0.0254 m/s^2
area(면적)	ft^2 in^2	0.0929 m^2 645.2 mm^2
energy, work(에너지, 일)	ft · lb BTU	1.356 J 1055 J
force(힘)	kip lb oz	4.4482 kN 4.4482 N 0.2780 N
impulse(충격량)	lb · s	4.4482 N · s
mass(질량)	oz mass lb mass slug ton (short, 2000 lb) ton (long, 2240 lb)	28.5 g 0.4536 kg 14.59 kg 907.2 kg 1016 kg
moment of a force (힘의 모멘트)	lb · ft lb · in	1.356 N · m 0.1130 N · m
moment of inertia of an area (단면 2차모멘트)	in^4	0.4162×10^6 mm^4

표 2.3 US-British customary units and SI conversion factors

Quantity (물리량)	US-British unit	SI equivalent
moment of inertia of a mass (질량 2차모멘트)	$lb \cdot ft \cdot s^2$	$1.356\ kg \cdot m^2$
momentum(운동량)	$lb \cdot s$	$4.4482\ kg \cdot m/s$
power(동력)	$ft \cdot lb/s$ hp	1.356 W 745.7 W
pressure, stress(압력, 응력) atmosphere(기압)	lb/ft^2 (psf) lb/in^2 (psi) std (14.7 psi)	47.88 Pa 6.895 kPa 0.1013 MPa
velocity, speed(속도, 속력)	ft/s in/s mi/hr (mph)	0.3048 m/s 0.0254 m/s 0.4470 m/s
volume(부피) volume of liquid(액량)	ft^3 in^3 gal qt	$0.02832\ m^3$ $16.39\ cm^3$ 3.785 l 0.9464 l

8 예제

E2.1 속도 55mph는 몇 m/s인가?

풀이 mph단위(mile per hour)는 mi/hr을 의미하는 것이고, 1 mi = 1609 m, 1 hr = 3600 s이다.

$$55mph = 55mi/hr$$

$$= 55\frac{mi}{hr}\left(\frac{1609m}{1mi}\right)\left(\frac{1hr}{3600s}\right) \quad \text{[변환상수 대입]}$$

$$= \frac{55(1609)}{3600}\frac{mi}{hr}\frac{m}{mi}\frac{hr}{s} \quad \text{[단위연산 및 수치계산]}$$

$$\cong 24.58\,m/s$$

E2.2 탄성계수(彈性係數, modulus of elasticity)가 200 GPa이면 몇 psi인가?

풀이 접두문자 G는 10^9을 의미하므로 1 GPa = 10^9 N/m^{2}이며, 1 psi = 1 lb/in^{2}이다.

$$200\ GPa = 200 \times 10^9\ N/m^2$$

$$= 200 \times 10^9 \frac{N}{m^2}\left(\frac{1 lb}{4.4482 N}\right)\left(\frac{25.4 \times 10^{-3} m}{1 in}\right)^2$$ [변환상수]

$$= \frac{(200\times10^9)(25.4\times10^{-3})^2}{4.4482}\frac{N}{m^2}\frac{lb}{N}\frac{m^2}{in^2}$$ [단위 및 수치연산]

$$\cong 29\times10^6 lb/in^2 = 29\times10^6 psi$$

Exercise

2.1 다음을 괄호 속의 단위로 변환하라.

(1) 1 ft · lb의 에너지 (J = N · m)
(2) 1 ft^2의 면적 (m^2, 평)
(3) 1 lb · in의 모멘트 (N · m)
(4) 1 psf = 1 lb/ft^2의 압력(Pa = N/m^2)
(5) 25 MPa의 응력(kg/cm^2)
(6) 1 knot = 1 nmi/hr의 속도 (m/s)
(7) 1 hp = 550 ft · lb/s의 동력 (kW = kN · m/s)
(8) 1 ps = 735 W의 동력 (hp)

2.2 지구의 중력가속도(重力加速度, gravitational acceleration)는 $g = GM/R^2$의 식으로 계산된다.

여기서,

G = 만유인력 상수 = 6.670×10^{-11} N · m^2 · kg^{-2},
M = 지구의 질량 = 5.970×10^{24} kg,
R = 지구의 평균반경 = 6370 km이다.

중력가속도를 m/s^2와 ft/s^2의 단위로 구하라.

Approximate mass and mean radius

	태양 (sun)	지구 (earth)	달 (moon)
질량, kg	2.87×10^{30}	5.97×10^{24}	7.37×10^{22}
평균반경, km	6.96×10^{5}	6.37×10^{3}	1.74×10^{3}

E N G I N E E R I N G M E C H A N I C S

LESSON 03

힘의 분해와 모멘트 …
Components and Moment of a Force

[+ 힘의 정의, 성질 definition and properties of a force
+ 힘의 분해(분력) resolution(components) of a force
+ 모멘트 moment]

1 힘이란 무엇인가?

힘(force)은 물체에 작용하여 나타나는 효과에 의해서 서술되는 물리량이다. 힘의 효과에 관련되는 물체(강체)의 상태에는 정지(靜止, rest)와 운동(運動, motion)이 있으며, 운동에는 병진운동(竝進運動, translation), 회전운동(回轉運動, rotation), 진동(振動, vibration) 등이 있다.

힘의 효과에 관한 역학적 원리와 물체의 상태변화에 관련된 현상은 뉴턴의 법칙(Newton's law)에 잘 기술되어 있으며, 이를 요약하면 다음과 같다.

관성의 법칙[慣性, inertia]

A force is required to change the motion of a body. Thus, a body at rest will remain at rest and a body in motion will move uniformly in a straight line unless acted upon by a force.
물체의 운동상태를 변화시키려면 힘이 필요하다. 힘이 작용하지 않으면, 정지상태의 물체는 정지상태를 그대로 유지하며, 운동하던 물체는 일정한 속도로 직선운동을 한다.

가속도 법칙[加速度, acceleration]

If a force acts on a body, the motion will change in speed or direction or both. The change in motion is in the direction of the force and is proportional to the magnitude of the force.
물체에 힘이 작용하면, 운동방향이나 속력 또는 그 모두가 변한다. 운동의 방향은 힘의 작용방향과 일치하며, 운동의 변화량은 힘의 크기에 비례한다.

작용과 반작용의 법칙[作用-反作用, action-reaction]

If one body exerts a force on a second body, the second body must exert an equal but opposite force on the first.
한 물체가 제 2의 물체에 힘을 가하면, 제 2의 물체는 크기가 같고 방향이 반대인 힘을 제 1의 물체에 가하게 된다.

따라서 힘은 질량을 가진 물체의 운동상태를 변경시키거나 변경시키려고 할 때 필요한 방향성 작용(方向性 作用, directed action)이라 정의할 수 있으며, 한 힘이 물체에 작용하면 동일한 크기의 반작용력(反作用力, opposing reaction of equal magnitude)이 수반된다. 또 뉴턴의 제 2법칙(가속도의 법칙)을 이용하여 힘의 크기와 차원을 정의할 수 있다. 즉, 힘은 질량을 가진 물체에 작용하여 가속도를 발생시키는 요인으로써, 힘의 크기는 가속도에 비례하고 그 비례상수는 물체의 질량이라고 할 수 있다. 즉, (힘[F]) = (질량[M]) × (가속도[LT^{-2}])이므로 힘의 차원은 $F = MLT^{-2}$이다.

힘의 특성을 나타내는 요소는 크기(magnitude), 방향(方向, direction), 작용점(作用點, point of application) 또는 작용선(作用線, line of action)이다. 힘의 크기를 표시하는 단위로는 SI 단위의 N, kN, MN, 미터계 공학단위의 kg, t 및 영미 관용단위의 lb, kip 등이 사용된다.

힘을 수학적으로 정의할 때는, 평행사변형 법칙(平行四邊形法則, parallelogram law)에 의해 덧셈이 정의되는 물리량이라고 할 수 있다. 즉, 힘은 벡터량이며(A force is a vector.), 벡터의 일반적인 성질인 크기와 방향을 가진 물리량(directed magnitude)이다.

공업역학의 대상이 되는 물체는 강체(剛體, rigid body)이며, 강체에 작용하는 힘에 대하여 전달성의 원리(傳達性 原理, transmissibility of a force)가 적용된다. 즉, 강체에 작용하는 힘의 외적 효과(外的 效果, external effect of a force)는, 그 힘이 동일 작용선상에 있기만 하면 작용점의 위치와는 관계없이 동일하다는 것이다. 따라서 공업역학에서는 힘의 작용점보다는 작용선을 힘의 요소로 취급한다.

Principle of transmissibility states that the external effects of a force are independent of the point of application if its line of action is the same.

2 힘의 표현방법 (벡터의 표시방법)

힘은 벡터이므로 그 크기와 방향에 의해 표현된다. 힘의 크기와 방향을 표시하는 방법은 여러 가지가 있다. 그림 3.1과 같은 공간상의 하나의 힘 P를 표현하는 방법을 알아보자.

그림에서 (x, y, z)는 오른손 직교좌표(right-hand Cartesian coordinates)이며, A와 B는 각각 힘벡터 P의 작용선의 시점(始點, starting point)과 종

점(終點, terminal point)이다. 또 C와 D는 힘의 작용선상의 임의의 2점이다. 그림에서 P_x, P_y, P_z를 각각 힘 P의 x, y, z축 방향의 직교성분(直交成分, orthogonal component)이라 한다. 좌표축과 힘 P의 작용선(힘벡터의 방향)이 이루는 각도로서 공간각 θ_x, θ_y, θ_z($\theta_x=\angle XAB$, $\theta_y=\angle YAB$, $\theta_z=\angle ZAB$)는 힘벡터 P의 방향각(方向角, direction angle)이라 한다.

그림과 같은 힘 P에서 힘의 크기는 화살표의 길이로 표시되고 힘의 방향은 방향각으로 표시된다. 힘의 크기나 방향을 이와 동등한 다른 방법으로 표시할 수 있는데, 이러한 방법들을 힘의 표현방법이라 한다. 다음에는 여러 가지 힘의 표현방법을 열거하고, 각각의 경우에 대하여 성분이나 방향 및 크기 등을 제시한다.

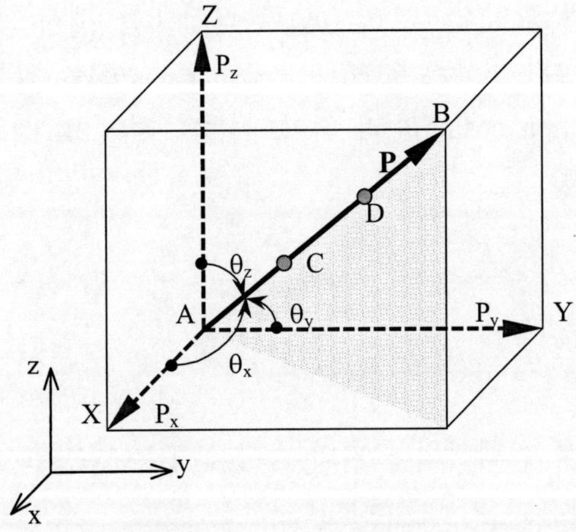

그림 3.1 힘의 성분과 방향각

(1) 유향선분(有向線分, directed line segment) P를 화살표의 그림으로 표시하는 방법

- **크기** : 선분의 길이 P
- **방향** : 화살표(A에서 B로 향하는 방향 $\overrightarrow{AB}$, 또는 C에서 D로 향하는 방향 $\overrightarrow{CD}$)

(2) 오른손 직교좌표를 이용하는 표시법

(i) 힘벡터의 **시점** $A(x_1, y_1, z_1)$ 및 **종점** $B(x_2, y_2, z_2)$: $\mathbf{P} = \overrightarrow{AB}$를 제시

- **성분** : $P_x = x_2 - x_1,\ P_y = y_2 - y_1,\ P_z = z_2 - z_1$ (3.1)
- **크기** : P = 선분 AB의 길이 = $\sqrt{P_x^2 + P_y^2 + P_z^2}$

$$= \sqrt{(x_2 - x_1)^2 + (y_2 - y_1)^2 + (z_2 - z_1)^2} \quad (3.2)$$

(ii) 힘의 **작용선**상의 2점 C(x_i, y_i, z_i)와 D(x_j, y_j, z_j) 및 **크기** P를 제시

- **성분** : $P_x = P\left(\dfrac{x_j - x_i}{d}\right),\ P_y = P\left(\dfrac{y_j - y_i}{d}\right),\ P_z = P\left(\dfrac{z_j - z_i}{d}\right)$ (3.3)

d = 선분 $\overline{CD}$의 길이 = $\sqrt{d_x^2 + d_y^2 + d_z^2}$

$$= \sqrt{(x_j - x_i)^2 + (y_j - y_i)^2 + (z_j - z_i)^2} \quad (3.4)$$

(iii) 힘의 **방향각**(θ_x, θ_y, θ_z)과 **크기** P를 제시

방향각의 코사인 값($\cos\theta_x$, $\cos\theta_y$, $\cos\theta_z$)을 힘벡터의 방향코사인(direction cosine)이라 하며, 이들의 정의 및 성질은 다음과 같다.

- **방향** :

$$\cos\theta_x = \frac{P_x}{P} = \frac{d_x}{d},\ \cos\theta_y = \frac{P_y}{P} = \frac{d_y}{d},\ \cos\theta_z = \frac{P_z}{P} = \frac{d_z}{d} \quad (3.5)$$

$$\cos^2\theta_x + \cos^2\theta_y + \cos^2\theta_z = 1 \quad (3.6)$$

따라서 힘벡터의 크기와 방향각 또는 방향코사인을 알면, 성분은 다음과 같이 표현된다.

- **성분** : $P_x = P\cos\theta_x,\ P_y = P\cos\theta_y,\ P_z = P\cos\theta_z$ (3.7)

(iv) 힘의 **직교성분** P_x, P_y, P_z 또는 **힘벡터** $\mathbf{P} = P_x\mathbf{i} + P_y\mathbf{j} + P_z\mathbf{k}$ 제시

- **크기** : $P = \sqrt{P_x^2 + P_y^2 + P_z^2}$ (3.8)
- **방향** : 방향코사인 및 방향각은 식(3.5)에서 구한다.

(3) 직교성분 P_x, P_y, P_z의 일부와 방향각 θ_x, θ_y, θ_z의 일부를 제시하여 표시하는 방법

힘의 성분과 방향각의 일부가 주어진 경우에는 크기, 성분, 방향각의 관계식(3.5)~(3.8)과 방향코사인의 성질을 이용하여 나머지의 성분과 방향각을 계산한다. 즉, 한 힘에 대한 3개의 직교성분 P_x, P_y, P_z를 모두 알면, 식(3.8)로부터 힘의 크기가 계산되며

식(3.5)로부터 방향각이 얻어진다. 따라서 공간상의 한 힘에 대하여 3개의 직교성분을 제시하면 그 힘의 크기와 방향을 완전히 알고있는 것이다.

3 힘의 분해(분력)

(1) 분력의 정의

3개의 힘 **P**, **Q**, **R**,에서 그림 3.2와 같이 벡터의 덧셈 **R** = **P** + **Q**의 관계가 성립하면, 하나의 힘 **R**은 2개의 힘 **P**와 **Q**로 분해(分解, resolution)되었다고 하며, **P**와 **Q**를 **R**의 분력(分力, component) 또는 성분(成分)이라 한다. 또 2개의 힘 **P**와 **Q**를 합성(合成, composition)하여 하나의 힘 **R**이 되었다고도 할 수 있으며, 이러한 경우에는 보통 **P** + **Q** = **R**이라고 표기하고, 하나의 힘 **R**을 2개의 힘 **P**와 **Q**의 합력(合力, resultant)이라 한다.

분해(resolution): R → P + Q [분력] ⇔ 합성(composition): P + Q → R [합력]

그림 3.2(a)에서 합력 R은 2개의 분력 P와 Q로 이루어진 평행사변형의 대각선이며(벡터의 덧셈에 관한 평행사변형의 법칙), α와 β는 분력의 방향을 나타낸다. 이 결과는 그림 3.2(b)와 같이 간단한 3각형의 연력도(連力圖, force polygon)로 나타낼 수도 있다.

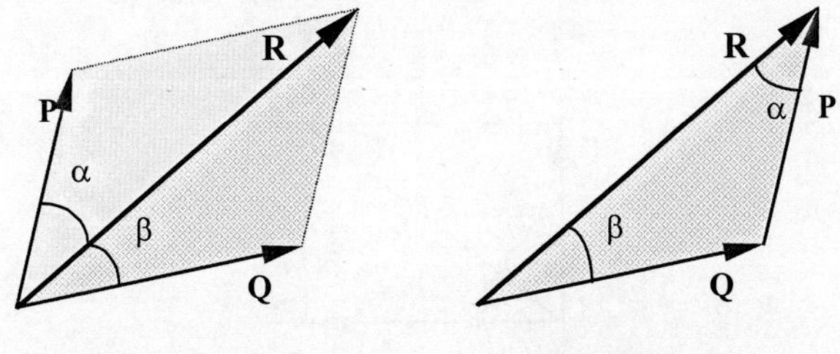

(a) parallelogram law (b) force polygon

그림 3.2 힘의 분해와 합성

그림 3.2와 같이, 하나의 힘(**R**)을 2개의 힘(**P**와 **Q**)으로 분해하려면 다음 조건 중의 하나가 만족되어야 한다: ①하나의 분력의 크기와 방향(**P**와 α 또는 **Q**와 β)이 결정되어 있거나, ②모든 분력의 작용선(**P**와 **Q**의 방향,

즉 α와 β)이 결정되어야 한다. 이러한 조건에 의해 결정된 분력의 크기나 방향은 그림 3.2에서 sine정리 또는 cosine정리를 이용하여 구할 수 있다.

$$\frac{R}{\sin(180-\alpha-\beta)}=\frac{P}{\sin\beta}=\frac{Q}{\sin\alpha} \tag{3.9}$$

$$R=\sqrt{P^2+Q^2+2PQ\cos(\alpha+\beta)} \tag{3.10}$$

(2) 직교분력(直交分力, orthogonal components)

한 힘에 대하여 분력들의 작용선이 모두 직교할 때, 이들을 직교분력이라 하며 가장 유용하다. 직교좌표계에서 직교분력은 좌표축에 평행한 분력이므로 그 크기를 쉽게 구할 수 있다. 공간상의 힘 **P**의 직교분력은 3개로서 그림 3.1에서 보는 바와 같이 P_x, P_y, P_z이며, 힘의 크기와 방향각 또는 방향코사인을 이용하여 계산한다.

$$P_x = P\cos\theta_x,\ \ P_y = P\cos\theta_y,\ \ P_z = P\cos\theta_z \tag{3.11}$$

평면상의 힘에 대한 직교분력은 그림 3.2에서 $\alpha+\beta=90°$인 경우의 분력이라고 정의할 수 있다. 즉, 하나의 힘 R의 분력 P와 Q의 작용선이 직교하는 것이다. 또 하나의 힘이 직교 평면좌표의 원점에 작용하는 힘이라고 생각하면, 직교좌표를 이용하여 직교분력을 쉽게 정의할 수 있다. 즉, 하나의 힘 P가 그림 3.3과 같이 xy-평면상의 힘이면, P의 직교분력은 x-성분 P_x와 y-성분 P_y이다. 이것은 공간상의 힘에 대한 직교분력의 특수한 경우로서($P_z=0$인 경우), 식(3.11)에서 $\theta_z=90°$를 대입하여 얻을 수도 있다.

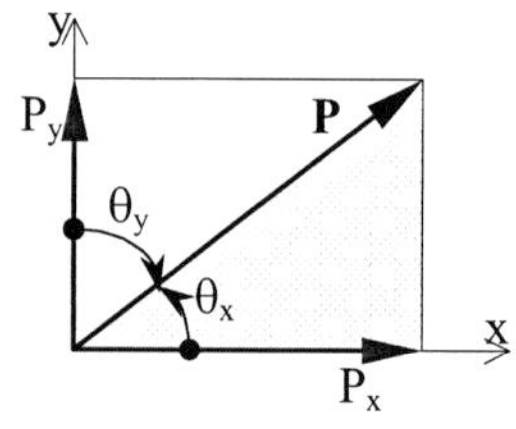

그림 3.3 평면력의 직교성분

$$P_x = P\cos\theta_x,\ \ P_y = P\cos\theta_y = P\sin\theta_x \tag{3.12}$$

$$\tan\theta_x=\frac{P_y}{P_x},\ \ P=\sqrt{P_x^2+P_y^2} \tag{3.13}$$

4 힘의 모멘트(moment of a force)

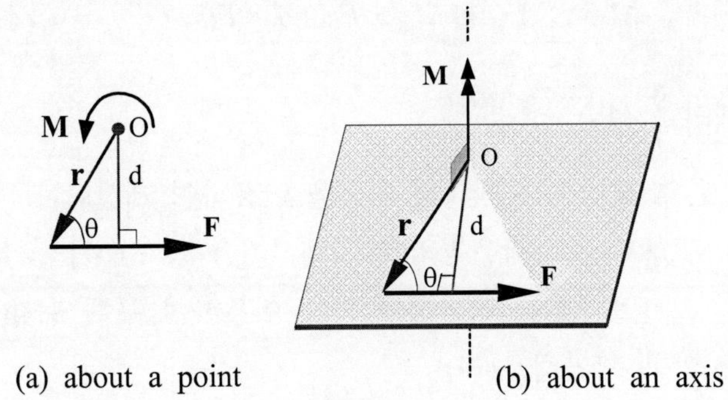

그림 3.4 한 힘의 모멘트

(1) 모멘트의 정의

한 힘의 모멘트는 어떤 점(點, point)이나 축(軸, axis)을 중심으로 한 힘의 회전효과로서 벡터이다. 모멘트의 크기는 (힘의 크기) × (중심으로부터 힘의 작용선까지의 수직거리)이며, 방향은 그림 3.4(a)와 같이 회전 화살표(회전방향을 표시) 또는 그림 3.4(b)와 같이 2중 화살표(모멘트벡터의 방향을 표시하는 double arrow)를 이용하여 표시한다. 모멘트벡터를 나타내는 2중 화살표의 방향은 회전에 의한 오른나사의 전진방향으로 한다(오른손 법칙).

축에 관한 힘의 모멘트(moment about an axis)는, 그 축에 수직한 평면에 투영된 힘의 크기 F(the projection of the force on a plane perpendicular to the axis)와 축과 수직평면의 교점(O)으로부터 투영된 힘의 작용선까지의 거리 d의 곱이다. 한 점에 관한 힘의 **모멘트**(moment about a point)는, 한 점 O와 힘의 작용선을 포함하는 평면에 수직하며 점 O를 지나는 축에 관한 힘의 모멘트로 정의된다. 즉, 그림 3.4와 같은 경우에서 모멘트의 크기는 $M = Fd$이며, 단위는 N · m, lb · in, kg · cm등을 사용한다.

(2) 모멘트의 수학적 표현

힘의 모멘트를 수학적으로 표현하면, 작용점의 위치벡터(position vector)와 힘벡터의 외적(外積, cross product; vector product, 벡터積)으로서 벡터이다. 모멘트벡터의 방향은 힘의 작용선과 위치벡터를 포함하는 평면에 수직하며, 오른손 법칙을 적용한 2중 화살표로 표시한다. 따라서, 힘 **F**의 작용점의 위치벡터(모멘트 중심에 대한 상대적인 위치벡터)가 **r**일 때, 모멘트는 다음 식으로 표현된다.

$$\mathbf{M} = \mathbf{r} \times \mathbf{F} \Rightarrow M = r F \sin\theta = Fd \tag{3.14}$$

(3) 모멘트벡터와 성분

공간상의 힘의 모멘트는 벡터의 외적을 이용하여 계산한다. 힘벡터가 $\mathbf{F} = F_x \mathbf{i} + F_y \mathbf{j} + F_z \mathbf{k}$ 이고, 작용점의 위치벡터가 $\mathbf{r} = x\,\mathbf{i} + y\,\mathbf{j} + z\,\mathbf{k}$일 때, 원점 O에 관한 모멘트 $\mathbf{M}_O$를 벡터의 외적을 이용하여 구해 보자(벡터의 외적에 관한 정의를 기억해 보라).

식 (3.14)에 위치벡터 **r**과 힘벡터 **F**의 성분을 이용하여 벡터의 외적을 구하면 원점 O에 관한 모멘트벡터의 성분을 구할 수 있다.

$$\mathbf{M}_O = \mathbf{r} \times \mathbf{F} = \begin{vmatrix} \mathbf{i} & \mathbf{j} & \mathbf{k} \\ x & y & z \\ F_x & F_y & F_z \end{vmatrix}$$

$$= (yF_z - zF_y)\mathbf{i} + (zF_x - xF_z)\mathbf{j} + (xF_y - yF_x)\mathbf{k} \tag{3.15}$$

따라서 모멘트벡터 $\mathbf{M}_O$의 x-, y-, z-축 방향의 성분(components of a moment vector)과 크기는 각각 다음과 같다.

$$M_x = yF_z - zF_y\,,\quad M_y = zF_x - xF_z\,,\quad M_z = xF_y - yF_x \tag{3.16}$$

$$M_O = \sqrt{M_x^2 + M_y^2 + M_z^2} \tag{3.17}$$

(4) 영 모멘트(zero moment)

힘의 모멘트가 0이면 회전효과가 없음을 뜻한다. 즉, 식(3.14)에서 $M = 0$이면 $F = 0$(힘의 크기가 0)이거나 $d = 0$(힘의 작용선이 중심을 통과)이다. 따라서 힘의 크기가 0이면 힘의 모멘트는 0이지만, 한 힘의 모멘트가 0이라고 해서, 반드시 그 힘의 크기가 0이라고 할 수는 없다. 힘의 크기가 0이 아님에도 불구하고, 한 힘의 모멘트가 0이 되는 경우를 식(3.16)에서 생각해 보자.

① 힘의 작용선에 평행한 축에 관한 모멘트는 0이다. 예를 들어, 힘 **F**가 x-축에 평행한 경우에는 2개의 직교성분 F_y와 F_z는 0이다. 따라서 M_x

$= 0$임을 알 수 있다.

② 힘의 작용선과 동일평면에 있는 축에 관한 모멘트는 0이다. 예를 들어, 힘 **F**가 xy-평면상에 있을 때 xy-평면에 포함된 x-축 및 y-축에 관한 모멘트 M_x 및 M_y를 구해 보자. xy-평면상에 있는 힘의 경우에는 직교성분 F_z가 항상 0이다. 또 힘의 작용선이 xy-평면에 있으므로 임의의 작용점을 선택하여도 작용점의 z-좌표는 항상 0이다. 즉, $F_z = 0$, $z = 0$이므로 $M_x = M_y = 0$임을 알 수 있다.

5 바리그논의 정리 (Varignon's theorem)

The moment of the resultant of a force system about an axis or a point is equal to the algebraic sum of the moments of the individual forces about that axis or point. The moment of a force about an axis or a point is equal to the algebraic sum of the moments of its components about that axis or point.

한 점 또는 축에 관한 하나의 힘의 모멘트는 그 힘의 분력에 의한 모멘트의 대수합(代數合, algebraic sum)과 같다. 이것을 바리그논(Varignon, 1654~1722, French mathematician)의 정리라 하며, 수학적으로는 벡터의 외적의 성질로부터 쉽게 확인할 수 있다. 즉, 힘 **R**의 분력이 **P**와 **Q**이고 작용점의 위치벡터가 **r**일 때, 다음 식이 성립한다는 것이다.

$$\mathbf{R} = \mathbf{P} + \mathbf{Q} \Rightarrow \mathbf{r} \times \mathbf{R} = \mathbf{r} \times (\mathbf{P} + \mathbf{Q}) = \mathbf{r} \times \mathbf{P} + \mathbf{r} \times \mathbf{Q} \tag{3.18}$$

다시 말하면, 합력 **R**에 의한 모멘트 $\mathbf{r} \times \mathbf{R}$는 분력 **P**에 의한 모멘트 $\mathbf{r} \times \mathbf{P}$와 분력 **Q**에 의한 모멘트 $\mathbf{r} \times \mathbf{Q}$의 대수합과 같다는 것이다. 바리그논의 정리는 평행역계의 합력의 위치 계산 등과 같이 역학의 여러 분야에 효과적으로 활용된다.

6 예제

E3.1 공간상의 점 C(4, 1, −2)에서 점 D(−3, 4, 2)로 향하는 힘 F의 크기가 200 N이다. 좌표의 눈금 단위는 m라 할 때, 다음을 구하라.

(1) x, y, z방향의 분력

(2) 방향각

(3) M_x, M_y, M_z

(4) 원점 O를 중심으로 한 모멘트의 크기.

해 점 C와 D의 거리를 d라 하면; $d_x = -3 - 4 = -7$, $d_y = 4 - 1 = 3$, $d_z = 2 - (-2) = 4$

$$d = \sqrt{d_x^2 + d_y^2 + d_z^2} = \sqrt{74} \cong 8.602$$

(1) 작용선의 거리와 그 성분을 이용하여 직교분력을 구한다.

$F_x = F(d_x/d) = 200(-7)/8.602 = -162.7\ \text{N}$

$F_y = F(d_y/d) = 69.7\ \text{N}$

$F_z = F(d_z/d) = 93.0\ \text{N}$

(2) 직교성분과 방향코사인의 관계를 이용하여 방향각을 구한다.

$\cos\theta_x = F_x/F = -162.7/200 = -0.814$

$\cos\theta_y = F_y/F = 0.349$

$\cos\theta_z = F_z/F = 0.465$

$\therefore\ \theta_x = 144.5°,\ \theta_y = 69.6°,\ \theta_z = 62.3°$

- 점 C와 D의 거리 및 그 성분을 이용하여 방향각을 구할 수도 있다.

$\cos\theta_x = d_x/d = -7/8.602 = -0.814$

$\cos\theta_y = d_y/d = 0.349$

$\cos\theta_z = d_z/d = 0.465$

(3) 모멘트벡터는 작용점의 위치벡터와 힘벡터의 외적이다. 점 C를 힘의 작용점이라고 생각하고, 위치벡터 $\overrightarrow{OC}$를 사용하자 : $\mathbf{r} = \overrightarrow{OC} = 4\mathbf{i} + \mathbf{j} - 2\mathbf{k}$이므로, $x = 4$, $y = 1$, $z = -2$ 이다. 따라서 식 (3.16)을 이용하여 모멘트 성분들을 계산하면

$M_x = yF_z - zF_y = 1(93.0) - (-2)(69.7) = 232.5\ \text{N}\cdot\text{m}$

$M_y = zF_x - xF_z = (-2)(-162.7) - 4(93.0) = -46.5\ \text{N}\cdot\text{m}$

$M_z = xF_y - yF_x = 441.7\ \text{N}\cdot\text{m}$

참고 점 D를 작용점이라 하고, 위치벡터 $\mathbf{r} = \overrightarrow{OD} = -3\mathbf{i} + 4\mathbf{j} + 2\mathbf{k}$ $(x = -3,\ y = 4,\ z = 2)$를 이용하여 힘의 모멘트를 계산하여도 위와 동일한 결과를 얻을 것이다. 즉, 힘의 외적 효과는 동일 작용선상에서 작용점의 위치와는 관계없이 동일하다는 전달성의 원리를 보여 주는 예라고 할 수 있다.

(4) $M_O = \sqrt{M_x^2 + M_y^2 + M_z^2} = 501.4\ \text{N}\cdot\text{m}$

참고 ① M_O를 알면, 원점 O로부터 힘 **F**의 작용선(직선 CD)까지의 거리를 구할 수 있다.

$$M_O = F\,l,\ \ l = M_O/F = 501.4/200 = 2.507\ \text{m}$$

② 모멘트벡터 $\mathbf{M_O}$의 방향각 또는 방향코사인은 다음 식을 사용하여 구한다.

$$\cos\theta_x = M_x/M_O,\ \cos\theta_y = M_y/M_O,\ \cos\theta_z = M_z/M_O \tag{3.19}$$

③ 힘벡터 **F**의 임의 방향의 분력은 벡터의 내적(內積, dot product, scalar product)을 이용한다. 즉, 임의 방향의 단위벡터를 **r**이라 하면 F의 **r**방향 분력 F_r은 다음과 같다.

$$F_{\mathbf{r}} = \mathbf{r} \cdot \mathbf{F} \tag{3.20}$$

Exercise

3.1 변형체에 작용하는 힘에 대해서는 전달성의 원리가 적용될 수 없음을 설명하라.

3.2 그림 P3.2(a) - (f)에서 원점 O에 관한 모멘트를 구하라. 좌표축의 눈금단위는 m이다.

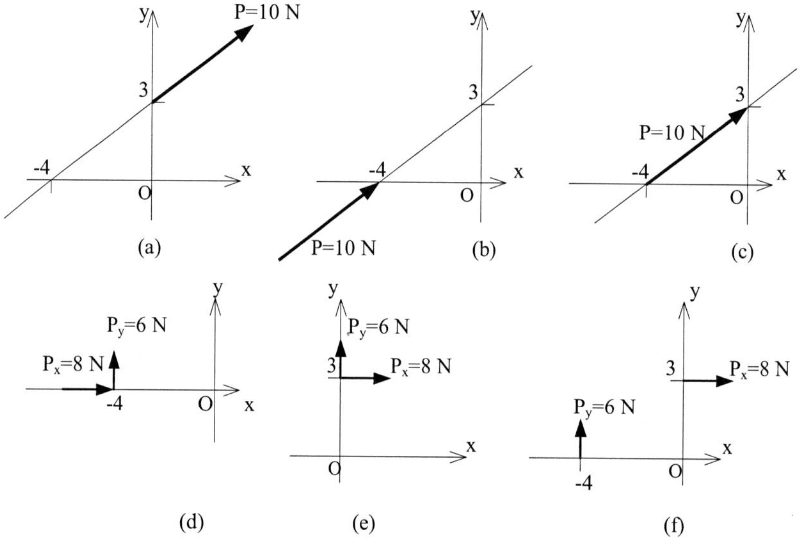

P3.2

3.3 그림 P3.3에서 힘 F의 a-a축 및 b-b축에 평행한 분력 F_a와 F_b를 구하라. ϕ = 60°, θ = 30°, F = 100 N이다.

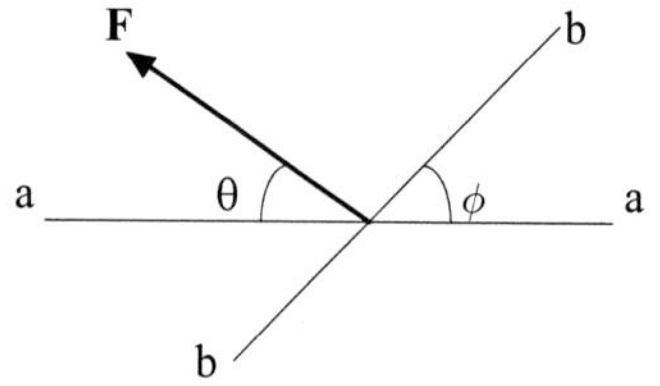

P3.3

3.4 xy-평면상의 힘이 다음과 같을 때, x-분력과 y-분력을 구하라.

(1) 힘의 크기가 65 kN이고 기울기($\tan\theta_x$)가 각각 다음과 같은 경우 :

① $\frac{4}{3}$ ② $\frac{-4}{-3}$ ③ $\frac{-5}{12}$ ④ $\frac{5}{-12}$ ⑤ $\frac{-3}{4}$

(2) 힘의 크기 및 방향(P, θ_x)이 각각 다음과 같은 힘:

① P_1 (150 kg, 30°) ② P_2 (80 kg, 110°)

③ P_3 (110 kg, 270°) ④ P_4 (100 kg, −15°)

(3) 크기가 500 lb이고 다음과 같이 점 C에서 점 D로 향하는 힘:

① C(3, −2), D(0, 1) ② C(−5, 8), D(−4, −6)

③ C(0, 3), D(4, 0) ④ C(5, 7), D(2, 1)

(4) x축과 이루는 각이 −40°이고 x-분력이 300 N인 힘.

(5) 크기가 200 kN이고 $\theta_y = 15°$인 힘.

3.5 공간상의 힘이 다음과 같을 때 직교분력 F_x, F_y, F_z를 구하라.

(1) 크기 500 N, 방향각 (60°, 45°, 120°). 답 250 N, 353.6 N, −250 N.

(2) 크기 25 t, C(40, 0, −30)에서 D(0, 80, 0)로 향함.

(3) 크기 49 kips, 방향코사인 ($\frac{2}{7}, -\frac{3}{7}, \frac{6}{7}$). 답 14 k, −21 k, 42 k.

(4) 크기 4 MN, $\theta_x = 30°$, $\theta_y = 80°$, $F_z \geq 0$.

3.6 좌표축의 원점에 작용하는 힘에서 다음 사항을 각각 알고 있을 때, 힘의 크기와 그 외의 분력 및 방향각을 모두 구하라.

(1) $\theta_x = 75°$, $\theta_z = 130°$, $F_y = 300$ kg

(2) $\theta_y = 55°$, $\theta_z = 45°$, $F_x = -5$ kN

3.7 문제 3.4 - (3)의 힘의 원점 O에 관한 모멘트를 각각 구하라. 좌표의 단위는 in이다.

3.8 문제 3.4 - (4)의 힘이 원점 O에 작용한다. 점 A(−2, 3)에 관한 모멘트를 구하라. 좌표의 단위는 m이다.

3.9 문제 3.4 - (5)의 힘의 작용점이 A(3, −1)이다. 좌표의 단위가 m일 때, 점 B(1, 2)에 관한 모멘트를 구하라.

3.10 문제 3.5 - (1)의 힘이 점 A(4, −2, 5)에 작용한다. 원점 O에 관한 모멘트를 구하라. 또 모멘트의 성분, 크기, 방향각을 구하라. 좌표의 단위는 m이다.

3.11 문제 3.5 - (2)의 힘의 점 A(2, 0, −4)에 관한 모멘트를 구하라. 또 모멘트벡터의 직교성분, 크기, 방향각을 구하라. 좌표의 단위는 m이다.

3.12 그림 P3.12와 같은 정사면체(regular tetrahedron)의 모서리의 길이는 a이고, ΔOBC는 xy-평면에 놓여 있다. 모서리 BC를 따라 작용하는 힘 F의 모서리 OA에 관한 모멘트를 구하라. 답 0.707Fa.

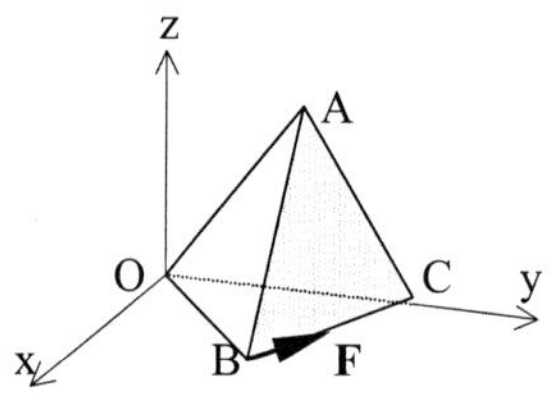

P3.12

ENGINEERING MECHANICS

LESSON 04

역계의 합력 …

Resultant of Force System – Concurrent and Parallel FS

[+ 역계의 분류 classification of force systems
+ 합력 – 동점역계, 평행역계, 분포력 resultant–concurrent, parallel, distributed FS]

1 역계의 분류

2개 이상의 힘들의 집합을 역계(力系, force system 이하 FS라 표기함)라 한다. 역계를 구성하는 각각의 힘들의 작용선의 위치(동일 직선, 동일 평면, 공간 등)와 상호관계(한 점에서 만남, 평행 등)에 따라 역계의 특성이 달라진다. 여기서는 여러 가지 역계의 정의와 특성을 공부하고, 특히 각각의 역계에서 직교분력과 모멘트 성분을 살펴본다.

일반적으로 xyz-직교좌표 공간상에 작용하는 힘 F의 직교분력은 F_x, F_y, F_z가 있고, 한 힘의 모멘트 성분은 M_x, M_y, M_z가 있다. 그러나 역계의 작용선의 위치와 상호관계에 따라서 힘의 직교분력이나 모멘트 성분 중에서 일부는 항상 0이 되는 것이 있으며, 이것들이 역계의 특성을 나타낸다.

(1) 작용선의 위치에 따른 분류

역계를 이루고 있는 모든 힘들의 작용선의 위치에 따라 직선역계, 평면역계, 공간역계로 분류할 수 있다. 모든 힘의 작용선이 동일 직선상에 있는 역계를 직선역계(直線力系, collinear FS)라 한다. 직선역계의 작용선이 직교 좌표계의 x-축과 일치한다고 놓으면, 이러한 직선역계에서 y-축 및 z-축 방향의 분력은 항상 0이 된다. 또 원점 O에 관한 힘의 모멘트가 0이 되므로, 모든 축 방향의 모멘트 성분도 모두 0이다. 즉, 직선역계에는 x-축 방향의 분력 성분만 존재한다.

- **직선역계**

$$\Leftrightarrow F_y = F_z \equiv 0 \;;\; M_x = M_y = M_z \equiv 0 \Leftrightarrow [\text{성분(1개)} : F_x] \tag{4.1}$$

평면역계(平面力系, coplanar FS)는 모든 힘의 작용선이 동일평면(xy-평면)내에 있는 역계이다. 따라서 평면역계에서는 z-축방향의 분력이 항상 0이다. 또 모든 힘의 작용선이 x-축 및 y-축과 만나거나 평행하게 되므로, x-축 및 y-축을 중심으로 한 모멘트도 항상 0이 된다. 즉, 평면역계에는 x-축 및 y-축 방향의 분력과 z-축을 중심으로 한 모멘트 성분만 존재한다.

- **평면역계**

$$\Leftrightarrow F_z \equiv 0 \;;\; M_x = M_y \equiv 0 \Leftrightarrow [\text{성분(3개)} : F_x,\ F_y,\ M_z] \tag{4.2}$$

직선역계나 평면역계가 아닌 역계(non-coplanar FS)를 공간역계(空間力系, space FS) 또는 입체역계(立體力系, 3-dimensional FS)라한다. 일반적인 공간역계에서 항상 0이 되는 분력이나 모멘트 성분은 없다. 따라서 3개의 직교 분력(F_x, F_y, F_z)과 3개의 모멘트 성분(M_x, M_y ,M_z)이 모두 존재한다.

- **공간역계** ⇔ 항상 0이 되는 성분은 없다
  ⇔ [성분(6개) : F_x, F_y, F_z, M_x, M_y, M_z] (4.3)

평면역계나 직선역계를 공간역계의 특수한 경우로서 정의할 수도 있다. 즉, 일반적인 평면역계는 공간역계 중에서 $F_z = M_x = M_y \equiv 0$ 및 $F_x \neq 0$, $F_y \neq 0$, $M_z \neq 0$을 만족하는 특수한 경우라고 정의할 수 있다. 또 직선역계는 평면역계 중에서 $F_y = M_z \equiv 0$ 및 $F_x \neq 0$을 만족하는 특수한 경우라고 정의할 수 있다.

(2) 작용선의 상호관계에 따른 분류

역계는 작용선의 상호관계에 따라 동점역계와 평행역계로 분류할 수 있다. 역계의 모든 힘의 작용선이 한 점(O)에서 만날 때, 이를 동점역계(同點力系, concurrent FS)라 한다. 동점역계에서는 모든 힘의 작용선이 한 점 O를 통과하므로, 점 O에 관한 모든 힘의 모멘트는 항상 0이다($M_O \equiv 0$). 또 이 점(O)을 직교 좌표계의 원점으로 간주하면, 각각의 좌표축에 관한 힘의 모멘트가 모두 0이 된다. 즉, 동점역계의 모멘트 성분은 모두 0이다(동점역계 ⇔ $M_x = M_y = M_z \equiv 0$).

동점역계를 다시 작용선의 위치에 따라 분류할 수 있다. 즉, 모든 힘의 작용선이 동일 평면(xy-평면) 내에 존재하는 동점 평면역계(同點 平面力系, concurrent coplanar FS)와 작용선이 단일 평면 내에 있지 않은 동점 공간역계(同點 空間力系, concurrent space FS)로 구분할 수 있다. 동점 평면역계도 평면역계의 일종이므로 z-축방향의 분력이 항상 0이다

- 동점 평면역계 ⇔ $M_x = M_y = M_z \equiv 0$; $F_z \equiv 0$ ⇔ [성분(2개) : F_x, F_y] (4.4a)

- 동점 공간역계 ⇔ $M_O \equiv 0$ ⇔ $M_x = M_y = M_z \equiv 0$ ⇔ [성분(3개) : F_x, F_y, F_z] (4.4b)

모든 힘의 작용선이 평행한 역계를 평행역계(平行力系, parallel FS)라 한다. 평행역계도 작용선의 위치에 따라 평행 평면역계(平行 平面力系, parallel coplanar FS)와 평행 공간역계(平行 空間力系, parallel space FS)로 구분할 수 있다. 평행 평면역계의 모든 힘의 작용선이 xy-평면 내에서 y-축에 평행하다면, x-축 및 z-축 방향의 분력이 모두 0이다. 또 평행 공간역계의 모든 작용선이 z-축에 평행(xy-평면에 수직)하다면, x-축 및 y-축 방향의 분력과 z-축 방향의 모멘트 성분이 항상 0이다. 따라서 이들 역계의 특성은 다음과 같이 정리할 수 있다.

- 평행 평면역계$(F \parallel y \Leftrightarrow F_y = F) \Leftrightarrow F_x = F_z \equiv 0$;

$$M_x = M_y \equiv 0 \Leftrightarrow [\text{성분}(2\text{개}) : F_y,\ M_z] \qquad (4.5a)$$

- 평행 공간역계$(F \parallel z \Leftrightarrow F_z = F) \Leftrightarrow F_x = F_y \equiv 0$;

$$M_z \equiv 0 \Leftrightarrow [\text{성분}(3\text{개}) : F_z,\ M_x,\ M_y] \qquad (4.5b)$$

가장 일반적인 역계는 모든 작용선이 한 점에서 만나지도 않고 평행하지도 않은 비동점 비평행 공간역계(非同點 非平行 空間力系, non-concurrent non-parallel space FS)로서, 항상 0이 되는 성분은 없다. 따라서, 일반적으로 3개의 직교분력(F_x, F_y, F_z)과 3개의 모멘트 성분(M_x, M_y, M_z) 등 6개의 성분이 존재한다. 한편 가장 단순한 역계(성분의 개수가 가장 적은 역계)는 동점 평행역계(同點 平行力系, concurrent parallel FS, ≡직선역계)라 할 수 있으며, 단 하나의 직교분력 성분만이 존재한다(2개의 직교분력과 3개의 모멘트 성분은 항상 0이다).

2 직선역계의 합력 (resultant of a collinear FS)

직선역계의 합력은 힘들의 대수합(代數合, algebraic sum)으로써 구해진다. 직선역계의 모든 힘들은 동일한 성분이므로 성분합(成分合, component sum)이 바로 합력이 되기 때문이다. 성분합을 계산할 때, 방향이 반대인 힘은 부호를 반대로 하여 대수합을 계산한다. 즉, 어느 한 방향을 양(+)으로 가정하고, 그 반대 방향은 음(-)으로 취급한다.

$$\mathbf{R} = \Sigma \mathbf{F} \qquad (4.6)$$

합력 **R**의 수치는 합력의 크기이며, 부호는 방향을 표시한다. 따라서, 식 (4.6)으로부터 직선역계의 합력의 크기는 물론 방향도 결정되는 것이다.

직선역계의 합력의 특수한 경우로써 '합력의 크기가 0인 2개의 힘 (zero-resultant forces)'이 역학에서 자주 활용된다. 즉, 크기가 같고 방향이 반대인 2개의 힘으로 구성된 직선역계는 '합력이 0인 역계(zero-resultant FS)'이며, 어떤 역계 또는 강체에 이러한 힘을 더하여도 역계의 합력이나 강체의 상태에 영향을 주지 않는다.

3 동점역계의 합력 (resultant of a concurrent FS)

동점역계의 합력은 도해법이나 해석법을 이용하여 구할 수 있다.

(1) 도해법(圖解法, graphical method)

벡터의 덧셈에서 응용되는 평행사변형 법칙(平行四邊形 法則, parallelogram law)을 도해적으로 이용하여 합력을 구하는 방법이며, 합력의 개념을 설명하는 데 활용된다. 더하는 2개의 힘을 평행사변형의 이웃하는 2변이라 할 때, 대각선이 합력이 된다. 다시 말하면, 하나의 힘벡터의 종점(머리, tip)에 더하는 힘벡터의 시점(꼬리, tail)을 연결하고, 최초 힘의 시점과 나중에 더해진 힘의 종점을 연결하면 합력이 된다. 결과적으로 그림 4.1과 같은 연력도(連力圖, force polygon) 및 머리-꼬리 연결 방법(tip-to-tail method)에 의해 2개의 힘의 합력이 얻어지며, 합력의 크기는 sine정리 및 cosine정리를 이용하여 구한다.

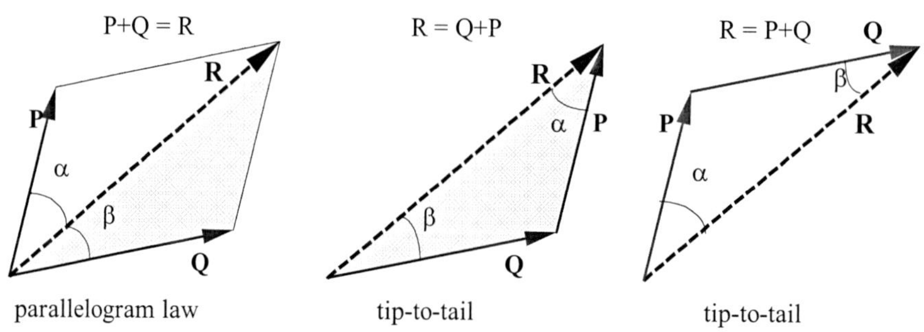

그림 4.1 합력의 도해법

(2) 해석법(解析法, analytical method)

합력을 구하기 위한 해석법은 연력도에서 성분의 합(component sum)을 이용하여 합력을 계산하는 방법이다. 해석법을 사용하려면, 먼저 모든 힘의 직교분력을 구해야한다. 그림 4.2와 같은 동점 평면역계의 연력도에서 분력의 합을 이용하여 **P** + **Q** = **R**을 계산하는 과정은 ; ① P와 Q의 성분의 합(R_x 및 R_y)을 각각 계산하고, ② 합력의 크기(R)를 계산한 다음, ③ 합력의 방향(θ)을 계산한다.

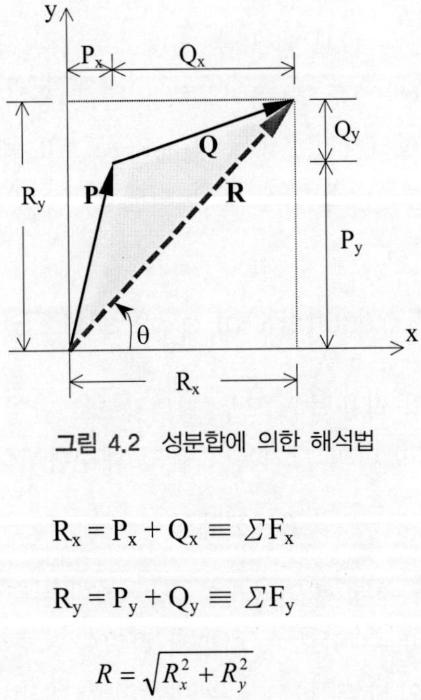

그림 4.2 성분합에 의한 해석법

$$R_x = P_x + Q_x \equiv \Sigma F_x \tag{4.7a}$$

$$R_y = P_y + Q_y \equiv \Sigma F_y \tag{4.7b}$$

$$R = \sqrt{R_x^2 + R_y^2} \tag{4.8a}$$

$$\tan\theta = \frac{R_y}{R_x} \tag{4.8b}$$

합력의 방향각(합력의 작용선이 x-축과 이루는 각, $\theta = \theta_x$)은 합력의 직교분력 R_x 및 R_y의 부호에 따라 적절하게 결정해야 한다. 예를 들어 ① R_x = 4 kN, R_y = −3 kN의 경우와 ② R_x = −4 kN, R_y = 3 kN의 경우를 살펴보자. 이러한 2가지 경우에서 $\tan\theta$ = −0.75로서 방향이 동일하게 보이지만, 사실은 ①의 경우[$\tan\theta$ = (−3)/(+4)]는 오른쪽 하방향(제 4사분면; θ = −36.87° 또는 323.13°)이고 ②의 경우[tan = (+3)/(−4)]는 왼쪽 상방향(제 2사분면; θ =

143.13°)인 것이다.

마찬가지 방법으로, 일반적인 동점 공간역계의 합력의 크기 및 방향각(또는 방향코사인)은 다음 식을 이용하여 구할 수 있다.

$$R_x = \Sigma F_x,\ R_y = \Sigma F_y,\ R_z = \Sigma F_z \tag{4.9}$$

$$R = \sqrt{R_x^2 + R_y^2 + R_z^2}\ ;$$
$$\cos\theta_x = R_x / R,\ \cos\theta_y = R_y / R,\ \cos\theta_z = R_z / R \tag{4.10}$$

동점 평면역계(xy-평면)의 합력은 동점 공간역계의 합력의 특수한 경우로서 이를 구하는 식은 쉽게 얻을 수 있다. 즉, 평면역계에서는 z-축 방향의 성분이 항상 $0(R_z = \Sigma F_z \equiv 0)$이므로 이를 이용하면 된다. 이 경우에 공간역계 합력의 방향코사인에서 $\cos\theta_z = R_z / R = 0$, 즉 $\theta_z = 90°$이므로 합력의 작용선이 xy-평면상에 있게 됨을 확인할 수 있다.

4 평행역계의 합력(resultant of a parallel FS)

평행역계에서 힘의 작용선은 모두 평행하므로 단일 축방향의 성분이라 할 수 있다. 따라서 합력의 크기는 힘들의 대수합이다.

$$\mathbf{R} = \Sigma F \tag{4.11}$$

즉, xy-평면상에서 평행 평면역계의 모든 힘이 y-축에 평행하다면 모두 y-축방향 성분이라 할 수 있으며, 따라서 합력도 y-축에 평행하다. 마찬가지로 평행 공간역계의 모든 힘은 z-축 방향의 성분이며, 합력은 z-축에 평행하다는 것이다. 합력의 방향은 R의 부호에 따라 결정된다.

합력의 작용점(평행 평면역계의 경우 x축과 만나는 점, $\bar{x}$; 평행 공간역계의 경우 xy-평면과 만나는 점, $\bar{x}$ 및 $\bar{y}$)은 바리그논의 정리를 이용하여 구할 수 있다. 즉, 평행역계의 모든 힘의 모멘트의 대수합이 합력의 모멘트와 같다는 사실을 이용하면 합력의 위치가 결정된다는 것이다.

(1) 평행 평면역계

그림 4.3과 같은 평행 평면역계에서 합력의 크기는 힘들의 대수합이며, 그 부호에 따라 방향이 결정된다. 즉, 대수합을 계산할 때, 상방향(y-축의 +방향)을 양으로 하면 하방향(y-축의 방향)은 음이 된다. 따라서 합력의 부호가 양(+)이면 합력은 상방향이고, 음(-)이면 하방향이라는 것이다.

$$R = \Sigma F = F_1 + F_2 + F_3 \tag{4.12a}$$

또 합력의 작용점($\bar{x}$)을 구하려면, 원점 O에 관한 모멘트를 이용한다. 즉, 원점 O에 관한 합력 R의 모멘트는 역계의 모든 힘 F_1, F_2, F_3 의 O에 관한 모멘트의 대수합과 같다는 바리그논의 정리를 이용하는 것이다.

$$M_O = \bar{x}R = x_1F_1 + x_2F_2 + x_3F_3 = \Sigma x_iF_i;$$

$$\bar{x} = \frac{\Sigma x_iF_i}{R} = \frac{\Sigma x_iF_i}{\Sigma F_i} \tag{4.12b}$$

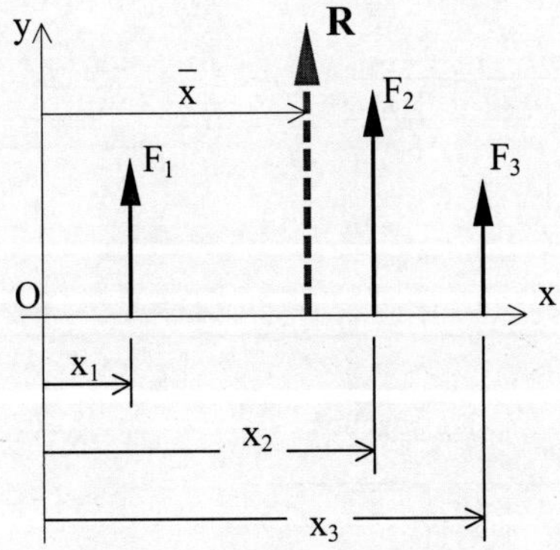

그림 4.3 평행 평면역계의 합력

(2) 평행 공간역계

그림 4.4와 같은 평행 공간역계에서 합력의 크기는 역시 힘들의 대수합이며, 그 부호에 따라 방향이 결정된다. 또 합력의 작용점을 구하려면, x-축 및 y-축에 관한 모멘트에 대하여 바리그논의 정리를 각각 이용한다.

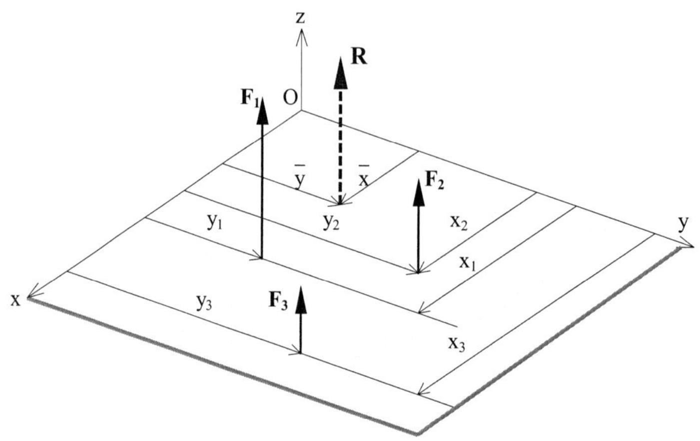

그림 4.4 평행 공간역계의 합력

$$R = \Sigma F = F_1 + F_2 + F_3 \tag{4.13a}$$

$$-M_y = \bar{x}R = x_1F_1 + x_2F_2 + x_3F_3 = \Sigma x_i F_i$$

$$M_x = \bar{y}R = y_1F_1 + y_2F_2 + y_3F_3 = \Sigma y_i F_i$$

$$\bar{x} = -\frac{M_y}{R} = \frac{\Sigma x_i F_i}{R} = \frac{\Sigma x_i F_i}{\Sigma F_i},\quad \bar{y} = \frac{M_x}{R} = \frac{\Sigma y_i F_i}{R} = \frac{\Sigma y_i F}{\Sigma F_i} \tag{4.13b}$$

(3) 도해법

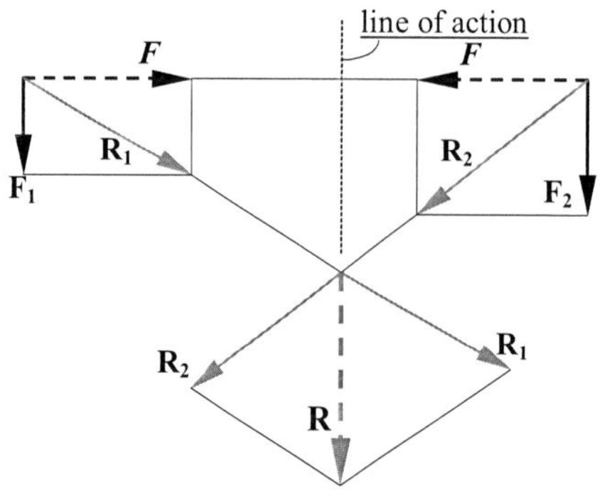

$R = R_1 + R_2$

$= (F_1 + F) + (F_2 + (-F))$

$= F_1 + F_2$

$\therefore\ F_1 + F_2 = R$

그림 4.5 평행역계의 합력 - 도해법

동점역계의 합력을 구하기 위한 평행사변형의 법칙을 이용하여 평행력

F_1과 F_2의 합력을 구하는 과정을 도해적으로 설명하면 그림 4.5와 같다. 평행역계 F_1과 F_2에 합력의 크기가 0인 2개의 힘을 가하여(크기가 같고 방향이 반대인 직선역계의 F를 F_1과 F_2의 작용점에 각각 가함) 2개의 동점역계를 만든다. 각각의 합력으로서 R_1과 R_2가 얻어지고 ($R_1 = F_1 + F$; $R_2 = F_2 + (-F)$), 이들의 합력을 다시 구하면 원래의 평행력 F_1과 F_2의 합력이 된다는 사실을 이용한 것이다. 합력의 작용선(line of action)의 위치는 간단한 기하학적 고찰로부터 구할 수 있으므로 연습문제로 남겨 둔다.

(4) 우력(偶力, 짝힘, couple)

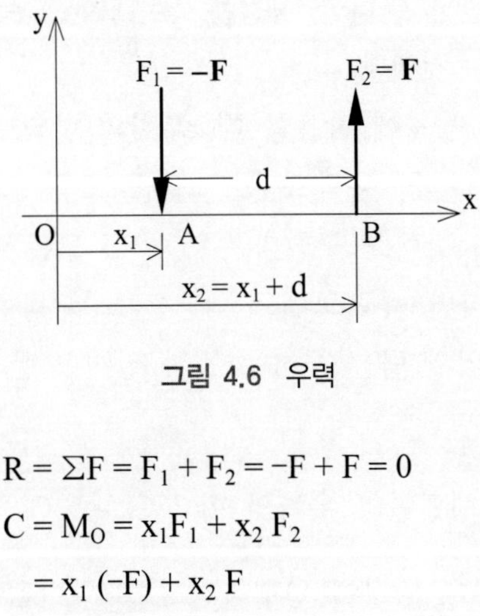

그림 4.6 우력

$$
\begin{aligned}
R &= \Sigma F = F_1 + F_2 = -F + F = 0 \\
C &= M_O = x_1F_1 + x_2 F_2 \\
&= x_1 (-F) + x_2 F \\
&= -x_1F + (x_1 + d)F \\
&= F d \qquad (4.14)
\end{aligned}
$$

평행역계의 특수한 경우로서, 크기가 같고 방향이 반대인 2개의 평행력을 우력이라 한다. 그림 4.6과 같은 우력에서 합력의 크기는 0이고($R = F + (-F) = 0$), 회전효과의 모멘트($C = Fd$)만 존재하므로 우력모멘트(couple moment)라고도 한다.

우력의 특성을 그림 4.6과 식 (4.14)를 참조하여 정리하면 다음과 같다.

① 우력모멘트 $C = M_O$는, 평행력 F_1과 F_2의 각각의 작용위치 x_1 및 x_2에는 관계없고, F_1과 F_2 사이의 거리 d에만 관계된다.

② 우력모멘트 벡터 C의 방향은 z-축을 중심으로 회전하는 방향이다. 즉, 우력 모멘트 C는 z-축 방향의 모멘트 성분으로서, $C = M_O = M_z$

이라고 할 수 있다.

③ xy-평면상의 임의의 점에 관한 모멘트를 계산하여도 우력모멘트는 동일하다. 즉, 점 O, A, B등 어느 점에 관한 F_1과 F_2의 모멘트의 합을 구하여도 마찬가지이다.

$$C = M_O = M_A = M_B = Fd \tag{4.14}$$

우력모멘트 벡터의 크기와 방향(2중화살표를 이용하여 표시한 방향)이 동일하면 동등우력(同等偶力, equivalent couple)이라 한다. 동등우력을 얻는 방법은 동일평면 내에서 우력의 위치변화, 평행한 평면으로 우력의 이동 등이다. 우력에 관한 이러한 성질은 우력모멘트 벡터가 자유벡터(free vector)임을 나타내는 것이다.

여러 개의 우력이 동시에 작용할 때, 우력의 합력도 힘의 합력과 마찬가지로 구할 수 있다. 즉, 우력모멘트 벡터를 2중 화살표로써 표시하고, 힘벡터처럼 취급하여 합력을 구한다는 것이다. 모든 우력이 동일평면 또는 평행평면에 존재하면, 우력모멘트 벡터는 모두 평행한 자유벡터들이므로 합력은 평행역계의 합력을 구하는 것과 같이 모든 우력의 대수합으로 구한다.

$$\text{동일평면 또는 평행평면의 우력의 합 : } C_R = \Sigma C_i \tag{4.15}$$

우력모멘트 벡터들의 방향이 평행하지 않고 일반적인 공간에 작용하는 우력모멘트의 합력은, 동점 공간역계의 합력을 구하는 과정을 그대로 적용하여 구한다. 우력모멘트 벡터는 자유벡터이므로, 모든 우력모멘트 벡터가 한 점에 작용하도록 동등우력을 형성할 수 있기 때문이다. 따라서 비평행 우력모멘트 벡터들의 합력의 크기와 방향은, 동점공간역계의 합력과 마찬가지로, 직교성분의 합을 이용하여 구한다.

$$C_x = \Sigma C_{ix},\ C_y = \Sigma C_{iy},\ C_z = \Sigma C_{iz}\ ;\ C_R = \sqrt{C_x^2 + C_y^2 + C_z^2} \tag{4.16a}$$

$$\cos\theta_x = C_x / C_R,\ \cos\theta_y = C_y / C_R,\ \cos\theta_z = C_z / C_R \tag{4.16b}$$

(5) 분포력(分布力, distributed force)

어떤 구간 또는 영역에 연속적으로 분포하여 작용하는 힘을 분포력(分

布力, distributed force)이라 한다. 분포력이 작용하는 위치와 영역에 따라서 선분포(線分布, line distribution), 면분포(面分布, area distribution), 체적분포(體積分布, volume distribution)를 생각할 수 있다. 선분포력은 단위 길이당의 힘의 크기(N/m, kg/cm, lb/in 등)로 표시하고, 면분포력은 압력과 마찬가지로 단위 면적당의 힘의 크기(N/m^2 = Pa, kg/cm^2, lb/in^2 = psi 등)로 표현한다. 면분포력은 보통 물체의 표면에 작용하므로 표면력(表面力, surface force)이라고도 하며, 체적분포력은 물체가 차지하고 있는 공간영역에 작용하므로 물체력(物體力, body force)이라고도 한다.

여기에서는 평행하게 작용하는 평행분포력(平行分布力)을 주로 다루게 되며, 특히 x-축 상에서 y-축 방향으로 작용하는 선분포력 f(x)와 xy-평면 상에서 z-축 방향으로 작용하는 면분포력 f(x, y)의 합력에 대해서 공부한다.

또 분포력은 모든 구간에서 힘의 크기가 같은 등분포력(等分布力, uniformly distributed force)과 그렇지 않은 변분포력(變分布力, variably distributed force)으로 구분할 수 있다. 등분포력은 분포력 함수 f(x)나 f(x, y)가 상수라는 것이다. 등질의 판이나 물체에 작용하는 중력은 등분포력의 예이며, 수심에 따라 변화하는 정수압(靜水壓, static water pressure) 등은 변분포력의 예이다.

선분포력의 합력

그림 4.7과 같이 x-축에 분포하여 y-축 방향으로 작용하는 선분포력 f(x), $x_1 \le x \le x_2$ 의 합력을 구해 보자.

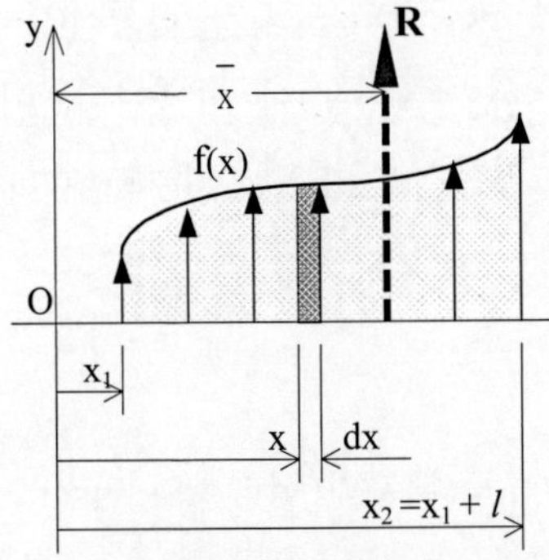

그림 4.7 선분포력의 합력

합력의 크기 :

$$R = \int_{x_1}^{x_2} f(x)dx \tag{4.17a}$$

합력의 위치 :

$$M_O = \bar{x}R = \int_{x_1}^{x_2} x f(x)dx$$

$$\bar{x} = \frac{M_O}{R} = \frac{1}{R}\int_{x_1}^{x_2} x f(x)dx \tag{4.17b}$$

선분포력 함수가 f(x) > 0이면 y-축의 +방향의 힘이고, f(x) < 0이면 y-축의 -방향의 힘이다. 또 이 분포력은 유한구간($x_1 \le x \le x_2$)에 연속적으로

작용하는 것이다. 이 분포력은 평행역계이므로, 합력의 크기는 분포력의 대수합(여기서는 적분으로 표시된다.)이며, 합력의 위치는 역시 바리그논의 정리를 이용하여 구한다.

선분포력의 특수한 경우로서, 분포력의 크기가 일정한 등분포력(等分布力, uniformly distributed force)과 분포력의 크기가 1차 직선적으로 변하는 직선분포력(直線分布力, linearly distributed force)이 역학에서 자주 활용된다.

(i) 등분포력

분포력의 함수가 $f(x) = f_0$로서 분포력의 크기가 일정하며, 길이 l인 구간($x_1 \le x \le x_2 = x_1 + l$)에 작용한다. 이러한 등분포력은 균질봉(均質棒)의 자중(自重, self weight) 등에서 나타나는 힘이다.

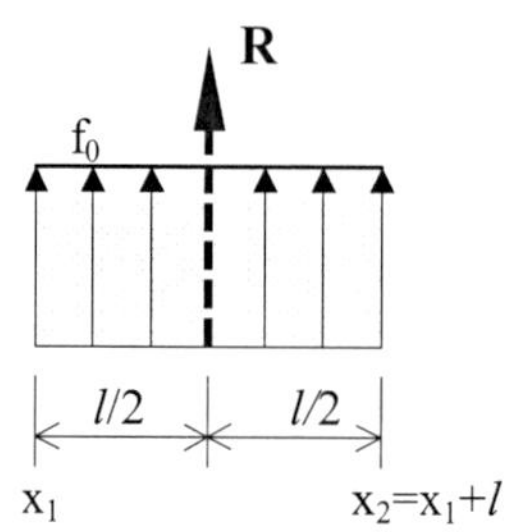

합력의 크기 :

$$R = \int_{x_1}^{x_2} f_0 dx = f_0 l = \text{(사각형의 면적)}$$

합력의 위치 :

$$\bar{x} = \frac{1}{f_0 l}\int_{x_1}^{x_1+l} x f_0\, dx = x_1 + \frac{l}{2} = \text{(중앙점)}$$

그림 4.8 등분포력의 합력

(ii) 직선분포력

분포력의 함수가 1차식 $f(x) = f_0 x/l$ 로서 분포력의 크기가 직선적($0 \sim f_0$)으로 변하며, 길이 l인 구간($x_1 \le x \le x_2 = x_1 + l$)에 작용한다. 이러한 직선분포력의 예로써는 수심에 따른 수압(水壓, hydrostatic pressure) 등을 들 수 있다.

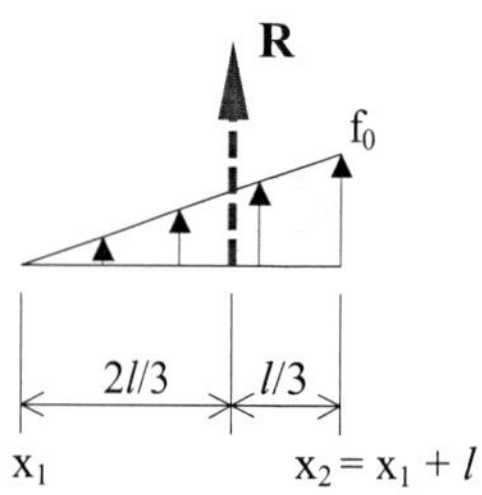

합력의 크기:

$$R = \int_0^l (f_0 x / l) dx = \frac{1}{2} f_0 l = \text{(분포력 삼각형의 면적)}$$

합력의 위치 :

$$\bar{x} = \frac{1}{f_0 l / 2}\int_0^l x(f_0 x / l) dx = \frac{2}{3} l = \text{(삼각형의 무게 중심)}$$

그림 4.9 직선분포력의 합력

면분포력 f(x, y)의 합력

xy-평면에서 면적 A에 분포하여 z-축 방향으로 작용하는 분포력 f(x, y)의 합력을 구해 보자. 합력의 크기는 분포력 함수의 면적 적분으로 표시되며, 합력의 위치는 역시 바리그논의 정리를 이용하여 구한다.

$$R = \int_A f(x,y)dA = \iint f(x,y)dxdy \tag{4.18}$$

$$\bar{x} = \frac{1}{R}\iint x f(x,y)dxdy, \quad \bar{y} = \frac{1}{R}\iint y f(x,y)dxdy \tag{4.19}$$

면분포력의 합력 계산 예로서 직사각형 영역 및 삼각형 영역에 등분포하는 힘의 합력을 구해 보자. 분포력의 작용 영역에 따라 적분의 계산이 어떻게 수행되는지를 알 수 있으며, 다른 형태의 영역에 대해서도 마찬가지 방법을 적용하면 된다.

(i) 직사각형 영역의 등분포력 : $f(x, y) = f_0 = \text{constant}; \ 0 \le x \le a, \ 0 \le y \le b$

그림 4.10과 같이 xy-평면상의 점 (x, y)에서 미소면적 dA = dxdy에 작용하는 힘은 f_0 dxdy이며, 이를 합하여(적분하여) 합력을 얻는다. 또 미소면적에 작용하는 힘의 좌표축에 관한 모멘트를 고려하여 합력의 작용점을 구한다.

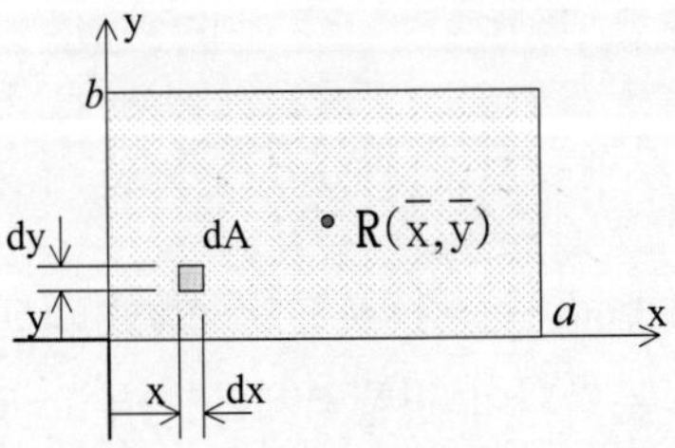

그림 4.10 등분포력 - 직사각형

합력의 크기

$$R = \int_0^b\int_0^a f_0\, dxdy = f_0\, ab = \text{(사각주의 부피)}$$

합력의 위치

$$\bar{x} = \frac{1}{R}\int_0^b\int_0^a x f_0\, dxdy = \frac{f_0 a^2 b/2}{f_0 ab} = \frac{a}{2}$$

$$\bar{y} = \frac{1}{R}\int_0^b\int_0^a y f_0\, dxdy = \frac{f_0 ab^2/2}{f_0 ab} = \frac{b}{2}$$

∴ 합력의 위치 = 대각선의 교점

(ii) 삼각형 영역의 등분포력 : $f(x, y) = f_0 = \text{constant}$

그림 4.11과 같이 3각형 영역에 작용하는 등분포력의 합력을 구하

기 위하여, x-축에 평행한 띠 모양의 미소면적 $dA = \frac{b}{h}(h-y)dy$를 고려하자. x-축으로부터 y만큼 떨어진 미소면적 dA에 작용하는 힘은 $f_0\,dA$이며, 이를 합하여(적분하여) 합력의 크기를 구한다. 또 미소면적에 작용하는 힘($f_0\,dA$)의 x-축에 관한 모멘트($yf_0\,dA$)를 고려하여 합력의 크기와 작용점의 y-좌표를 구할 수 있다. 만약 y-축에 평행한 띠 모양의 미소면적을 취하면, 마찬가지 방법으로 합력의 크기와 작용점의 x-좌표를 구할 수 있을 것이다.

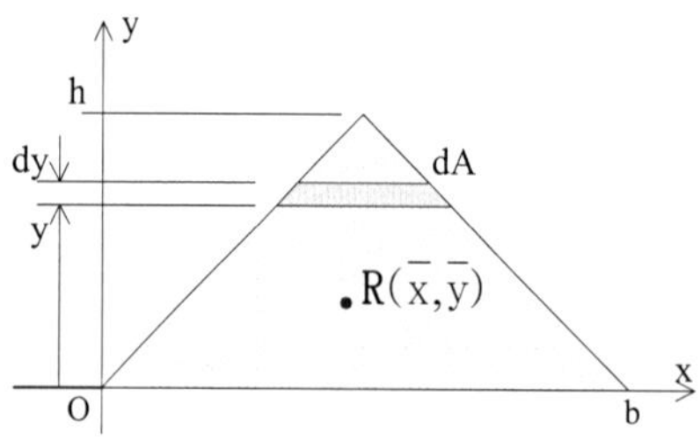

그림 4.11 등분포력-삼각형

합력의 크기 및 위치:

$$R = \int_A f_0\,dA = f_0 \int_0^h \frac{b}{h}(h-y)dy$$

$$= \frac{f_0 bh}{2} = (\text{3각주의 부피})$$

$$\bar{y} = \frac{1}{R}\int_A y f_0\,dA = \frac{f_0}{R}\int_0^h y\frac{b}{h}(h-y)dy$$

$$= \frac{h}{3} = (\text{중심})$$

물체의 중심과 도형의 도심:

분포력의 합력은, 역학에서 중요한 개념 중의 하나인 물체의 중심(center of gravity of a body)과 도형의 도심(centroid of a figure)을 구하고 그 의미를 설명할 때 활용된다.

(i) 물체의 중심

질량을 가진 물체의 무게(weight of a body)는 중력(重力, gravitation)으로서 물체의 전 부분에 연속적으로 분포되어 평행역계를 이루고 있는 분포력이다. 이러한 분포력의 합력이 물체의 무게이며, 그 합력의 위치를 물체의 중심(重心, center of gravity)이라 한다. 물체의 형태에는 선 형태의 줄(wire), 면 형태의 판(板, plate), 또는 입체 등이 있으며, 줄의 무게는 선분포력, 판의 무게는 면분포력이라 할 수 있다. 따라서 줄의 중심은 선분포력의 합력의 위치이며, 판의 중심은 면분포력의 합력의 위치를 구하면 얻어진다.

(ii) 도형의 도심

중심의 특수한 경우로서, 무게의 분포가 등분포인 경우를 생각해 보자. 즉, 어떤 면적이나 선에 등분포력이 작용할 때, 이러한 등분포력의 합력의 위치를 그 면적 또는 선의 도심(圖心, centroid)이라 한다. 한 도형에 작용하는 등분포력의 합력의 위치는 등분포력의 크기와 관계없이 일정하다. 따라서 그 합력의 위치를 등분포력이 작용하는 도형(선, 면적 등)의 도심이라고 한다.

어떤 도형(선분 또는 면적 등)의 도심을 구하려면, 그 도형에 임의 크기의 등분포력(선분에는 선분포력, 면적에는 면분포력)을 작용시키고 그 합력의 위치를 구하면 된다. 앞에서 계산된 결과를 보면, 직선의 도심은 선분의 중앙점이고 직사각형의 도심은 대각선의 교점이라는 것 등을 알 수 있다.

Lesson 11에서는 여러 가지 물체의 중심과 도형의 도심을 상세히 공부하게 된다.

5 예제

E4.1 그림 E4.1과 같은 동점 평면역계의 합력을 구하라. 힘의 단위는 kN이다.

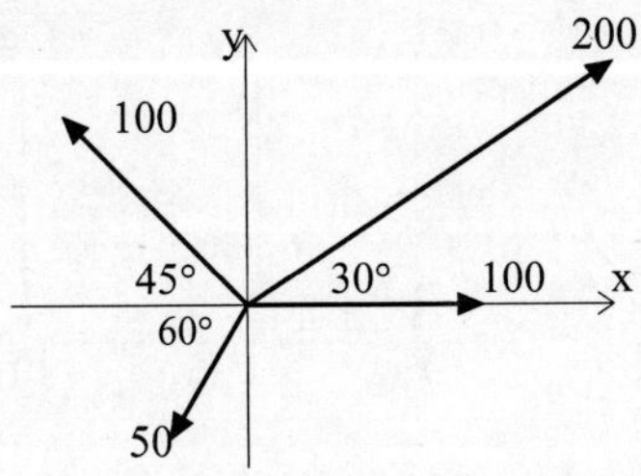

E4.1

해 먼저 분력의 합을 계산하여 동점 평면역계의 합력(크기와 방향)을 구한다.

$$R_x = \Sigma F_x = 100 + 200\cos30° - 100\cos45° - 50\cos60° = +177.5$$
$$R_y = \Sigma F_y = 0 + 200\sin30° + 100\sin45° - 50\sin60° = +127.4$$

$$R = \sqrt{R_x^2 + R_y^2} = \sqrt{177.5^2 + 127.4^2} = 218\ kN$$

$$\tan\theta = \frac{R_y}{R_x} = 127.4/177.5,\ \ \theta = \theta_x = 35.7°$$

E4.2 P = 100 N의 힘이 좌표축의 원점 O에서 A(2, 3, 4)를 향하며, 또 힘 Q = 200 N이 원점에서 B(−3, 5, −2)로 향하고 있다. P와 Q의 합력의 크기와 방향각을 구하라.

해 직교분력의 합을 이용하여 동점 공간역계의 합력(크기와 방향각)을 구한다.
힘 P의 작용선 OA : x = 2, y = 3, z = 4 ; d = 5.39
힘 Q의 작용선 OB : x = −3, y = 5, z = −2 ; d = 6.16

Force	d	$\cos\theta_x = x/d$	$\cos\theta_y = y/d$	$\cos\theta_z = z/d$	F_x	F_y	F_z
P = 100 N	5.39	0.371	0.557	0.742	37.1	55.7	74.2
Q = 200 N	6.16	−0.487	0.812	−0.325	−97.4	162.4	−65.0

Σ : −60.3 218.1 9.2

$$R = \sqrt{R_x^2 + R_y^2 + R_z^2} = \sqrt{(-60.3)^2 + (218.1)^2 + (9.2)^2} = 226 \text{ N} ;$$

$\cos\theta_x = -60.3 / 226 = -0.267,\ \cos\theta_y = 0.965,\ \cos\theta_z = 0.041$

$\theta_x = 105.5°,\ \theta_y = 15.2°,\ \theta_z = 87.7°$

E4.3 그림 E4.3과 같은 평행 평면역계의 합력(크기와 작용위치)을 구하라.

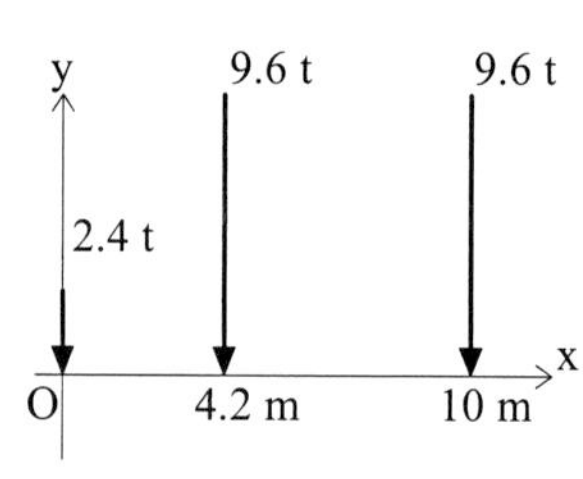

E4.3

해 평행 평면역계의 합력(크기, 방향, 위치)을 구한다.
합력의 크기 : R = ΣF = (−2.4) + (−9.6) + (−9.6) = −21.6 = 21.6 t (↓)
합력의 방향 : 합력 R의 부호가 음(−)이므로 y-축의 음(−)의 방향(↓)이다.
합력의 위치 : $\bar{x} = \dfrac{\sum x_i F_i}{R}$

$$= \{(0)(-2.4) + (4.2)(-9.6) + (10)(-9.6)\}/(-21.6) = 6.311 \text{ m}$$

E4.4 z축에 평행한 평행 공간역계에 4개의 힘이 있다. 각 힘의 크기와 작용점의 (x, y)-좌표가 각각 $F_1 = 40$, (0, 0) ; $F_2 = 20$, (10, 4) ; $F_3 = 8$, (5, 10) ; $F_4 = 12$, (0, 10)일 때, 합력을 구하라. 힘의 단위는 kN이고, 좌표의 단위는 m이다.

풀이 평행 공간역계의 합력(크기, 방향, 위치)을 구한다.

합력의 크기 : $R = \Sigma F = 40 + 20 + 8 + 12 = 80$ kN.

합력의 방향 : 합력 R의 부호가 양(+)이므로 z-축의 양(+)의 방향(↑)이다.

합력의 위치 : $\bar{x} = \{(0)(40) + (10)(20) + (5)(8) + (0)(12)\}/80 = 3$ m

$\bar{y} = \{(0)(40) + (4)(20) + (10)(8) + (10)(12)\}/80 = 3.5$ m :

$(\bar{x}, \bar{y}) = (3, 3.5)$

E4.5 그림 E4.5와 같이 평행한 선분포력의 합력을 구하라.

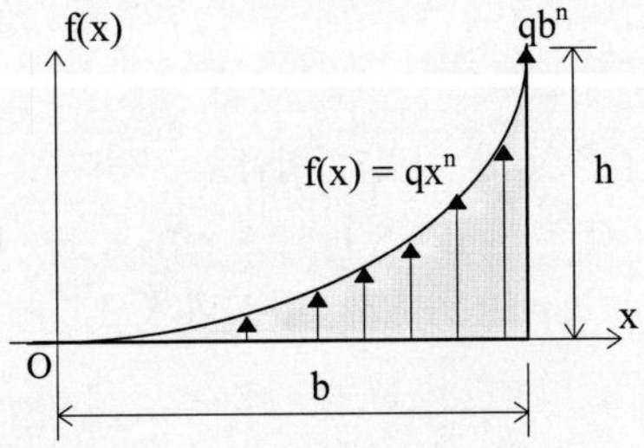

E4.5

풀이 적분을 이용하여 합력의 크기와 위치를 구하며, $h = qb^n$임을 이용하여 식을 정리한다.

$$R = \int f(x)dx = \int_0^b qx^n dx = \frac{qb^{n+1}}{n+1} = \frac{bh}{n+1}\ (\uparrow)$$

$$\bar{x} = \frac{1}{R}\int xf(x)dx = \frac{n+1}{bh}\int_0^b qx^{n+1}dx = \frac{n+1}{bh}\frac{qb^{n+2}}{n+2} = \frac{n+1}{n+2}b$$

위의 결과에서 n의 값에 따라 등분포력(n = 0), 직선 분포력(n = 1) 등의 합력을 확인할 수 있다. 또, 후에 면적의 도심을 구하는 과정에서도 이와 같은 식이 사용된다.

E4.6 그림 E4.6과 같은 코사인 분포력의 합력을 구하라.

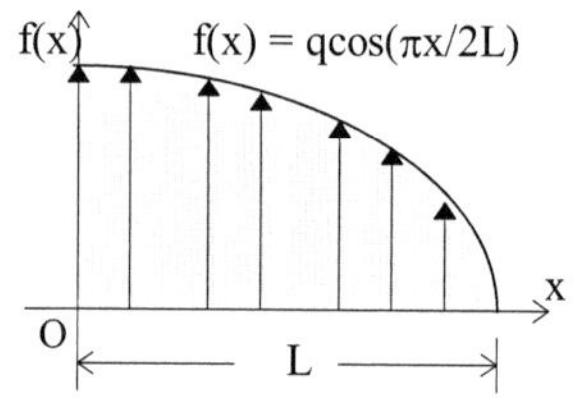

E4.6

해 적분을 이용하여 합력의 크기와 위치를 구한다.

합력의 크기 : $R = \int_0^L q\cos\frac{\pi x}{2L}dx = \frac{2qL}{\pi}$

합력의 위치 : $\bar{x} = \frac{1}{R}\int_0^L x \cdot q\cos\frac{\pi x}{2L}dx = L(1-2/\pi) \cong 0.3634L$

E4.7 그림 E4.7과 같은 공간 우력의 합력을 구하라. 직육면체의 x, y, z방향의 모서리의 길이는 각각 2 m, 1.5 m, 2.5 m이고, F = 100 N, P = 250 N, Q = 180 N, H = 240 N, T = 80 N, V = 60 N이다.

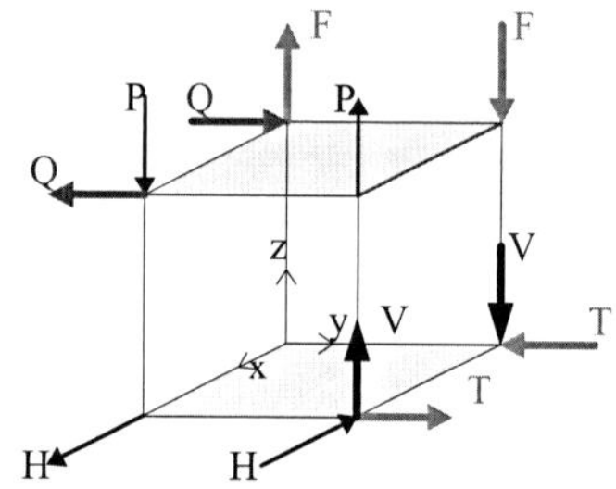

E4.7

해 우력모멘트 벡터의 직교성분을 이용하여, 우력의 합력의 크기 C_R과 방향각을 구한다.

$C_x = -1.5F + 1.5P = 225$ N·m ; $C_y = -2V = -120$ N·m ;

$C_z = 1.5H + 2T - 2Q = 160$ N·m

$$C_R = \sqrt{225^2 + (-120)^2 + 160^2} = 301.0\ N \cdot m$$

$\cos\theta_x = 225/301.0$, $\cos\theta_y = -120/301.0$, $\cos\theta_z = 160/301.0$

$\theta_x = 41.63°$, $\theta_y = 113.49°$, $\theta_z = 57.89°$

4.1 다음과 같은 역계에 있는 힘 **F**의 직교성분 F_x, F_y, F_z 및 이 힘의 원점 O에 관한 모멘트 벡터의 직교성분 M_x, M_y, M_z 중에서 항상 0이 되는 것을 말하라.

(1) 공간역계, (2) 동점 공간역계(원점 O), (3) 평행 공간역계(z-축),
(4) 평면역계(xy-평면), (5) 동점 평면역계(원점 O),
(6) 평행 평면역계(y-축), (7) 직선역계(x-축)

4.2 합력의 크기가 0인 힘(zero force)을 강체와 변형체에 각각 작용시켰을 때, 그 영향을 비교하여 설명하라.

4.3 다음과 같은 동점 평면역계의 합력(크기와 방향각)을 구하라.

(1) 그림 P4.3-1. 답 5.85 kg ; 57.8°

(2) 그림 P4.3-2 (1눈금 = 1 kN)

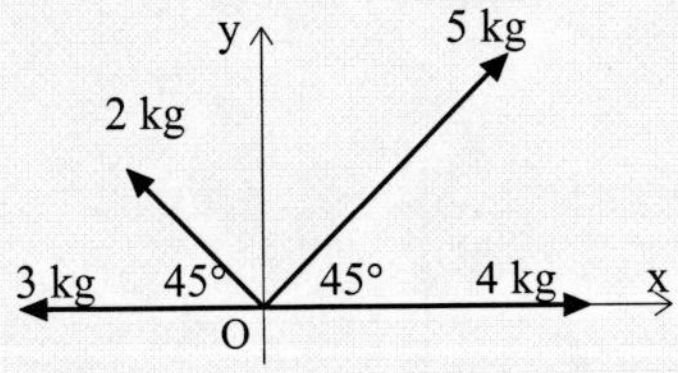

P.4.3-1

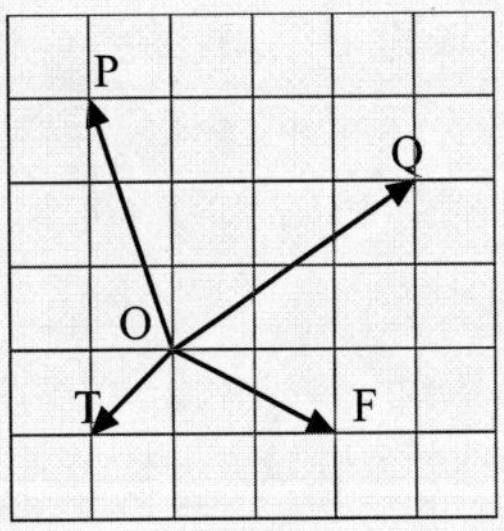

P.4.3-2

4.4 그림 P4.4와 같은 동점역계의 합력이 0일 때, 힘 P와 F의 크기를 구하라.

답 F = 400 N, P = 173.2 N.

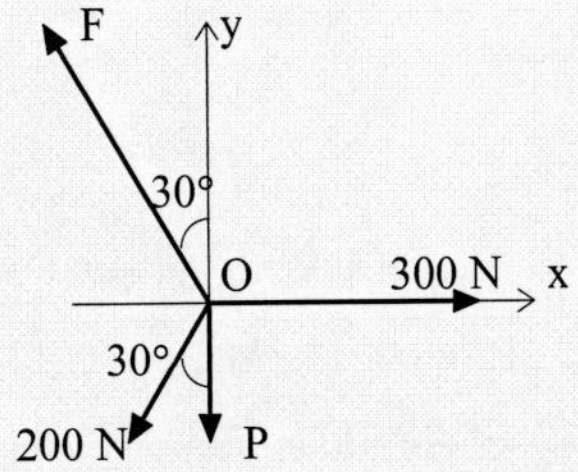

P.4.4

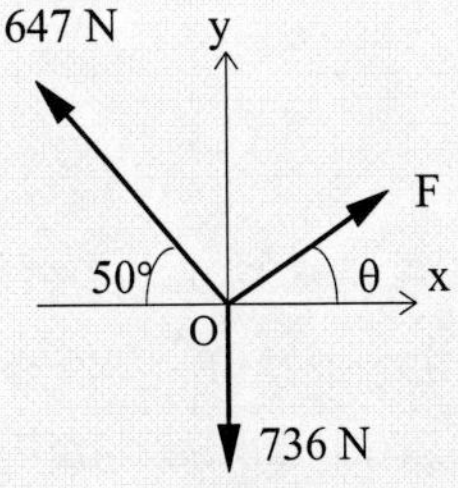

P.4.5

4.5 그림 P4.5와 같은 동점역계의 합력이 0일 때, 힘 F와 θ를 구하라.

답 480 N ; 30°.

4.6 원점 O에 작용하는 힘들의 크기와 작용방향의 좌표가 각각 다음과 같을 때, 합력을 구하라.

P = 20 kN, (4, 3, 5); Q = 30 kN, (−2, 4, −3); F = 18 kN, (3, −3, 2).

답 23.1 kN; (59.6°, 33.6°, 77.2°)

4.7 문제 3.6의 힘들의 합력을 구하라.

4.8 그림 P4.8과 같은 4개의 평행력의 합력이 A점으로부터 4'인 곳(B점으로부터 3'인 곳)에 상방향으로 작용하는 3 k가 되도록 P와 F를 결정하라.

답 F = 2 k, P = 4 k .

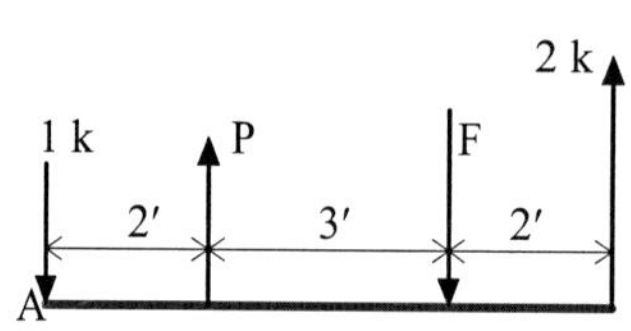

P.4.8

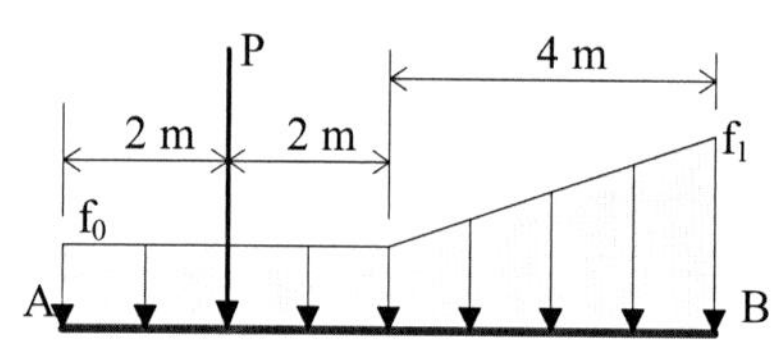

P.4.9

4.9 그림 P4.9와 같은 평행역계의 합력을 구하라. P = 10 kN, f_0 = 3 kN/m, f_1 = 7 kN/m이다.

4.10 z축에 평행한 평행 공간역계에 4개의 힘이 있다. 힘들의 크기와 작용점의 (x, y)-좌표가 각각 $F_1 = 32$, (1, 1) ; $F_2 = 60$, (4, 3) ; $F_3 = -40$, (2, 4) ; $F_4 = -75$, (3, 0)일 때, 합력을 구하라. 힘의 단위는 kN이고, 좌표의 단위는 m이다.

답 −23 kN, (1.435, −2.26) m

4.11 반경 6m의 원판의 주위에 4개의 등간격의 기둥이 있고, 기둥하중이 그림 P4.11과 같다. 여기에 최소의 하중을 부가적으로 가하여 5개 하중의 합력이 원판의 중심 O에 작용하도록 하고 싶다. 최소하중의 크기와 위치를 구하라.

답 72.11 kN; (x, y) = (3.33, 4.99) m.

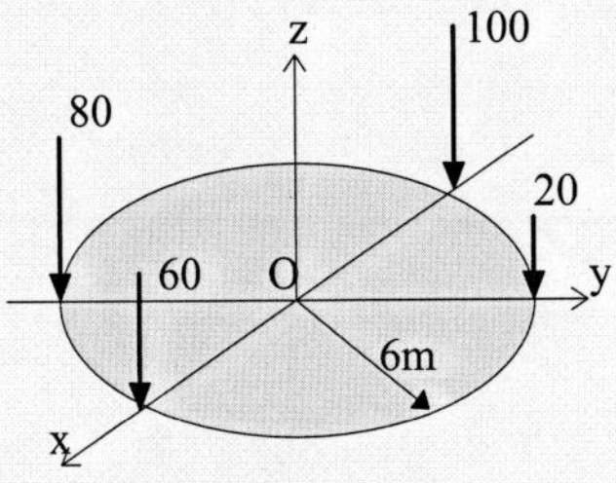

P.4.11

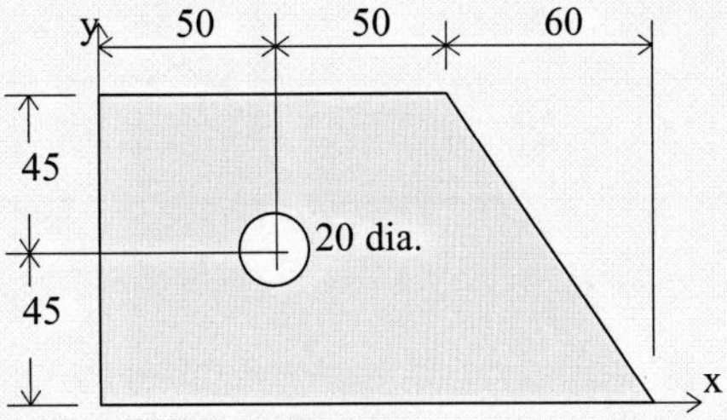

P.4.12

4.12 그림 P4.12와 같이 원형 구멍(직경 20mm)이 뚫어진 사다리꼴 판에 등분포하중이 작용할 때, 합력의 위치(도심)를 구하라. 치수의 단위는 mm이다.

답 (66.6, 41.4) mm.

ENGINEERING MECHANICS

LESSON 05

역계의 합력 ···

Resultant of Force System－Planar and Space FS

[＋힘의 변환 conversion of a force

＋합력－평면역계, 공간역계 resultant－planar, space FS

＋합력의 표현 resultant representation]

1 힘의 변환 (resolution of a force into an equivalent force and couple)

하나의 힘은, 그 힘과 크기가 같으면서 평행한 하나의 힘과 우력모멘트의 합(an equivalent force and couple)으로 등가변환(等價變換, equivalent transformation)할 수 있으며, 또 그 역변환(하나의 힘과 우력모멘트를 하나의 힘으로 변환)도 가능하다. 힘의 등가변환은 힘의 작용점에 대한 외적 효과는 같으나 힘의 종류 또는 형태가 다른 힘으로 표현되는 것을 말한다. 이러한 변환의 과정에서 앞에서 배운 합력의 크기가 0인 2개의 힘이 이용된다.

그림 5.1에는 이러한 변환의 과정이 표시되었다. 그림에서 (a)와 같이 한 점 O로부터 d만큼 떨어진 하나의 힘 F에 그림 (b)와 같이 '합력의 크기가 0인 힘'을 가하여도 합력에 변화가 없다(등가변환). 이 역계는 다시 그림 (c)와 같이 O점에 작용하는 하나의 힘 F(원래의 힘과 크기가 같으며 d만큼 평행 이동된 것임)와 우력모멘트 C = Fd로 등가변환 되는 것이다.

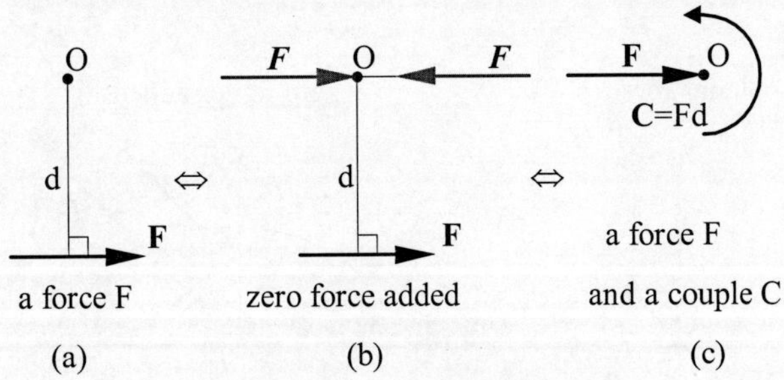

그림 5.1 힘의 등가변환

참고사항

힘의 변환에는 등가변환과 동등변환이 있다는 것을 고급 역학에서 배우게 될 것이다. 여기에서는 그 개념을 간단히 소개한다,

(1) 등가변환 (等價變換, equivalent transformation)

> Sums of forces and sums of moments about given point O are respectively equal.
> (한 점 O에 관한 외적 효과가 같게 되는 변환)
> ⇒ [same effect on a rigid body, 강체에 대한 외적 효과가 같음]

(2) 동등변환(同等變換, equipollent transformation)

> Force resultants and moment resultants <u>about an arbitrary point</u> are respectively equal.
> (역계의 효과가 임의 점에 대하여도 같게 되는 변환)
> ⇒ [same effect on a deformable body, 변형체에 작용하여 내적효과 및 외적 효과가 같음]

2 평면역계의 합력(resultant of a coplanar FS)

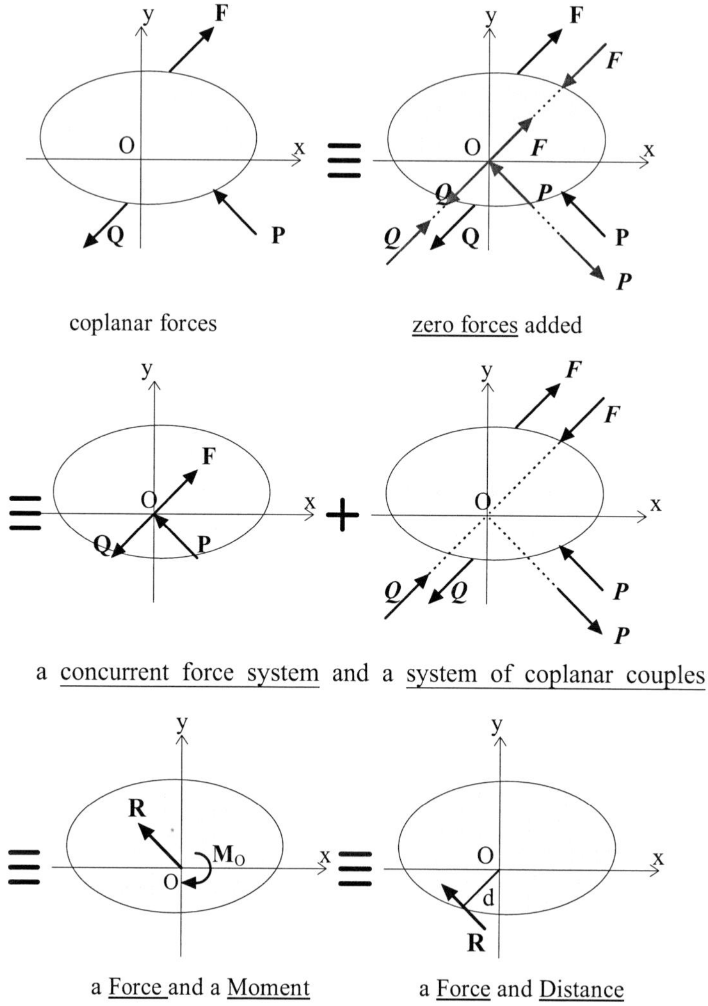

그림 5.2 평면역계의 합력을 구하는 과정

일반적인 평면역계의 합력을 구하는 개념적인 과정을 도시하면 그림 5.2와 같다. 먼저 각각의 힘을 한 점 O에 관하여 하나의 힘과 우력으로 등가변환을 한다. 등가변환을 통하여 얻어진 역계는 동점 평면역계와 우력모멘트 역계의 합이라고 생각할 수 있다. 따라서 동점 평면역계의 합력을 구하고, 이를 우력의 합력과 더하여 평면역계의 합력을 얻는다. 여기서 얻어진 평면역계의 합력은 하나의 힘 **R**과 우력의 합력 $\mathbf{M_O}$이다. 이렇게 하나의 힘과 우력으로 표시된 합력을 다시 O점으로부터 d만큼 떨어진 하나의 힘으로 변환할 수도 있다. 여기서 d는 원점 O로부터 힘의 작용선까지의 수직거리이다.

동점 평면역계의 합력 **R**과 우력의 합력 $\mathbf{M_O}$를 구하는 방법은 이미 공부하였으므로, 이를 이용하여 일반적인 평면역계의 합력을 다음과 같이 구한다.

$$R_x = \sum F_x\,,\ R_y = \sum F_y\ ;\ R = \sqrt{R_x^2 + R_y^2}\,,\ \tan\theta_x = \frac{R_y}{R_x} \tag{5.1}$$

$$M_O = \sum M_z = \sum (xF_y - yF_x)\ ;\ d = \frac{M_O}{R} \tag{5.2}$$

일반적인 평면역계의 합력을 나타내기 위해서는 동점 평면역계의 합력 **R**과 우력의 합력 $\mathbf{M_O}$를 이용한다. 합력을 표시하는 방법으로서 2가지를 이용할 수 있다. 즉, 원점 O에 작용하는 하나의 힘과 **우력모멘트**(a force and a moment: R, θ_x, M_O), 또는 등가변환을 이용하여 구한 하나의 힘과 위치(a force and distance: R, θ_x, d)를 제시하면 된다.

일반적인 평면역계의 합력은 하나의 힘(R)과 원점 O에 관한 모멘트의 합(M_O)으로 표현된다. 따라서 물체에 평면역계가 작용하면 R에 의한 병진운동(竝進運動, translation)과 M_O에 의한 회전운동(回轉運動, rotation)이 발생할 수 있다.

3 공간역계의 합력 (resultant of a space FS)

일반적인 공간역계의 합력을 구하기 위해서도, 평면역계의 경우와 마찬가지로, 힘의 변환을 이용한다. 즉, 각각의 힘을 원점 O에 작용하는 하나의 힘과 공간 우력으로 변환하여 동점 공간역계와 공간 우력의 합으로 표현한다. 여기서 동점 공간역계의 합력 **R**과 방향각(또는 직교성분) 및 공간 우력의 합력모멘트 $\mathbf{M}_R$과 방향각을 모두 구하면 된다.

(1) 동점 공간역계의 합력

$$R=\sqrt{R_x^2+R_y^2+R_z^2}\ ;\ R_x=\Sigma F_x,\ R_y=\Sigma F_y,\ R_z=\Sigma F_z \tag{5.3}$$

$$\theta_x,\ \theta_y,\ \theta_z\ ;\ \cos\theta_x=R_x/R,\ \cos\theta_y=R_y/R,\ \cos\theta_z=R_z/R \tag{5.4}$$

(2) 공간 우력의 합력모멘트

$$M_R=\sqrt{M_{Rx}^2+M_{Ry}^2+M_{Rz}^2}\ ;\ M_{Rx}=\Sigma M_x,\ M_{Ry}=\Sigma M_y,\ M_{Rz}=\Sigma M_z \tag{5.5}$$

$$\theta_x,\ \theta_y,\ \theta_z\ ;\ \cos\theta_x=M_{Rx}/M_R,\ \cos\theta_y=M_{Ry}/M_R,\ \cos\theta_z=M_{Rz}/M_R \tag{5.6}$$

4 역계의 합력 – 성분과 표현방법

The resultant of a force system is the least number of forces that will replace the given force system.

역계의 합력은 그 역계를 대체할 수 있는 가장 적은 개수의 힘으로 표현한다. 역계의 합력에서 힘과 모멘트는 각각 크기와 방향각(또는 직교성분)으로 표현한다. 역계의 합력을 구하라는 문제를 풀 때, 결과로서 무엇을 제시해야 하는가? 표 5.1에 이들을 정리하였다. 여기에는 역계의 종류별로 존재하는 합력의 성분(직교분력 및 모멘트 성분)을 요약하고, 또 그 합력의 표현 방법을 제시한다. 이 결과는 나중에 역계의 평형조건을 공부할 때 요긴하게 이용되므로, 꼭 기억해 둘 필요가 있다.

표 5.1 Components and representation of resultants of various force systems

역계의 종류	합력의 성분 R_x	R_y	R_z	M_x	M_y	M_z	합력의 표현방법
비평형 비동점 역계							
공간역계	R_x	R_y	R_z	M_x	M_y	M_z	▫ 힘과 방향각 +모멘트와 방향각
평면역계 (xy-평면)	R_x	R_y	$\equiv 0$	$\equiv 0$	$\equiv 0$	$M_z = M_O$	▫ 힘과 방향각 + 모멘트 또는 하나의 힘과 위치
평행역계							
공간역계(//z)	$\equiv 0$	$\equiv 0$	$R_z = R$	M_x	M_y	$\equiv 0$	하나의 힘 + 작용점 $(\bar{x}, \bar{y})$
평면역계(//y)	$\equiv 0$	$R_y = R$	$\equiv 0$	$\equiv 0$	$\equiv 0$	$M_z = M_O$	하나의 힘 + 작용점$(\bar{x})$
동점역계							
공간역계	R_x	R_y	R_z	$\equiv 0$	$\equiv 0$	$\equiv 0$	하나의 힘 + 방향각
평면역계	R_x	R_y	$\equiv 0$	$\equiv 0$	$\equiv 0$	$\equiv 0$	하나의 힘 + 방향각

5 예제

E5.1 그림 E5.1과 같은 평면역계의 합력을 원점 O에 관하여 구하라. 또 합력을 하나의 힘으로 표시하라. 힘의 단위는 kN, 좌표의 눈금단위는 mm이다.

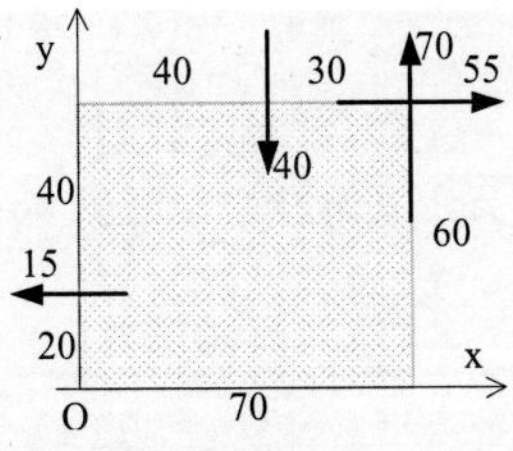

E5.1

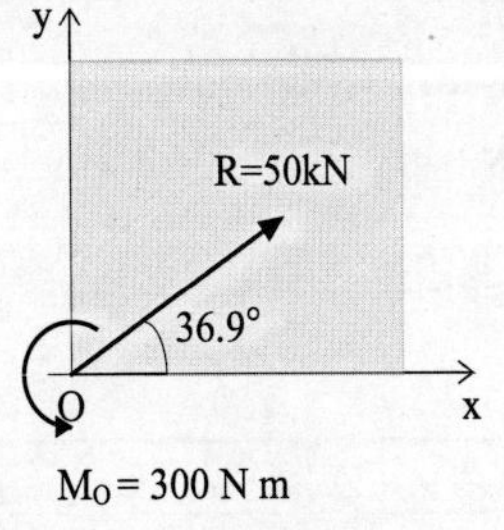

E5.1(a)

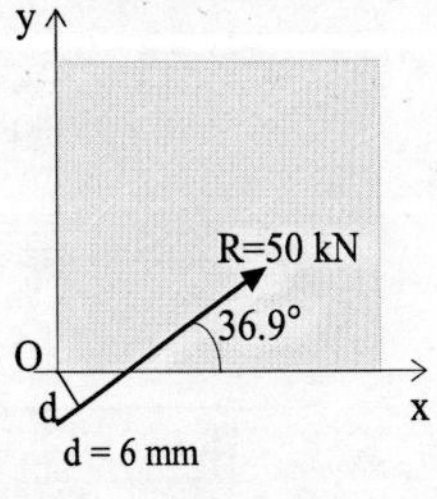

E5.1(b)

해 (a) 원점 O에 관한 합력은 O점에 작용하는 하나의 힘 R과 모멘트 M_O로 표시된다.

$R_x = 55 - 15 = 40,\ R_y = -40 + 70 = 30$

$R = 50\ \text{kN},\ \theta_x = \tan^{-1}\ (30/40) = 36.9°$

$M_O = 15(20) - 40(40) + 70(70) - 55(60) = 300\ \text{kN} \cdot \text{mm} = 300\ \text{N} \cdot \text{m}$ [그림 E5.1(a)]

(b) 합력을 하나의 힘으로 표시하려면, 하나의 힘 R과 모멘트 M_O를 하나의 힘으

로 변환한다. 즉, 원점 O로부터 합력의 작용선까지의 거리 d를 구한다. 이때에 하나의 힘으로 표시된 합력의 크기와 방향은 R과 같고, 그 위치는 모멘트 M_O의 크기와 방향에 의해 결정된다. 때에 따라서는 거리 d를 표시하는 것보다 합력의 작용선의 x 및 y절편을 표시하는 것이 편리할 수 있다. 여기서는 d를 구하기로 한다.

$d = M_O/R = 300/50 = 6$ mm → [그림 E5.1(b)]

E5.2 공간에 작용하는 힘의 크기와 방향이 각각 다음과 같을 때, 합력을 구하라. 좌표의 단위는 m이다.

P = 40 kN ;	점(2, 4, −3) 에서	점(−2, 3, −4)로 향함
Q = 70 kN;	점(−3, 2, 7) 에서	점(4, 4, 4)로 향함
T = 30 kN ;	점(2, 0, −2) 에서	점(0, 3, 4)로 향함

해 각각의 힘의 분력을 이용하여, 먼저 동점 공간역계의 합력 R의 크기와 방향각을 구한다. 여기서는 각각의 힘의 방향을 좌표성분으로 표시하고, 직교분력을 구하여 표에 정리하였다.

force	d_x	d_y	d_z	d	F_x	F_y	F_z
P = 40	−4	−1	−1	4.243	−37.71	−9.43	−9.43
Q = 70	7	2	−3	7.874	62.23	17.78	−26.67
T = 30	−2	3	6	7.0	−8.57	12.86	25.71
				Σ	15.95	21.21	−10.39

따라서 동점 공간역계의 합력 R은 다음과 같다.

$R_x = 15.95,\ R_y = 21.21,\ R_z = -10.39$

$\therefore\ R = 28.50$ kN ; $\theta_x = 56.0°,\ \theta_y = 41.9°,\ \theta_z = 111.4°$

다음으로 공간 우력의 합력모멘트 M_R의 크기와 방향각을 구한다. 역시 표를 이용한다.

force	x	y	z	F_x	F_y	F_z	M_x	M_y	M_z
P = 40	2	4	−3	−37.71	−9.43	−9.43	−66.01	131.99	131.98
Q = 70	−3	2	7	62.23	17.78	−26.67	−177.80	355.60	−177.80
T = 30	2	0	−2	−8.57	12.86	25.71	25.72	−34.28	25.72
						Σ	−218.09	453.31	−20.10

$M_x = -218.09,\ M_y = 453.31,\ M_z = -20.10$

$\therefore\ M_R = 503.45$ kN·m ; $\theta_x = 115.7°,\ \theta_y = 25.8°,\ \theta_z = 92.3°$

5.1 그림 P5.1과 같은 역계의 합력을 하나의 힘으로 구하고, 합력의 크기, 방향각, 작용선이 x축과 만나는 위치를 구하라. 힘의 단위는 N, 좌표의 단위는 m이다.

답 R = 1580 N, θ_x = −85.8°, 8.11m

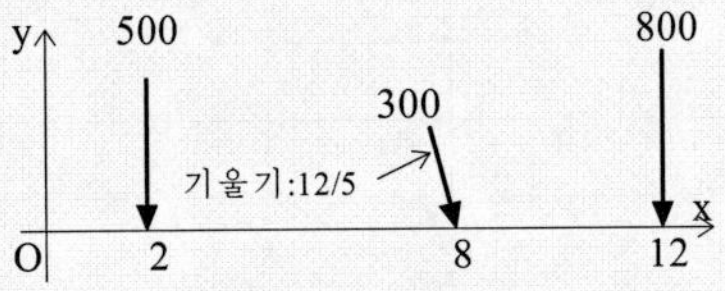

P5.1

5.2 반경 r인 반원 판의 원주에 그림 P5.2와 같이 힘 P가 작용한다. 힘 P의 작용점 B에서 x축에 수선을 그었을 때 만나게 되는 D점에서의 동등한 힘과 우력으로 변환하라. 이러한 경우에 우력모멘트가 최대가 되는 θ를 결정하라.

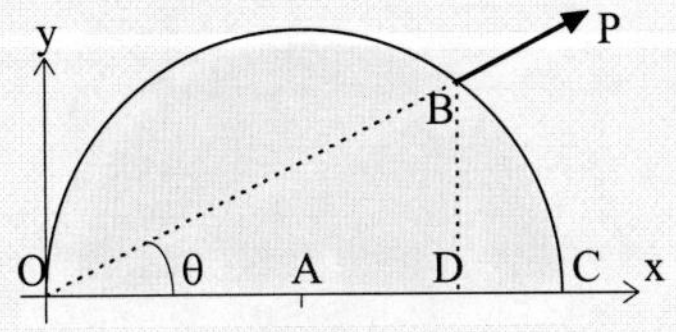

P5.2

5.3 xy-평면상에 작용하는 비동점역계의 힘들의 효과가 각각 다음과 같을 때, 합력의 작용선이 x축 및 y축과 만나는 점을 구하라.

(1) $\Sigma F_x = 90$ kN, $\Sigma F_y = -60$ kN, $M_O = 360$ kN·m. 답 x = −6 m, y = −4 m.

(2) $\Sigma F_x = -80$ kN, $\Sigma F_y = 160$ kN, $M_O = 480$ kN·m. 답 x = 3 m, y = 6 m.

5.4 그림 P5.4와 같이 정사각형(1변의 길이 a)에 작용하는 평면역계의 합력을 하나의 힘으로 표시했을 때, 합력의 작용선이 A점을 통과하도록 α를 정하라.

답 30°

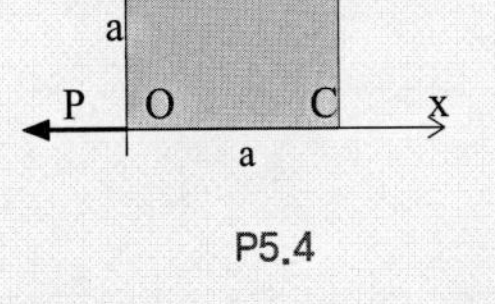

P5.4

5.5 그림 P5.5에서 3개의 힘 F = 3162 kg과 P 및 Q의 합력이 A점을 지나는 수평력임을 알고 있다. 힘 P와 Q의 크기를 구하라.

답 P = −2250 kg, Q = 4750 kg .

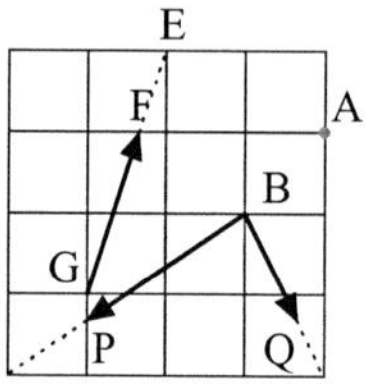

P5.5

5.6 그림 P5.6과 같이 등분포력이 포함된 평면역계의 합력이 0임을 알고 있다. 수평력 H와 수직력 P 및 Q를 구하라.

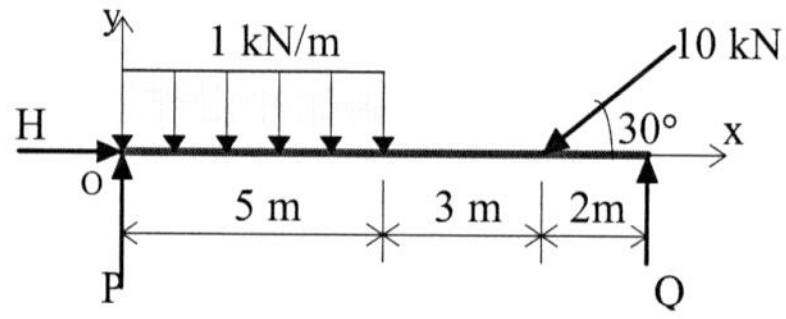

P5.6

5.7 힘과 작용점이 다음과 같은 공간역계의 합력을 구하라. 힘의 단위는 kN, 좌표의 단위는 m이다.

F = 5i + 7j − 4k	: (−2, 4, 1)
P = −2i + 6k	: (0, 0, 0)
Q = 3j − 3k	: (−3, 0, −1)
F = 4i + 3j	: (0, 0, −2)

5.8 문제 4.6과 4.10의 힘들이 동시에 작용하는 역계의 합력을 구하라.

ENGINEERING MECHANICS

LESSON 06

역계의 평형, 자유물체도 …
Equilibrium Equations & Free-Body Diagram

[+ 평형의 개념 concept of equilibrium + 평형방정식 equilibrium equations + 자유물체도 free-body diagram + 반력 reactions]

1 역계의 평형 (equilibrium of force system)

If the resultant of a force system is zero, the force system is said to be in equilibrium. If a body is under the action of zero force, then the acceleration will also be zero and the body will move with a constant velocity or be at rest. A body at rest is a body in static equilibrium.

어떤 역계의 합력이 0일 때, 그 역계는 평형상태(平衡狀態, equilibrium state)에 있다고 한다. 어떤 물체에 작용하는 힘들이 평형상태에 있으면, 그 물체에 작용하는 힘의 합력이 0이므로 가속도가 0이 되어($F = ma$에서 $F = 0$이면 $a = 0$) 물체는 등속도 운동(等速度 運動, motion with a constant velocity)을 하게 된다. 등속도 운동의 특수한 경우로서 속도가 0이면, 이를 정지상태(靜止狀態, rest state) 또는 정역학적 평형상태(靜力學的 平衡狀態, static equilibrium state)라 한다.

물체가 정역학적 평형상태에 있게 되는 조건을 정역학적 평형조건(static equilibrium condition)이라 하는 데, 이는 물체에 작용하는 역계의 합력이 0임을 뜻하므로 다음과 같은 정역학적 평형방정식(靜力學的 平衡方程式, static equilibrium equations; SEE)으로 표현된다.

$$\Sigma \mathbf{F} = \mathbf{0}, \quad \Sigma \mathbf{M} = \Sigma(\mathbf{r} \times \mathbf{F}) = \mathbf{0} \tag{6.1}$$

위의 정역학적 평형방정식은 힘의 합력(resultant force) 및 모멘트 벡터의 합력(resultant moment)이 각각 0이라는 것으로서, 힘의 합력이 0이면 병진운동이 없으며 모멘트 벡터의 합력이 0이면 회전운동이 발생하지 않음을 뜻한다. 즉, 물체의 정역학적 평형상태는 그 물체가 병진운동 및 회전운동을 하지 않음을 뜻하는 것이다. 정역학적 평형방정식을 힘과 모멘트의 직교성분들을 이용하여 스칼라 방정식으로 다시 쓰면 6개의 대수적 평형방정식(代數的 平衡方程式, algebraic equilibrium equations)을 얻는다.

$$\Sigma F_x = 0, \quad \Sigma F_y = 0, \quad \Sigma F_z = 0 \;;\; \Sigma M_x = 0, \quad \Sigma M_y = 0, \quad \Sigma M_z = 0 \tag{6.2}$$

2 역계별 평형방정식

역계의 종류에 따라서는 6개의 대수적 평형방정식 중에서 당연히 만족되는 것이 있다. 즉, Lesson 5에서 본 바와 같이 역계에 따라서는 합력의 직교성분 또는 모멘트 성분들 중의 일부가 항상 0이 된다는 것이다. 따라서 항상 0이 되는 성분은 식(6.2)의 해당 평형 방정식을 자동적으로 만족시키므로, 이들을 제외하면 역계별로 만족되어야 할 평형방정식의 수와 성분을 얻게 된다. 역계의 종류별로 평형방정식을 정리하면 다음과 같다.

(1) 공간역계(비평행 비동점 공간역계)

일반적인 공간역계에서 항상 0이 되는 분력이나 모멘트 성분은 없다. 따라서 식 (6.2)에서 자동적으로 만족되는 방정식이 없으므로, 평형조건으로서 만족되어야 할 스칼라 방정식은 6개이다.

$$\Sigma F_x = 0,\ \ \Sigma F_y = 0,\ \ \Sigma F_z = 0\ \ ;\ \ \Sigma M_x = 0,\ \ \Sigma M_y = 0,\ \ \Sigma M_z = 0 \qquad (6.3)$$

(2) 평면역계(비평행 비동점 xy-평면의 역계)

일반적인 xy-평면역계에서 모든 힘의 z-축 방향의 분력은 항상 0이다. 또 xy-평면상의 힘의 x-축에 관한 모멘트와 y-축에 관한 모멘트는 항상 0이고, z-축에 관한 모멘트는 원점에 관한 모멘트라고 표현할 수 있다($M_z \equiv M_O$). 따라서 자동적으로만족되는 3개의 방정식($\Sigma F_z \equiv 0$, $\Sigma M_x \equiv 0$, $\Sigma M_y \equiv 0$)을 제외하면, 만족되어야 할 평면역계의 평형방정식은 3개이다.

$$\Sigma F_x = 0,\ \ \Sigma F_y = 0,\ \ \Sigma M_O = 0 \qquad (6.4a)$$

평면역계의 평형방정식은 다른 방법으로 표현할 수도 있다. 예를 들어, xy-평면상의 선분 $\overline{AB}$가 y-축과 평행하지 않다고 하자. 이 때 $\Sigma F_x = 0$이 만족되었다고 가정하고, $\Sigma F_y = 0$ 및 $\Sigma M_O = 0$이 $\Sigma M_A = 0$ 및 $\Sigma M_B = 0$으로 대치될 수 있는지를 살펴보자. $\Sigma M_A = 0$ 및 $\Sigma M_B = 0$을 만족하는 힘은, ① 크기가 0이 아닌 힘으로서 작용선이 2점 A와 B를 통과하거나, ② 크기가 0이어야 한다. 그러나 선분 $\overline{AB}$가 y-축과 평행하지 않으므로 ①의 경우에는 0이 아닌 x-분력이 존재하여 $\Sigma F_x = 0$이라는 가정에 모순된다. 따라서 ②의 경우에 해당되므로, $\Sigma M_A = 0$ 및 $\Sigma M_B = 0$은 $\Sigma F_y = 0$ 및 Σ

$M_O = 0$ 대신에 사용할 수 있다. 이 평형방정식은 가장 편리하게 활용된다.

$$\Sigma F_x = 0,\ \ \Sigma M_A = 0,\ \ \Sigma M_B = 0$$

[선분 $\overline{AB}$가 y-축과 평행하지 않아야 한다.] (6.4b)

마찬가지 방법으로 생각하면 평면역계의 평형방정식은 동일 직선상에 있지 않은 3점에 관한 모멘트를 이용하여 표현할 수 있다.

$$\Sigma M_A = 0,\ \ \Sigma M_B = 0,\ \ \Sigma M_C = 0$$

[3점 A, B, C가 일직선상에 있지 않아야 한다.] (6.4c)

(3) 평행 공간역계 (z축에 평행)

z-축에 평행한 역계에서는 x-분력 및 y-분력과 z-축에 관한 모멘트가 항상 0이다. 따라서 자동적으로 만족되는 방정식($\Sigma F_x \equiv 0,\ \Sigma F_y \equiv 0,\ \Sigma M_z \equiv 0$)을 제외하면 만족되어야 할 평형방정식은 3개이다.

$$\Sigma F_z = 0,\ \ \Sigma M_x = 0,\ \ \Sigma M_y = 0 \tag{6.5}$$

(4) 평행 평면역계 (xy-평면에서 y축에 평행한 역계)

먼저 xy-평면상에 있는 평면역계이므로 F_z와 M_x 및 M_y는 항상 0이다. 또 y-축에 평행한 힘에 대하여 F_x도 항상 0이다. 따라서 자동적으로 만족되는 방정식($\Sigma F_x \equiv 0,\ \Sigma F_z \equiv 0,\ \Sigma M_x \equiv 0,\ \Sigma M_y \equiv 0$)을 제외하면 평형방정식은 2개의 식으로 표현된다.

$$\Sigma F_y = 0,\ \ \Sigma M_O = 0 \tag{6.6a}$$

또 평면역계의 평형방정식을 변형하였던 방법을 다시 적용하면, xy-평면상의 2점 A와 B에 관한 모멘트로 표현된 평형방정식을 얻게 된다.

$$\Sigma M_A = 0,\ \ \Sigma M_B = 0$$

[선분 $\overline{AB}$가 y-축과 평행하지 않아야 한다.] (6.6b)

(5) 동점 공간역계

힘들의 공통적인 작용점을 좌표축의 원점(O)이라 하면 3개의 직교축에 관한 모멘트 성분 M_x, M_y 및 M_z는 항상 0이 된다. 따라서 자동적으로 만족되는 방정식($\Sigma M_x \equiv 0$, $\Sigma M_y \equiv 0$, $\Sigma M_z \equiv 0$)을 제외하면 동점 공간역계에서 만족되어야 할 평형방정식은 힘의 성분에 대한 3개의 식으로 표현된다.

$$\Sigma F_x = 0,\ \ \Sigma F_y = 0,\ \ \Sigma F_z = 0 \tag{6.7}$$

(6) 동점 평면역계 (xy-평면의 역계)

평면역계에서 항상 0이 되는 성분, F_z , M_x , M_y와 동점 역계에서 항상 0이 되는 모멘트 성분, M_x, M_y, M_z을 모두 제외하면($\Sigma F_z \equiv 0$, $\Sigma M_x \equiv 0$, $\Sigma M_y \equiv 0$, $\Sigma M_z \equiv 0$), 만족되어야 할 평형방정식은 2개의 식으로 표현된다.

$$\Sigma F_x = 0,\ \ \Sigma F_y = 0 \tag{6.8}$$

표 6.1 Summary of static equilibrium equations for force systems

역계(force system)	정역학적 평형방정식(SEE) [방정식의 수(number of equations)]	
비평행 비동점 공간역계	$\sum F_x = 0,\ \sum F_y = 0,\ \sum F_z = 0,$ $\sum M_x = 0,\ \sum M_y = 0,\ \sum M_z = 0$	[6]
비평행 비동점 평면역계 (xy-평면)	$\sum F_x = 0,\ \sum F_y = 0,\ \sum M_O = 0$ 또는 $\sum F_x = 0,\ \sum M_A = 0,\ \sum M_B = 0$ 또는 $\sum M_A = 0,\ \sum M_B = 0,\ \sum M_C = 0$	[3]
평행 공간역계(//z)	$\sum F_z = 0,\ \sum M_x = 0,\ \sum M_y = 0$	[3]
평행 평면역계 (xy-평면//y)	$\sum F_y = 0,\ \sum M_O = 0$ 또는 $\sum M_A = 0,\ \sum M_B = 0$	[2]
동점 공간역계	$\sum F_x = 0,\ \sum F_y = 0,\ \sum F_z = 0$	[3]
동점 평면역계 (xy-평면)	$\sum F_x = 0,\ \sum F_y = 0$	[2]

3 자유물체도

여러 개의 물체가 결합, 연결, 접촉, 또는 지지되어 있는 시스템에서 어떤 물체 또는 물체들의 일부 또는 전부를 분리했을 때, 이를 자유물체(自由物體, free-body)라 한다. 자유물체도(自由物體圖, free-body diagram; FBD)는 이렇게 분리되어 형태가 그려진 자유물체에 치수(dimension)와 외력(外力, external forces)을 모두 표시한 그림이다. 여기서 외력은 작용력(作用力, applied force)과 반력(反力, reaction)이 있다.

외력 중의 작용력을 하중(荷重, load)이라고도 한다. 작용력은 물체력(物體力, body force)과 표면력(表面力, surface force)으로 구분할 수 있다. 물체력은 물체의 내부에 분포하여 작용하는 힘으로서, 자중(自重, self weight), 원심력(遠心力, centrifugal force), 전자기력(電磁氣力, magnetic force) 등이 포함된다. 표면력은 물체의 표면에서 작용하는 힘으로서, 집중하중(集中荷重, concentrated load = 하나의 힘), 분포하중(分布荷重, distributed force = 선분포력 또는 면분포력), 모멘트(= 우력) 등이 있다. 물체력이나 분포력을 자유물체도에 표시할 때는 각각의 합력을 구하여 하나의 힘으로 표시하기도 한다. 이와 같은 작용력이 크기와 방향 및 작용점을 모두 알고 있는 외력임에 반해, 반력은 그 크기나 방향 등이 미지수이다. 반력의 종류와 특성은 다음 절에서 공부한다.

자유물체도는 역학을 공부하는 과정에서 빼놓을 수 없는 중요한 개념이다. 자유물체도를 그리는 과정을 요약해 보자.

(1) [Free-body & Dimensions] 원하는 <u>자유물체</u>를 분리하여 형태를 그리고 <u>치수</u>를 표시한다.

(2) [Applied Forces] 자유물체에 <u>작용력</u>의 크기, 방향 및 작용점을 표시하여 그린다.

(3) [Reactions] 자유물체에 <u>미지반력</u>(unknown reactions)을 표시한다. 미지반력의 크기는 미지수로 표시하고, 작용점은 대개 알고 있으므로 정확히 표시한다. 미지반력의 방향을 알고 있는 경우에는 정확히 표시하고, 그렇지 않은 경우에는 임의의 방향으로 가정한다.

4 반력 (reactions)

지점(支點, supports)이나 물체들의 연결점(連結點, connections) 또는 접촉점(接觸點, contact surface) 등에서는 물체 상호간의 상대적인 변위가 자유롭지 못하다. 이렇게 자유로운 변위를 구속하기 위해 지점, 연결점, 또는 접촉점에 발생하는 구속력(拘束力, constraint force)을 반력(反力, reaction = 반작용력)이라 한다. 반력은 작용력이 있을 때에만 발생하는 힘으로서, 그 방향은 자유로운 변위가 발생하지 못하도록 하는 방향이다. 또 반력은 발생 위치에 따라 지점반력(支點反力), 연결점 반력(連結點反力), 접촉반력(接觸反力) 등이 있다.

물체의 접촉점을 마찰의 유무에 따라 분류하면 마찰접촉(摩擦接觸, friction contact)과 마찰이 없는 접촉(frictionless contact, smooth contact)으로 구분할 수 있다. 마찰이 없는 접촉점에서는 접촉면에 수직한 접촉반력이 물체에 압력으로 작용한다. 즉, 접촉반력이 물체를 누르는 방향으로만 발생한다는 것이다. 마찰과 접촉반력에 관해서는 Lesson 8에서 공부한다.

대표적인 물체의 연결에는 강연결(剛連結, rigid connection), 핀 연결(또는 활절(滑節), pin connection), 케이블 연결(cable connection) 등이 있다. 강연결은 용접 등의 방법으로 2 개의 물체가 일체가 되도록 연결한 것으로서 모든 변위가 연결점에서 일치한다. 즉, 모든 변위 성분이 구속되는 연결이 강연결이다. 핀 연결은 연결된 물체의 자유로운 회전이 가능하도록 연결한 것이다. 즉, 연결핀을 중심으로 한 회전변위 성분은 구속되지 않는 연결이 활절이다. 케이블 연결은 케이블이나 밧줄의 장력(張力, tension)을 이용하여 2개의 물체를 연결한 것으로 보통 도르래(pulley) 등과 함께 사용된다. 케이블 연결에서는 장력 방향의 변위 성분이 구속되고 이를 제외한 모든 변위가 자유롭다.

구조물에서 흔히 사용하는 지점으로는 로울러 지점(roller support), 힌지 지점(hinge support), 고정 지점(固定支點, fixed support) 등이 있다. 로울러 지점에서는 지점의 상하운동(지점이 놓인 평면에 수직한 방향의 변위성분)이 구속되고, 수평변위나 회전 등은 자유롭게 일어나도록 설치된 지점이다. 무거운 물체를 이동하기 위하여 물체 밑에 설치하는 원통형의 받침이나 레일 위에 설치된 구름 바퀴(wheel on rail), 록커(rocker) 등이 로울러 지점의 예이다. 힌지 지점은 상하 및 수평변위 성분을 구속하고 회전은 자유롭게 되도록 한 지점이다. 여닫이 문의 경첩, 가위의 연결핀 등은 힌지 지점 또는 힌지 연결의 예가 된다. 고정 지점은 모든 변위와 회전 성분을 구속하는 지점이다.

이러한 지점들이 평면구조물에 사용되었을 때, 각 지점에 발생하는 반력은 표 6.2와 같이 요약할 수 있다. 평면구조물에서는 일반적으로 x-변위 및 y-변위, z-회전의 성분이 있다. 이러한 3개의 변위 성분 중에서 로울러 지점은 y-변위를 구속하므로 y-방향(수직방향)의 반력만 발생한다. 또 힌지 지점은 x-변위 및 y-변위를 구속하므로 x-방향(수평방향) 및 y-방향(수직방향)의 반력이 발생한다. 고정 지점에서는 x-변위 및 y-변위, z-회전의 성분을 구속하므로 x-반력(수평반력) 및 y-반력(수직반력), z-회전반력(모멘트 반력)이 발생한다.

표 6.2에는 지점의 형태, 자유물체도 및 미지반력 성분의 수가 표시되어 있다. 여기에서 미지반력의 방향은 임의로 가정한 것이다. 즉, 자유물체도에 표시된 반력을 반대방향으로 표시할 수도 있다는 것이다. 비고의 ①에는 반력의 특징(반력의 방향 및 종류)이 설명된다. 주어진 지점과 유사한 형태의 반력이 발생하는 접촉점이나 연결점의 종류가 비고의 ②와 ③에 각각 제시되었다. 또 공간 구조물에서 사용되는 유사한 형태의 지점들은 비고의 ④에 제시하였다.

표 6.2 Types of supports and reactions (다음 페이지에 계속)

지점(support)	반력과 FBD	비고(remarks)
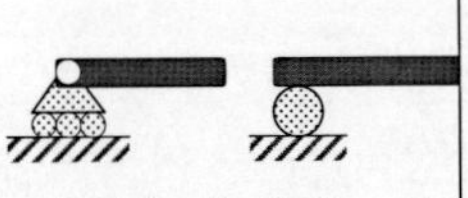 로울러(roller)	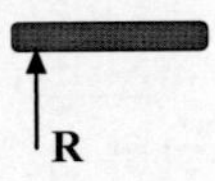 미지반력의 수 : 1	① 로울러가 놓인 면에 수직한 반력 ② 록커(rocker), 마찰이 없는 접촉면 ③ 케이블(cable), 짧은 링크(short link) ④ ball(R), wheel on rail(R_x, R_z)

표 6.2 Types of supports and reactions

지점(support)	반력과 FBD	비고(remarks)
 한지 지점(hinge)	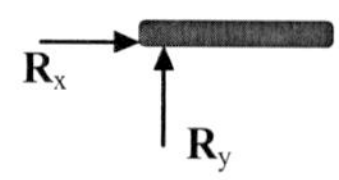 미지반력의 수 : 2	① 수평반력과 수직반력 ② 마찰이 있는 접촉면(rough surface) ③ 마찰이 없는 핀(frictionless pin) ④ ball-and-socket (R_x, R_y, R_z)
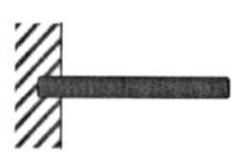 고정 지점(fixed support)	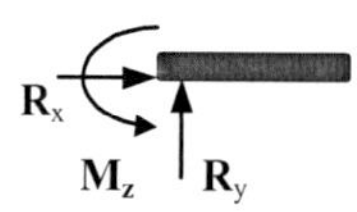 미지반력의 수 : 3	① 수평/수직/모멘트 반력 ②③ 강연결(剛連結, rigid joint) ④ universal joint (R_x, R_y, R_z, M_x) pin-and-bracket (R_x, R_y, R_z, M_y, M_z) clamped (R_x, R_y, R_z, M_x, M_y, M_z)

비고 : ① 반력의 특징(반력의 방향 및 종류)
②, ③ 유사한 형태의 반력이 발생하는 접촉점이나 연결점의 종류
④ 공간 구조물에서 사용되는 유사한 형태의 지점(반력성분)

5 구조물 해석 – 반력계산

구조물 해석(構造物 解析, analysis of structures)의 제 1단계는 지점 또는 연결점이나 접촉점 등의 반력을 계산하는 것이다. 반력계산의 과정을 순서적으로 요약하면 다음과 같다.

① 구조물의 전체(또는 일부분)의 자유물체도(FBD)를 그린다. 여기에서 반력은 미지수로 나타난다.

② FBD에 표시된 힘들(작용력 및 반력)이 어떤 역계인가를 확인하고, 그 역계에 대응하는 정역학적 평형방정식(SEE)을 세운다.

③ 정역학적 평형방정식(미지반력에 관한 연립방정식)을 풀어서 반력(reactions)을 구한다. 이 때 미지반력의 값이 양수이면 FBD에 그려진 반력의 방향과 일치하고, 음수이면 반력의 방향이 FBD에 그려진 방향과 반대임을 의미한다.

일반적으로 FBD에 나타난 미지반력의 수와 역계에서 만족되어야 할 평형방정식의 수(독립적인 연립방정식의 수)가 같으면 미지반력(연립방정

식의 해)은 결정된다. 이렇게 정역학적 평형방정식을 이용하여 미지반력을 모두 구할 수 있는 구조물을 정정 구조물(靜定構造物, statically determinate structures)이라 한다.

6 예제

Assemblage of a complicated piece of machinery would be a hopeless task without a blueprint showing what part goes where and in what order. Similarly, in mechanics, an analysis of forces and moments cannot be made without a pictorial representation of where and how they act on the body. Such a pictorial representation of the body and forces/moments acting on it is the **free-body diagram.** Its construction is perhaps the most important single step for the solution of problems in statics as well as dynamics.

역학에서 힘과 모멘트를 해석하려면, 그들이 물체의 어느 곳에 어떻게 작용하는가를 그림으로 표시해야 한다. 이러한 그림이 자유물체도이며, 자유물체도를 그리는 것은 역학문제의 해를 구하는 가장 중요한 단계이다.

E6.1 무게 W인 물체가 케이블(cable) AB 및 BC에 그림 E6.1과 같이 매달려 있다. 연결점 B의 자유물체도를 그려라.

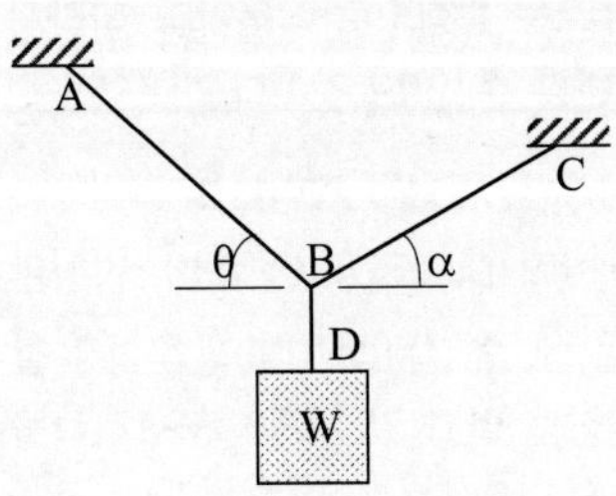

E6.1

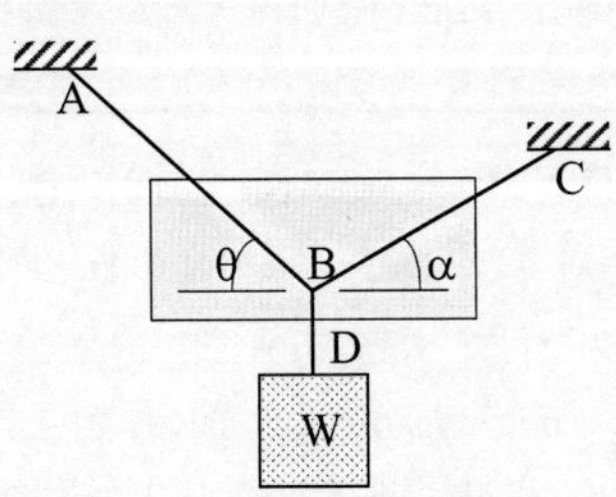

E6.1(a) isolation of point B

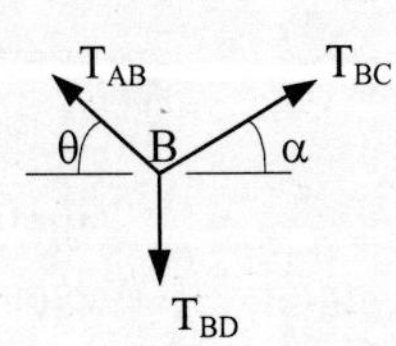

E6.1(b) FBD of point B

해 연결점 B에는 3개의 케이블 AB, BC, BD가 연결되어 있다. 연결점 B를 분리하기 위해서는 그림 (a)와 같이 3개의 케이블을 모두 절단해야 한다. 분리된 연결점 B를 먼저 그린다. 케이블에는 인장력(引張力, tensile force)이 발생하므로, 이들을 B점에 표시하면 그림 (b)와 같은 자유물체도를 얻게 된다. 여기에서 힘들은 동점 평면역계임을 알 수 있다.

한편 물체 W의 FBD를 그려 보라. 그러면 물체의 무게 W와 케이블 BD의 장력 T_{BD}가 직선역계를 이루게 됨을 알 수 있다. 따라서 직선역계의 평형방정식으로부터 T_{BD} = W임을 알 수 있으며, 그림 (b)의 FBD에 이 결과를 대입하면 T_{AB}와 T_{BC}가 미지수로 남는다. 여기에 동점 평면역계의 평형방정식을 적용하면 케이블의 장력을 모두 구할 수 있다.

E6.2 그림 E6.2와 같은 구조물에서 부재 AB, 도르래 D, 물체(무게 W)의 자유물체도를 각각 그려라. A는 힌지 지점이며, 도르래는 D에서 마찰이 없는 핀으로 연결되어 있고, B는 마찰이 없는 접촉면이며, 부재와 도르래의 자중은 무시한다.

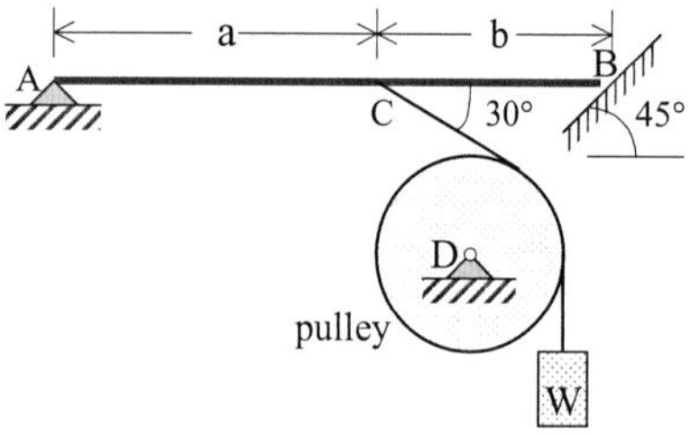

E6.2

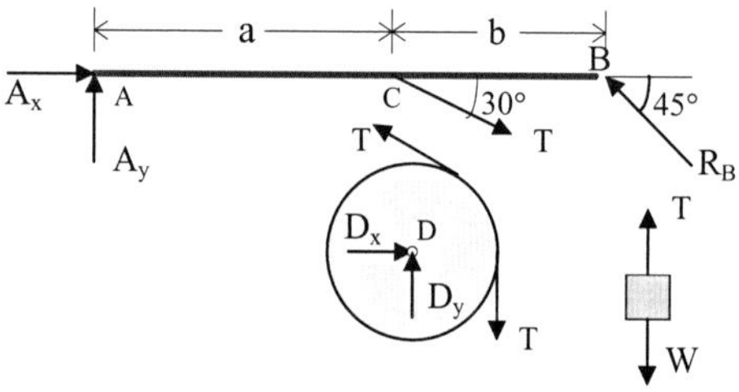

E6.2(a)

해 각각의 요소를 분리하여 자유물체도를 그린다.

(1) 부재 AB의 FBD : 부재 AB를 분리하려면 지점 A와 B 및 연결점 C를 고려해야 한다. A는 힌지 지점이므로 수평반력 A_x와 수직반력 A_y가 있다. 여기서 반력의 방향은 임의로 가정할 수 있다. C점에는 케이블의 장력 T가 작용하는데, 이 장력은 항상 부재를 당기는 방향이다. B에는 마찰이 없는 접촉면에 수직한 반력이 있다. 접촉반력은 항상 부재를 누르는 방향으로 작용한다. 따라서 FBD에서 장력 T와 접촉반력 R_B의 방향은 변할 수 없는 것이다.

(2) 도르래 D의 FBD : 도르래를 분리하려면 지점 D와 연결된 케이블을 고려해야 한다. 힌지 지점 D에는 수평반력 D_x와 수직반력 D_y가 있어야 하며, 방향은 임의로 가정한다. 마찰 등에 의한 손실이 없을 때, **연결된 케이블의 장력은 같아야**(the same tension in a cable) 하므로 방향을 알고 있는 케이블의 장력을 표시한다(장력 T는 도르래를 당기는 방향이다).

(3) 물체 W의 FBD : **물체의 무게는 연직 하방향**(鉛直 下方向)이므로, 물체에 작용하는 힘 W(무게)와 T(장력)은 방향을 알고 있는 힘들이다.

자유물체도는 그림 E6.2(a)에 각각 그려져 있으며, 평형방정식을 적용하면 미지의 힘들을 모두 결정할 수 있다. 미지력을 결정하기 위해서는 물체, 도르래, 부재의 순으로 평형방정식을 적용해 나가는 것이 편리하다.

E6.3 그림 E6.3과 같은 구조물에서 균질한 부재 AB의 자중이 등분포력으로서 w kN/m이고, 케이블 CD의 자중은 무시한다. 부재 AB의 자유물체도를 그려라.

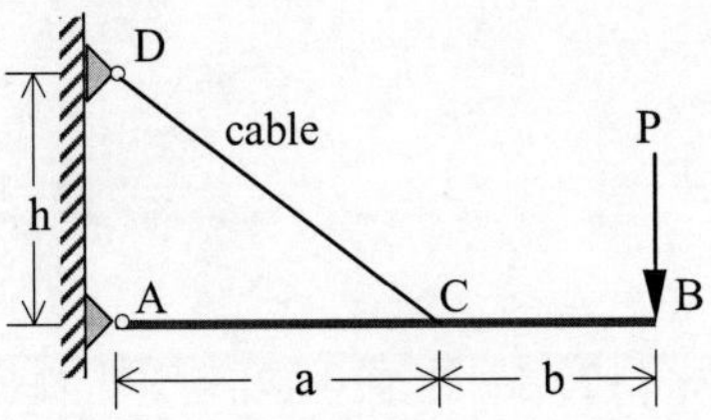

E6.3

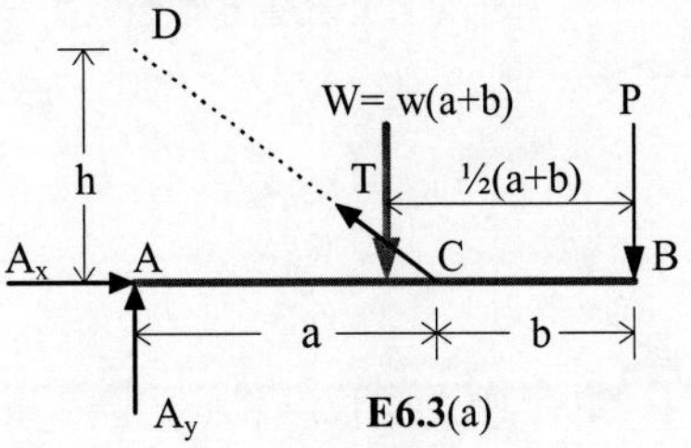

E6.3(a)

풀이 먼저 부재 AB의 형태를 분리하여 그리고 치수를 표시한다.

다음으로 B점에 작용하는 작용력 P를 표시한다. 또 **균질봉의 자중은 연직 하방향의 등분포력**으로서 작용력이다. 자중의 합력은 크기가 W = w(a + b)이고 작용점은 부재의 중앙점 (a+b)/2이며 연직 하방향으로 작용한다. 따라서 균질봉의 자중은 하나의 힘(합력 W)으로 표시한 것이다.

힌지 지점 A에는 수평반력 A_x와 수직반력 A_y가 발생하며, 크기와 방향이 미지이므로 방향은 임의로 가정한다. 케이블의 인장력 T의 방향(케이블과 일치하는 작용선에서 부재를 끌어당기는 방향)은 알고 있다. 부재 AB의 FBD는 그림 (a)와 같으며, 자유물체도에 표시된 힘들은 일반적인 평면역계이다.

E6.4 그림 E6.1에서 $\theta = 45°$, $\alpha = 30°$, W = 60 kg일 때, 줄의 장력을 구하라.

풀이 매달린 물체 W의 FBD는 그림 E6.4(a)와 같다. 물체 W의 FBD와 그림 E6.1(b)의 B점의 FBD를 순차적으로 이용하여 줄의 장력을 구하자.

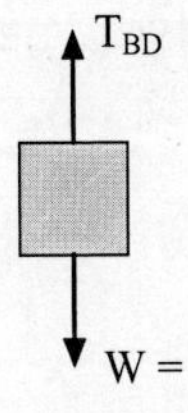

E6.4(a) FBD of weight

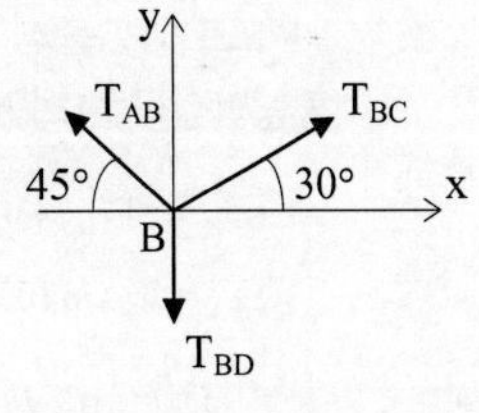

E6.4(b) FBD of point B

그림 E6.4(a)는 직선역계이며 평형방정식으로부터, T_{BD} = W = 60 kg을 얻는다. 즉, 줄 BD의 장력(張力, tension)이 구해졌다.

B점의 FBD는 그림 E6.4(b)와 같으며, 표시된 힘들은 동점 평면역계이다. 여기에 앞에서 구한 T_{BD} = 60 kg을 대입하고, 동점 평면역계의 평형방정식을 적용한다.

$\Sigma F_x = -T_{AB}\cos45° + T_{BC}\cos30° = 0$
$\Sigma F_y = T_{AB}\sin45° + T_{BC}\sin30° - T_{BD} = 0$

이 방정식을 풀어서 장력을 구하면;

$T_{AB} = 53.8$ kg
$T_{BC} = 43.9$ kg.

E6.5 그림 E6.2에서 a = 5 m, b = 3 m, W = 120 kN일 때, 줄의 장력과 지점 A, B, D에서의 반력을 구하라.

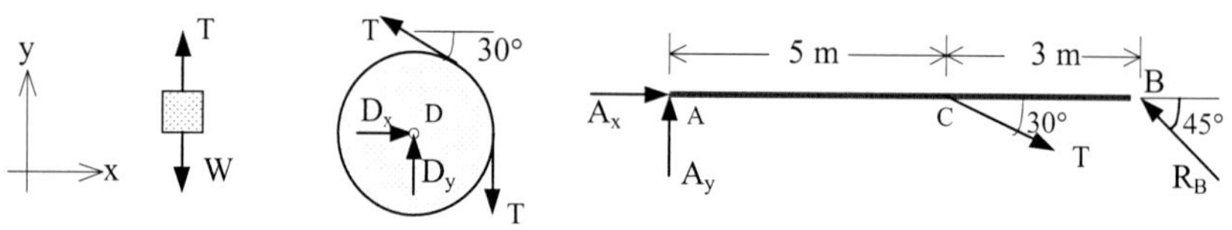

E6.5 [given W; find T]→[given T; find D_x, D_y]→[given T, find A_x, A_y, and R_B]

해 그림 E6.2(a)의 자유물체도를 이용하자. 여기서 미지수는 6개(T, D_x, D_y, A_x, A_y, R_B)이며, 사용할 수 있는 방정식도 6개(물체의 직선역계에서 1개, 도르래의 동점역계에서 2개, 부재의 평면역계에서 3개)이므로 6원 연립방정식을 풀어서 미지력을 구할 수 있다. 그러나 그림 E6.5와 같은 계산의 순서를 따르면, 6원 연립방정식 대신에 차례로 1개, 2개, 3개의 연립방정식을 풀게 되므로 계산량이 적어진다.

(1) 물체의 FBD와 직선역계 : 평형방정식에서, T = W = 120 kN.

(2) 도르래의 FBD와 동점역계 : 도르래의 FBD를 보면 일반적인 평면역계인 것처럼 보인다. 그러나 줄의 장력 T에 의한 D점의 모멘트가 0이 되므로, **모든 힘이 도르래의 중심에 작용하는 동점역계**로 변환된다. 따라서 동점 평면역계의 평형방정식을 쓰면,

$\Sigma F_x = -T\ \cos30° + D_x = 0$;
$\Sigma F_y = T\ \sin30° + D_y - T = 0$

$\therefore\ D_x = 103.9$ kN(↑) $D_y = 60$ kN(→)

(3) 부재 AB의 FBD와 평면역계 : 일반적인 평면역계로서 미지수는 A_x, A_y, R_B이다. 평형방정식을 세울 때, 미지수가 작용하는 점(A와 B)을 중심으로 한 모멘트의 합이 0이라는 식을 이용하면 계산이 편리하다. 즉, 평형방정식 $\Sigma M_A = 0$에는 미지수 A_x와 A_y가 나타나지 않게 되고, 평형방정식 $\Sigma M_B = 0$에는 미지수 R_B가 나타나지 않게 되기 때문이다.

$\Sigma F_x = A_x + T\ \cos30° - R_B\cos45° = 0$;
$\Sigma M_A = -T\sin30°\ (5) + R_B\sin45°\ (8) = 0$;

$\Sigma M_B = T\sin 30°\ (3) - A_y\ (8) = 0$

$\therefore\ A_x = -66.4\ \text{kN} = 66.4\ \text{kN}(\leftarrow)$

$A_y = 22.5\ \text{kN}(\uparrow)$

$R_B = 53.0\ \text{kN}.$

지점반력 $A_x = -66.4$ kN에서 음의 부호(−)는 반력의 방향이 FBD에 표시된 것과 반대임을 의미한다. 즉, 실제로 A지점의 수평반력은 왼쪽 방향으로 발생한다는 것이다.

E6.6 그림 E6.6에서 B, C, D는 ball-and-socket지점들로서, xy-평면상의 정삼각형(한 변의 길이, 1 m)의 꼭지점에 놓여 있다. 부재 AB, AC, AD의 길이는 모두 같고, z축과 이루는 각도가 30°이다. A점에 z-축 방향의 하중 $P_z = -60$ kg이 작용할 때, 부재 AB, AC, AD의 압축력을 구하라.

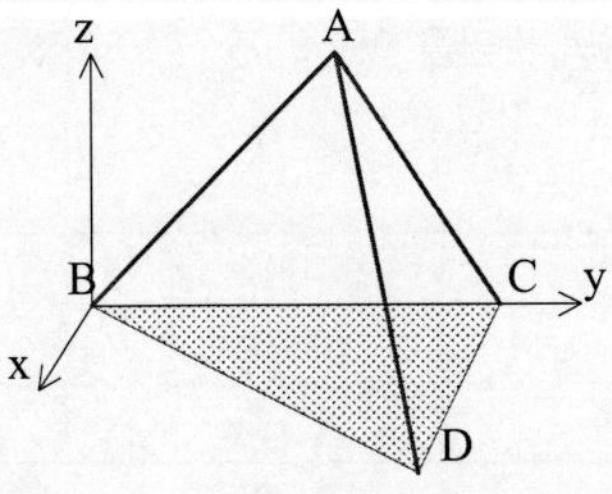

E6.6

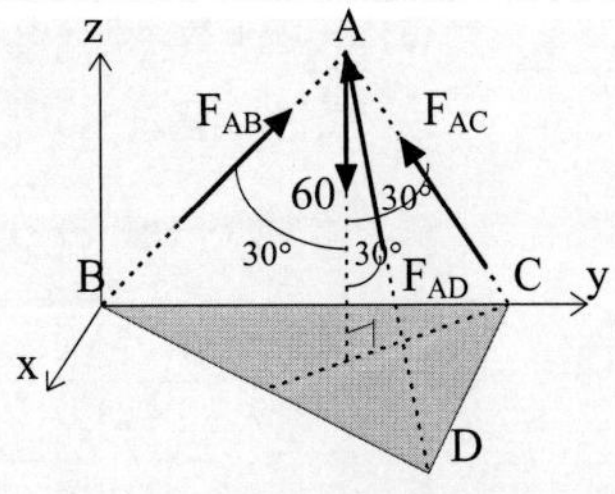

E6.6(a)

풀이 3개의 부재 AB, AC, AD의 압축력은 점 A를 누르는 힘이므로 점 A의 자유물체도를 그리면 그림 E6.6(a)와 같으며, 동점 공간역계를 이룬다.

또 ΔBCD가 정삼각형이고, 부재 AB, AC, AD의 길이 및 z-축과 이루는 각도가 모두 같으므로 대칭성을 이용하여 3개의 부재력이 동일함을 확인할 수 있다. 즉, $F_{AB} = F_{AC} = F_{AD} = F$이므로, 동점 공간역계의 평형방정식 중에서 $\Sigma F_x = 0$ 및 $\Sigma F_y = 0$은 자동적으로 만족된다. 따라서 나머지 하나의 평형방정식을 이용하면 부재력을 구할 수 있게 된다.

$\Sigma F_z = 3F\cos 30° - 60 = 0$

$\therefore\ F = F_{AB} = F_{AC} = F_{AD} = 23.1\ \text{kg}$

부재력의 대칭성을 이용하지 않고, 3개의 미지 부재력(F_{AB}, F_{AC}, F_{AD})에 대한 3개의 평형방정식($\Sigma F_x = 0$, $\Sigma F_y = 0$, $\Sigma F_z = 0$)을 세워서 문제를 풀어도 동일한 결과를 얻을 수 있다.

E6.7 그림 E6.7과 같은 정4각형의 균질 판이 3점 A, B, C에 연결된 케이블에 의해 수평을 유지하면서 매달려 있다. 케이블은 판에 수직하며, 판의 무게 W = 600 kN일 때, 케이블의 장력을 구하라.

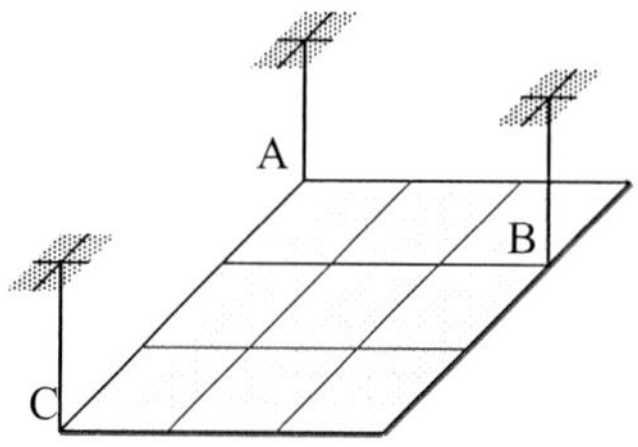

E6.7

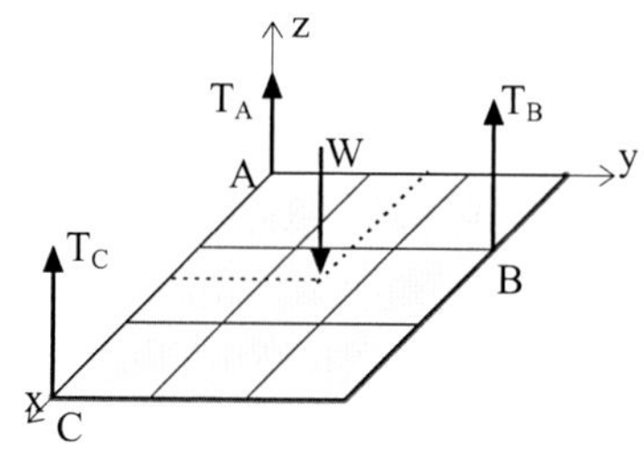

E6.7(a)

풀이 균질 판의 무게는 작용력으로서 등분포의 면분포력이므로 그 합력(=무게 W)의 위치는 판의 중심이다. 케이블의 장력은 미지반력이라 할 수 있다. 따라서 자유물체도는 그림 E6.7(a)와 같고, 케이블의 장력과 무게(균질 판의 중심에 작용한 W)는 평행 공간역계를 이룬다. 그림의 눈금을 이용하여 힘들의 작용점 (x, y)을 표시하면 다음과 같다.

힘	작용점 (x, y)
미지 장력, T_A	(0, 0)
미지 장력, T_B	(1, 3)
미지 장력, T_C	(3, 0)
판의 무게, W = −600	(1.5, 1.5)

평행 공간역계의 평형방정식을 적용하면;

$$\Sigma F_z = 0 = T_A + T_B + T_C - 600$$
$$\Sigma M_x = 0 = T_A(0) + T_B(3) + T_C(0) + (-600)(1.5)$$
$$\Sigma M_y = 0 = T_A(0) + T_B(1) + T_C(3) + (-600)(1.5)$$

이 연립방정식을 풀면 케이블의 장력을 모두 구할 수 있다.

$$T_A = 100 \text{ kN}$$
$$T_B = 300 \text{ kN}$$
$$T_C = 200 \text{ kN}$$

6.1 동점 평면역계의 평형방정식(6.8)은 다음과 같이 표현될 수도 있음을 설명하라.

(1) $\Sigma F_x = 0$, $\Sigma M_A = 0$ [점 A는 y축상의 점이 아니어야 한다.] (6.8a)

(2) $\Sigma M_A = 0$, $\Sigma M_B = 0$ [원점 O와 점 A 및 B가 동일직선상에 있지 않아야 한다.] (6.8b)

6.2 평면역계의 평형방정식(6.4a,b)는 다음과 같이 표현될 수 있음을 설명하라.

$\Sigma M_A = 0$, $\Sigma M_B = 0$, $\Sigma M_C = 0$ [3점 A, B, C가 동일직선상에 있지 않아야 한다.] (6.4c)

6.3 그림 P6.3에서 밧줄 AC와 BC의 장력을 구하라.

답 (1) 166.7 N, 133.3 N; (2) 326 N, 369 N; (3) 173 N, 100 N

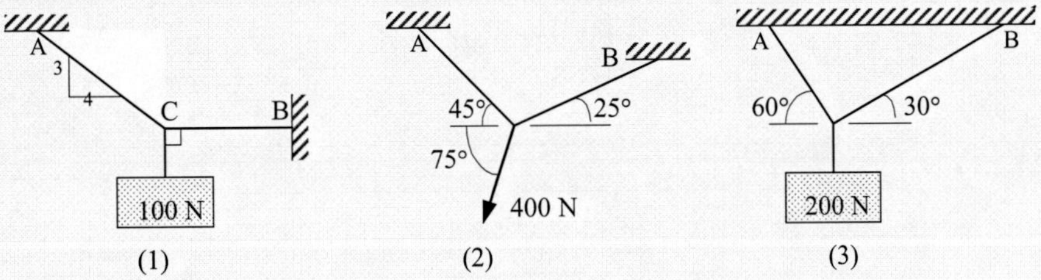

P6.3

6.4 그림 P6.4와 같은 동점 평면역계가 평형상태에 있을 때, α와 θ를 구하라.

답 $\alpha = 46.6°$, $\theta = 29.0°$.

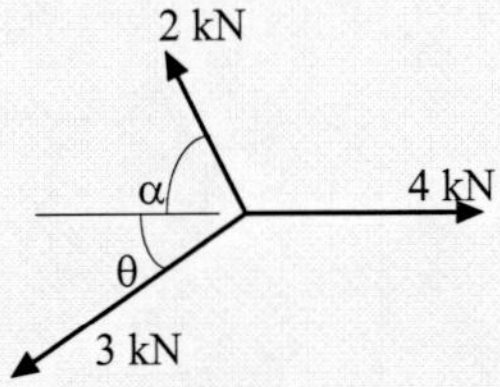

P6.4

6.5 그림 P6.5와 같이 케이블 ACB위에 있는 매우 작은 도르래바퀴에 힘 P가 작용하여 정지하고 있다. 이때 케이블의 장력을 측정하여 모두 15 kN임을 알았다. 힘 P의 크기와 방향(α)을 구하라. 답 18.2 kN, 7.5°

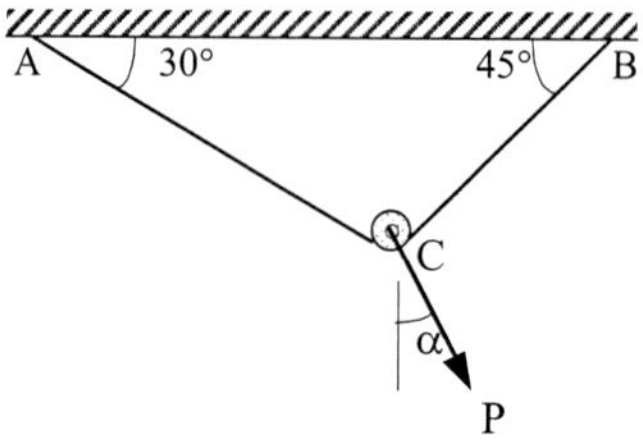

P6.5

6.6 무게 10 t의 원통이 그림 P6.6과 같이 놓여 있다. 모든 접촉면의 마찰이 없다고 할 때, 원통의 자유물체도를 그리고 접촉점의 반력을 구하라.

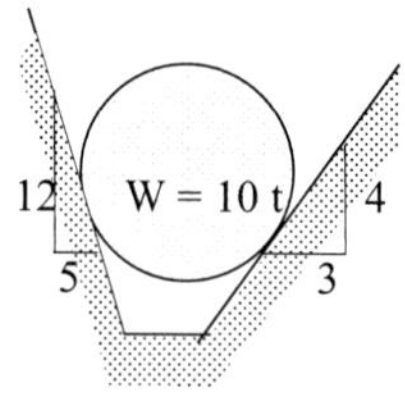

P6.6

6.7 그림 P6.7에서 3개의 원통의 무게와 직경은 각각 205 kg, 1.4 m이며, 내부 폭이 3 m인 상자 속에 놓여 있다. 원통 A, B, C의 자유물체도를 각각 그리고, 원통과 원통의 접촉점, 원통과 벽의 접촉점, 원통과 바닥의 접촉점의 반력을 구하라. 답 125 kg, 71.4 kg, 308 kg.

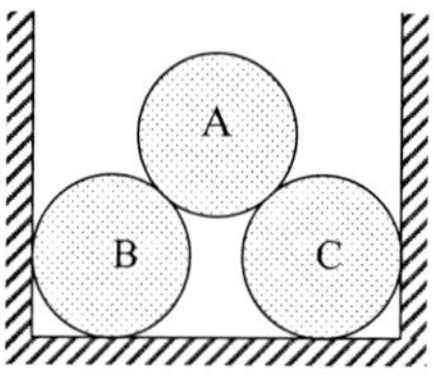

P6.7

6.8 무게가 6 t인 균질의 원판(직경 2 m)을 그림 P6.8과 같이 원주상의 3점에 수직 케이블을 이용하여 수평을 유지하면서 들려고 한다. 각 케이블의 장력을 구하라. 답 $T_1 = 1.26$ t, $T_2 = 2.54$ t, $T_3 = 2.20$ t.

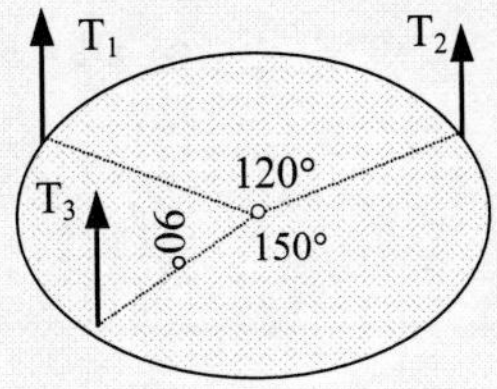

P6.8

6.9 그림 E6.3에서 $a = 4$ m, $b = h = 3$ m, 부재의 자중 $w = 2$ kN/m이며, $P = 8$ kN일 때, 케이블의 장력 및 지점의 반력을 모두 구하라.

6.10 그림 P6.10에서 부재 AB와 CD의 자유물체도를 그려라. $P = 120$ kg, 모든 부재의 자중은 30 kg/m이다. A는 힌지 지점이고, C, D, H는 로울러 지점이다. 또 지점반력을 구하라.

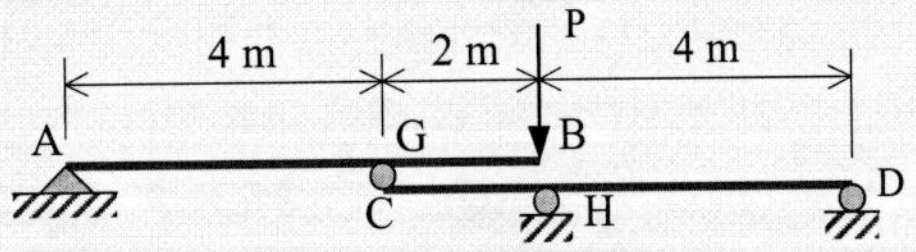

P6.10

6.11 그림 P6.11와 같은 L형 브라켓(bracket)의 자유물체도를 그리고, 지점의 반력을 구하라. $P = 100$ N이며 브라켓의 자중은 무시한다. 답 A : 300 N(→), 200 N(↑) ; B : 300 N(←).

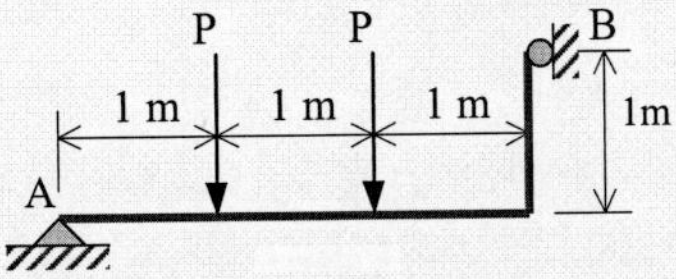

P6.11

6.12 그림 P6.12와 같이 W = 100 kg의 하중이 반경 40cm의 도르래 D를 감고 AB 부재의 B점에 고정된 줄에 의하여 지지되고 있다. 지점 A와 C는 힌지 지점이며, D와 K는 마찰이 없는 핀 연결점이다. 부재 및 도르래의 자중은 무시하고, 부재 AB와 CD 및 도르래의 자유물체도를 그려라. 그림에 표시된 치수의 단위는 cm이다. 또 지점 A와 C및 연결점 D와 K에 발생하는 반력을 구하라.

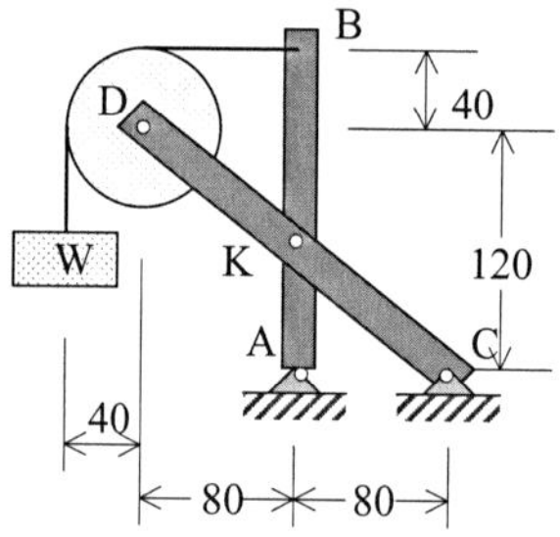

P6.12

6.13 그림 E6.6에서, y축에 평행한 힘 $P_y = 1$ kN이 점 A에 작용할 때, 부재력을 구하라.

6.14 그림 P6.14의 균질봉 OD의 무게는 900 lb이며, O는 ball-and-socket지점이다. B와 C는 케이블의 지점으로서 xz-평면상에 있다. D점의 하중 $W = -F_z = 1000$ lb일 때, 균질봉 OD의 자유물체도를 그려라. 또 케이블 AB 및 AC의 장력과 ball-and-socket지점의 반력을 구하라. 답 $T_{AB} = 2045$ lb, $T_{AC} = 2483$ lb, $R_x = 0$, $R_y = 3625$ lb, $R_z = -275$ lb.

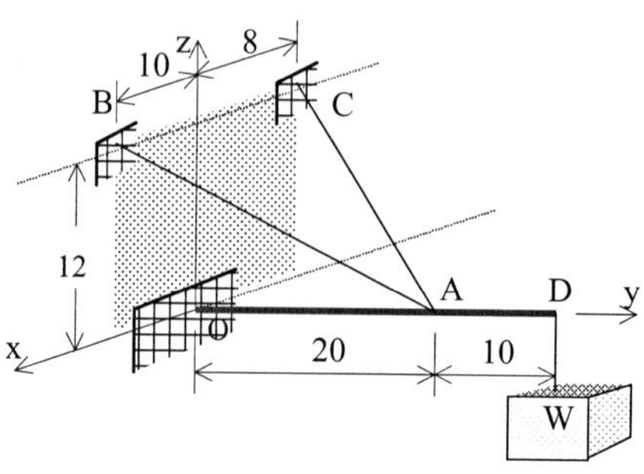

P6.14

6.15 그림 P6.15와 같은 L형의 부재 ABC를 3개의 케이블 a, b, c에 의하여 수평으로 매달았다. 부재는 균질이며 자중이 140 N/m일 때, L형 부재의 자유물체도를 그리고 케이블의 장력을 구하라. 치수의 단위는 m이다. 답 $T_A = 560$ N, $T_B = 980$ N, $T_C = 420$ N.

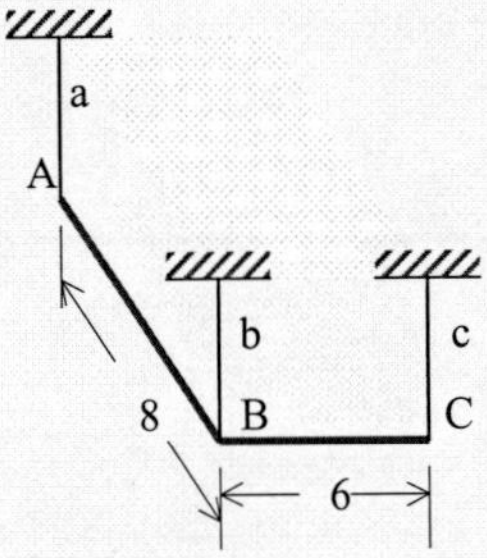

P6.15

6.16 그림 6.16과 같은 L형의 부재 ABC가 xy-평면상에서 고정 지점 A에 의해 지지되었다. 하중 P = 100 kN이 yz-평면상에서 자유단 C점에 그림과 같이 작용한다. 부재의 자중은 무시하고 부재 ABC의 자유물체도를 그려라. 또 지점반력을 구하라. 치수의 단위는 m이다.

답 $R_x = 0$, $R_y = 70.7$ kN, $R_z = 70.7$ kN, $M_x = 707$ kN · m,
$M_y = 354$ kN · m, $M_z = -354$ kN · m

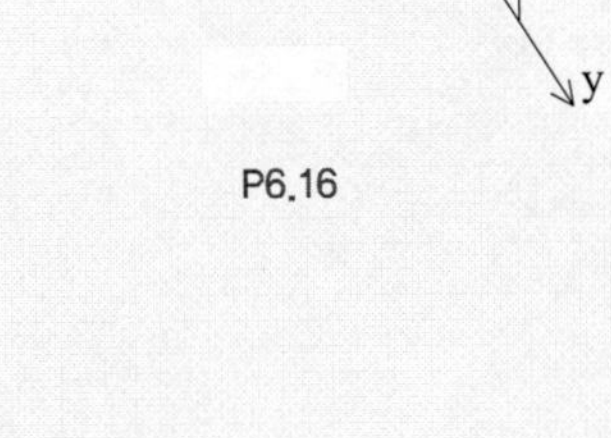

P6.16

ENGINEERING MECHANICS

LESSON 07

정역학의 응용 - 구조물의 반력

••• Application of Statics - Reactions

[+ 보beam + 트러스 truss + 뼈대구조물 frame
+ 복합구조물 complex structures + 하중 load + 자유물체도 FBD
+ 반력 reactions]

1 보(beam)

A beam is a structural member designed to support and transmit loads acting on various points along the member. Beams are usually long, prismatic bars.

구조물에 널리 쓰이는 보는 지점의 형태에 따라 분류할 수 있으며, 보에 흔히 사용되는 지점에는 힌지 지점과 로울러 지점 및 고정 지점이 있다. 보에 어떠한 지점을 이용하여 지지할 것인가는 보의 용도에 따라 결정된다. 사용되는 지점의 종류 및 형태에 따라서, 어떤 보는 정역학적 평형방정식을 이용하여 지점반력을 구할 수 있는 보가 된다. 이러한 보를 정정보(靜定보, statically determinate beam)라 하며, 여기에서는 정정보의 반력계산에 대해서 공부한다. 특히, 그림 7.1과 같은 단순보(simple beam, 또는 simply supported beam), 외팔보(cantilever beam), 내민보(overhanging beam) 등을 주로 다룬다.

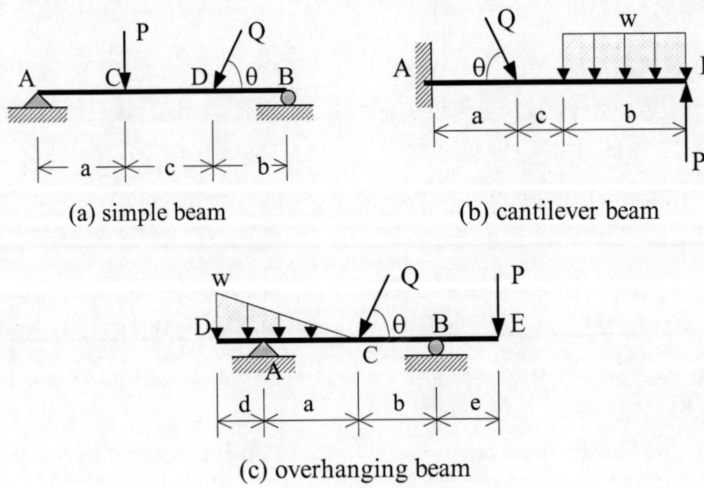

그림 7.1 정정보

보에 작용하는 하중에는 집중하중(集中荷重, concentrated load), 분포하중(分布荷重, distributed load), 모멘트 하중(moment load) 등이 있다. 집중하중은 작용선의 방향에 따라 수직하중(垂直荷重, vertical load)과 경사하중(傾斜荷重, inclined load)을 고려할 수 있다. 수직하중은 그림 7.1에서 P와 같이 보의 축선에 수직하게 작용하는 하중이며, 경사하중은 그림 7.1에서 Q와 같이 보의 축선과 임의의 경사각을 가지고 작용하는 하중이다. 경사하중은 축선에 수직 및 평행한 직교분력으로 분해하면 계산이 편리하다. 또 분포하중은 그림 (b)와 같은 등분포 하중(等分布荷重, uniformly distributed load)이나 그림 (c)와 같은 직선분포 하중(直線分布荷重, linearly distributed load) 등이 있으며, 분포하중의 합력(하나의 집중하중)을 먼저 구한 후에 집중하중(합력)으로 대치하여 계산하면 편리하다.

단순보는 그림 (a)와 같이 보의 양단이 힌지와 로울러로 지지(이것을 단순지지(單純支持)라 한다.)된 보이며, 외팔보는 그림 (b)와 같이 한 끝은 고정 지점(固定支點)으로 지지 되고 다른 끝은 지지되지 않은 자유단(自由端, free end)이다. 그림 (c)와 같이 힌지 또는 로울러의 지점들이 보의 양단에 있지 않고 적어도 하나의 지점이 내부에 있는 보를 내민보라 한다.

하중(荷重, load)이 작용하는 보의 지점반력을 구하려면, 먼저 보의 자유물체도(FBD)를 그리고 평형방정식(SEE)을 적용한다. 그림 7.1의 보에 대한 자유물체도를 그리면 그림 7.2와 같다. 표시된 지점반력의 방향은 임의로 가정한 것이다. 또 분포력에 대한 합력은 점선으로 표시하고, 위치에 대한 정확한 치수는 표기를 다. 그러나 치수와 하중의 크기 등이 구체적인 수치로 주어진 경우에는 정확한 위치 및 치수와 크기를 표기해야 한다. 또 미지반력의 수는 모두 3개씩이므로 평면역계의 평형방정식(3개)을 적용하면, 3원 1차 연립방정식을 풀어서 미지반력을 구할 수 있다.

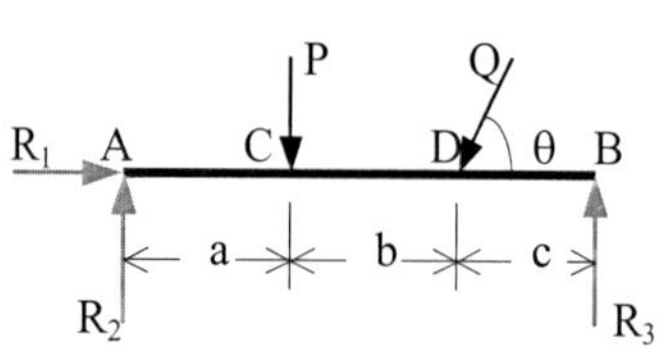

(a) FBD of simple beam

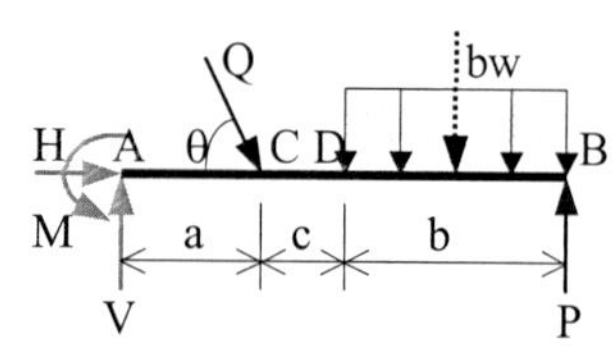

(b) FBD of cantilever beam

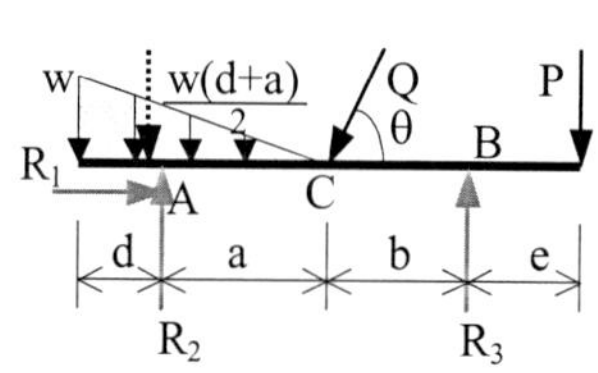

(c) FBD of overhanging beam

그림 7.2 보의 자유물체도

2 트러스(truss)

A plane truss is a system of straight bars all lying in one plane and joined together at their ends so as to form a rigid framework. A simple plane truss is formed by beginning with three bars pinned together at their ends in the form of a triangle and then adding thereto two new bars for each new pin.

직선 부재(部材, member)들의 양단을 마찰이 없는 핀 절점(節點, joint)으로 연결하여 기본 3각형 구조(基本 三角形 構造, basic triangular framework)를 형성하고, 여기에 순차적으로 2개의 부재와 1개의 핀 절점을 추가해서 만든 구조물을 단순 트러스(simple truss)라 한다. 트러스의 부재는 직선이며, 부재의 자중은 보통 무시한다(보통 작용하중에 비하여 부재의 자중이 매우 작기 때문이다). 하중은 트러스의 절점에만 작용하며, 분포 하중이나 모멘트 하중은 작용할 수 없고 집중 하중만 작용할 수 있다. 지점도 절점에 위치하며, 지점의 형태도 힌지와 로울러만 사용된다.

부재연결의 기하학적 형태에 따라 트러스를 분류하면, 단순 트러스, 합성 트러스(compound truss; 2개 이상의 단순 트러스를 결합하여 합성한 트러스), 복합 트러스(complex truss; 단순 트러스 또는 그의 조합된 형식이 아닌 트러스) 등이 있다. 또 지점의 종류 및 배치 형태에 따라서, 정역학적 평형방정식을 이용하여 반력을 결정할 수 있는 정정 트러스(statically determinate truss)가 있다(더욱 엄격히 말하면, 이러한 트러스를 외적 정정 트러스라 한다). 여기에서는 정정 트러스의 지점반력을 구하는 과정을 우선 공부하고, 트러스의 부재력 해석은 나중에 배운다.

단순 트러스의 예를 그림 7.3에서 볼 수 있다. 그림에서 음영부분(그림(a)에서 삼각형 aAC; 그림(b)에서 삼각형 CDE)을 기본 삼각형 구조라고 생각하면, '2부재와 1절점'의 원리를 적용하여 트러스를 완성할 수 있을 것이다(예를 들면, 그림 (a)에서 부재 aD 및 CD와 절점 D; 그림 (b)에서 부재 DB 및 EB와 절점 B). 그림 (a)의 트러스는 단순 지지되었으며(양끝 절점에 힌지와 로울러로 지지되었다), 그림(b)의 트러스는 3개의 로울러로 지지되었다. 모든 지점이 트러스의 절점에 위치하고 하중은 절점에만 작용함을 유의하라. 즉, 트러스에서는 작용력 및 반력이 모두 절점에 집중하중의 형태로 작용할 수 있다는 것이다. 트러스에는 모멘트 반력이 발생할 수 없다.

트러스의 지점반력을 구하려면 먼저 트러스 전체의 자유물체도를 그려야 한다. 이때에는 트러스를 부재와 절점으로 구성된 구조물로서 취급하는 것이 아니라, 전체를 하나의 물체로 취급하면 된다. 그림 7.3의 트러스에 대한 자유물체도를 그림 7.4에 그렸다. 구조물 전체에 음영을 넣은 것은 트러스 전체를 하나의 강체처럼 취급한다는 뜻이다.

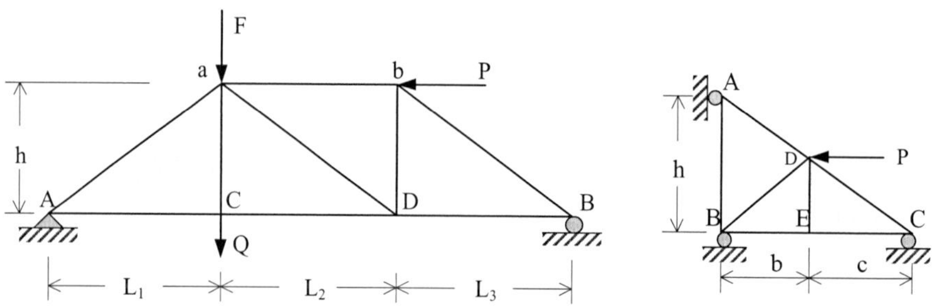

(a) simply supported (b) 3-roller supported

그림 7.3 단순트러스

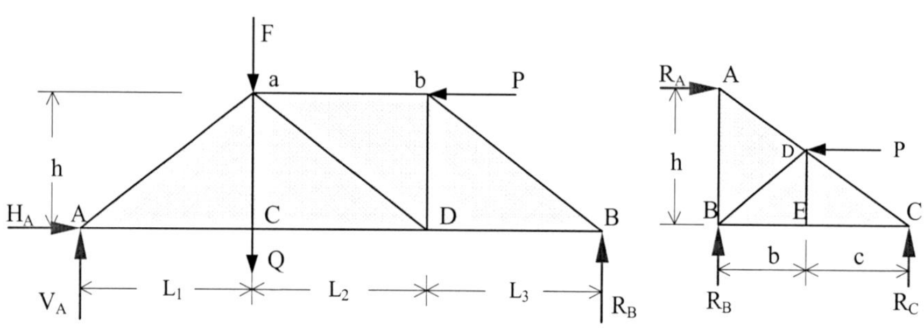

(a) simply supported (b) 3-roller supported

그림 7.4 단순트러스의 자유물체도

3 뼈대구조물(frame)

여러 개의 부재를 연결하고 조립하여 하중을 전달하고 지지할 수 있도록 만든 구조물을 뼈대구조물(frame) 또는 라멘(Rahmen)이라 한다. 보와 트러스도 뼈대구조물의 특별한 것들이라 할 수 있지만, 여기에서는 이들을 제외한 나머지의 뼈대구조물을 고려한다. 뼈대구조물에서 부재의 연결은 핀연결(pin connection), 강연결(剛連結, rigid connection) 등을 이용할 수 있으며, 연결위치도 트러스처럼 부재 끝에 한정하지 않는다. 또 지점의 형태도 로울러, 힌지, 고정 지점 등이 모두 사용될 수 있다. 하중도 집중 하중, 분포 하중, 모멘트 하중 등이 부재 및 절점에 작용될 수 있다.

몇 가지의 대표적인 뼈대구조물이 그림 7.5에 있다. 그림에 보인 부재의 연결점(그림 (a)의 B점, 그림 (b)의 C점, 그림 (c)의 B와 C점)은 모두 강절점(剛節點, rigid joint)이지만, 이 외에도 핀절점(활절(滑節), pin joint)이 부재연결에 사용되기도 한다. 또 그림에 보인 뼈대 구조물에서는 하나의 고정 지점 또는 단순 지지(하나의 힌지 지점과 하나의 로울러 지점)가 이용되고 있다. 이러한 지지 형태에서는 미지의 지점반력이 3개이므로, 평면역계의 평형방정식(3개)을 이용하여 반력을 구할 수 있게 된다. 즉, 정역학적 평형방정식을 이용하여 미지의 반력을 구할 수 있다는 것이다. 이러한 구조물을 정정 뼈대구조물(statically determinate rigid frame)이라 한다.

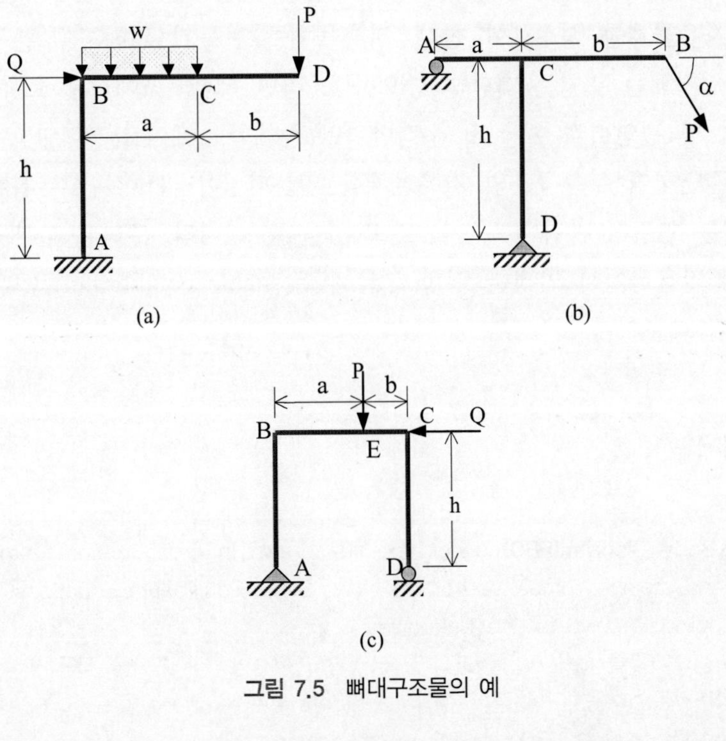

그림 7.5 뼈대구조물의 예

그림 7.5의 뼈대구조물에 대한 자유물체도는 연습문제로 남겨 둔다. 자유물체도를 그릴 때에 지점의 종류에 따른 반력을 유의하라. 즉, 자유물체

도에서 그림 (a)의 고정 지점에는 수평 및 수직반력과 모멘트반력을 표시하며, 그림 (b)와 (c)의 힌지와 로울러 지점에는 수직 및 수평반력, 수직반력이 각각 표시된다. 핀 연결점이 있는 뼈대구조물에서 반력을 구하려면, 핀 연결점을 중심으로 구조물을 분리하여 부분구조(部分構造, substructure)의 자유물체도를 그린다. 핀 연결점에서 발생하는 반력은 힌지 지점과 마찬가지로 수직 및 수평반력이다.

4 복합구조

보, 트러스, 도르래, 뼈대구조물 등이 2개 이상 연결되어 이루어진 구조물을 복합 구조물(複合構造物, complex structure)이라 한다. 복합 구조물의 지점 및 연결점의 반력이나 케이블의 장력 등을 구하려면 전체구조물의 자유물체도와 부분구조물의 자유물체도를 동시에 활용하는 것이 좋다. 부분구조의 자유물체도를 그리기 위해서는 구조물로부터 부분구조를 분리하여 자유물체를 형성해야 한다. 자유물체를 만들기 위해서 부분구조가 분리, 절단되는 위치는 대단히 중요하다. 평면 복합구조에서는 보통 힌지 연결점 및 핀연결점(수평 및 수직반력만 존재함), 케이블(장력만 존재함) 등을 절단하여 부분구조의 자유물체를 얻는다. 이러한 절단 부위에서는 발생하는 연결점 반력의 특성를 알고 있을 뿐 아니라, 분리된 부분구조가 외력의 작용하에서 안정한 평형(安定 平衡, stable equilibrium)을 유지할 수 있기 때문이다.

5 예제

Free-Body Diagram(FBD) should be first drawn in order to find unknown reactions, member forces, and others. Then **Static Equilibrium Equations(SEE)** are applied to solve for the **Unknowns.**
해석과정: 자유물체도(FBD)를 그리고, 정역학적 평형방정식(SEE)을 적용하여 연립방정식을 세운 다음, 이를 풀어서 미지반력(unknown reactions)을 구한다.
Solution Procedure: **FBD ⇒ SEE ⇒ Unknowns**

E7.1 그림 7.1(a)의 단순보에서 $a = 3$ m, $b = 2.5$ m, $c = 3$ m이고, $P = 3$ kN, $Q = 5$ kN, $\theta = 50°$일 때, 지점반력을 구하라.

풀이 그림 7.2(a)와 같은 자유물체도에 치수와 하중을 표시하면 그림 E7.1과 같다. 자유물체도에서 지점반력(A_x, A_y, R_B)은 미지수이며, 평형방정식을 적용하여 계산된다. 일반적으로 보에 작용하는 하중과 반력은 평면역계를 이루며, 평면역계의 평형방정식이 적용된다.

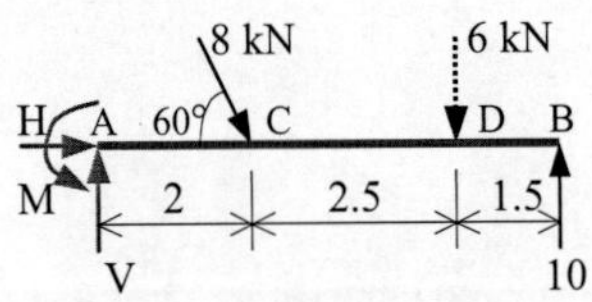

E7.1

$\Sigma F_x = 0 = A_x - 5\cos 50°$

$\Sigma M_A = 0 = 3(3) + 5\sin 50°(6) - R_B\,(8.5)$

$\Sigma M_B = 0 = A_y\ (8.5) - 3(5.5) - 5\sin 50°(2.5)$

$\therefore\ A_x = 3.21\ \text{kN}\ (\rightarrow),\ A_y = 3.07\ \text{kN}\ (\uparrow),$

$R_B = 3.76\ \text{kN}\ (\uparrow)$

[검산] $\Sigma F_y = A_y - 3 - 5\sin 50° + R_B = 0$

수평 반력 H의 값이 음수이므로, 실제의 H의 방향은 자유물체도에 그려진 방향(오른쪽 방향)과 반대 방향(←)임을 알 수 있다. 일반적으로, 미지반력을 계산하기 위한 평형방정식으로서 식 (6.4b)를 사용하는 것이 좋다. 미지반력이 작용하는 지점을 중심으로 한 모멘트를 고려하면, 방정식 중에 미지수의 수가 적어져서 계산이 쉬워지기 때문이다. 또 미지수의 계산과정에서 활용되지 않은 평형방정식($\Sigma F_y = 0$)은 검산에 이용한다.

E7.2 그림 7.1(b)의 외팔보에서 $a = 2$ m, $b = 3$ m, $c = 1$ m, $\theta = 60°$, $P = 10$ kN, $Q = 8$ kN, $w = 2$ kN/m일 때, 지점반력을 구하라.

풀이 그림 7.2(b)와 같은 자유물체도에 하중과 치수를 표시하면 그림 E7.2와 같다. 등분포하중은 그 합력[크기는 (2kN/m)(3m) = 6 kN이고, 위치는 중앙점]을 점선으로 표시하였다.

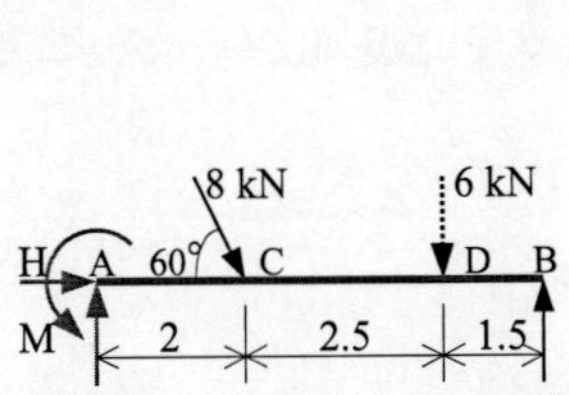

E7.2

$\Sigma F_x = 0 = H + 8\cos 60°$

$\Sigma M_A = 0 = -M + 8\sin 60°(2) + 6(4.5) - 10(6)$

$\Sigma M_B = 0 = -M + V(6) - 8\sin 60°(4) - 6(1.5)$

$\therefore\ H = -4\ \text{kN}\ (\leftarrow),\ V = 2.93\ \text{kN}\ (\uparrow),$

$M = -19.14\ \text{kN}\cdot\text{m}\ (\text{CW})$

[검산] $\Sigma F_y = V - 8\sin 60° - 6 + 10 = 0$

수평 반력 H의 값이 음수이므로, 실제의 H의 방향은 자유물체도에 그려진 방향(오른쪽 방향)과 반대 방향(←)임을 알 수 있다. 또 모멘트반력 M을 자유물체도에 반시계방향(counterclockwise, CCW)으로 표시하였으므로, 계산결과의 값이 음수(−)이면 모멘트반력은 시계방향(clockwise, CW)이다

E7.3 그림 7.3(a)의 트러스에서, $L_1 = L_2 = L_3 = L = 4$ m, $h = 3$ m이고, $F = 6$ kN, $P = 4$ kN, $Q = 3$ kN일 때, 지점반력을 구하라.

해 자유물체도는 그림 7.4(a)와 같다. 평형방정식을 적용하면,

$\Sigma F_x = 0 = H_A - P$; $H_A = P = 4$ kN(→)

$\Sigma M_A = 0 = 4F + 4Q - 3P - 12R_B$; $R_B = 2$ kN(↑)

$\Sigma M_B = 0 = 12V_A - 8(F + Q) - 3P$; $V_A = 7$ kN(↑)

[검산] $\Sigma F_y = V_A - F - Q + R_B = 0.$

E7.4 그림 7.5(b)와 같은 뼈대구조물에서, $a = 2$ m, $b = 3$ m, $h = 4$ m이고, $P = 10$ kN, $\alpha = 60°$이다. 로울러 지점 A와 힌지 지점 D의 반력을 구하라.

해 뼈대구조물의 자유물체도를 그리면 그림 E7.4와 같다.

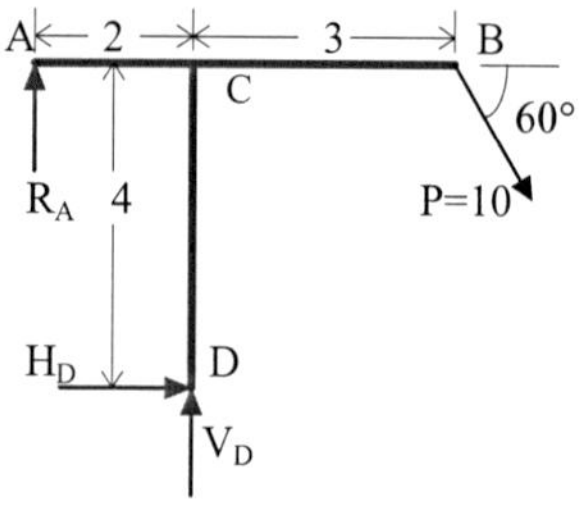

E7.4

로울러 지점 A에는 수직반력 R_A, 힌지 지점 D에는 수평 및 수직반력 H_D 및 V_D가 발생한다. 뼈대구조물에는 3개의 미지반력이 있고, 또 자유물체도에 나타난 역계는 일반적인 평면역계이므로 3개의 평형방정식이 적용된다. 따라서 평형방정식을 연립하여 풀면 지점반력이 모두 구해진다. 평형방정식에서 모멘트평형을 이용할 때, 미지력이 작용하고 있는 지점(A 및 D)을 모멘트의 중심으로 이용하는 것이 편리하다.

$\Sigma F_x = 0 = H_D + 10\cos 60°$

$\Sigma M_A = 0 = -H_D(4) - V_D(2) + 10\sin 60°(5)$

$\Sigma M_D = 0 = R_A(2) + 10\cos 60°(4) + 10\sin 60°(3)$

$\therefore R_A = -23.0$ kN(↓) ; $H_D = -5$ kN(←) ; $V_D = 31.7$ kN(↑)

[검산] $\Sigma F_y = R_A - 10\sin 60° + V_D = 0$

7.1 - 7.5 그림과 같은 하중을 받는 보의 지점반력을 구하라.

답 [7.1] $R_A = Pb/L$, $R_B = Pa/L$;

[7.2] $V_B = wL/2$, $M_B = wL^2/6$ (CW)

[7.3] $H_A = 1$ kN(←), $V_A = 1.24$ kN(↑), $R_B = 1.49$ kN(↑)

[7.4] $H_A = 4.5$ kN(→), $V_A = 0.4$ kN(↑), $R_B = 25.4$ kN(↑)

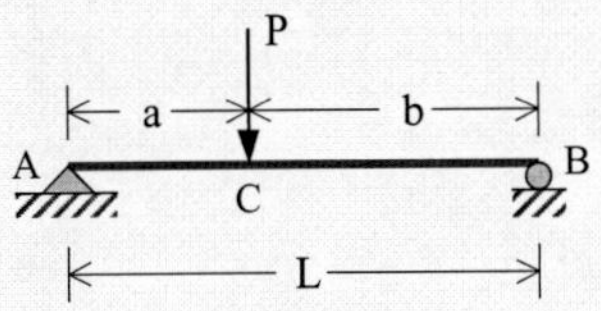

P7.1

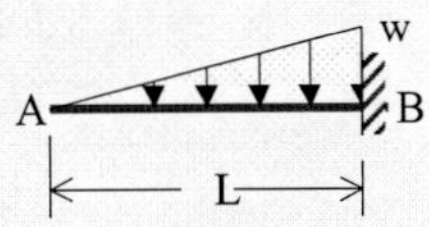

P7.2

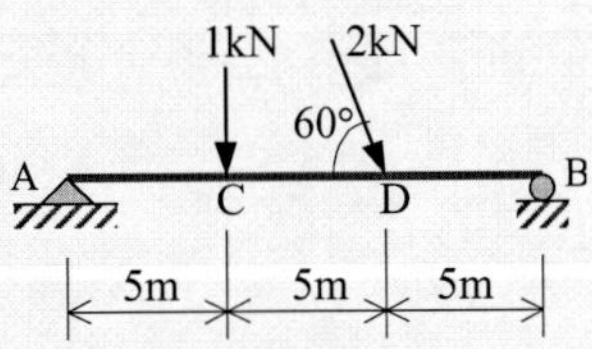

P7.3

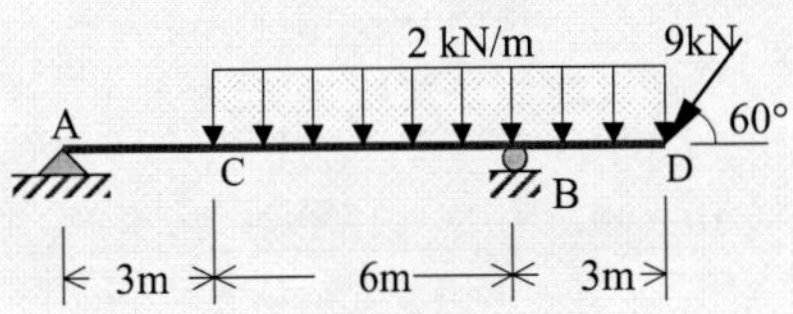

P7.4

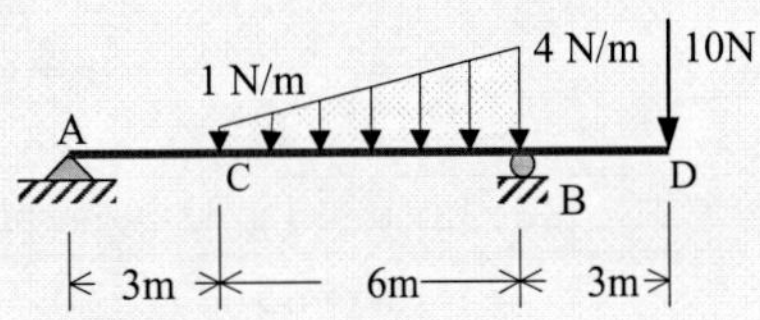

P7.5

7.6 그림 7.3(b)의 트러스에서 b = 6 m, c = 7 m, h = 9 m, P = 21 kN일 때, 지점반력을 구하라.

7.7 - 7.8 그림과 같은 트러스에서 지점반력을 구하라.

답 [7.7] $H_B = 70$ kN(←), $V_B = 48$ kN(↓), $R_C = 72$ kN(↑)

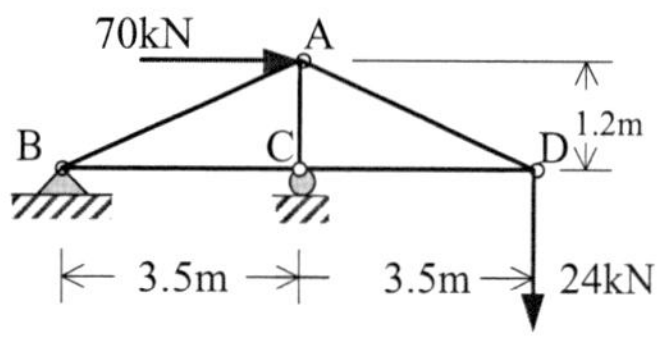

P7.7

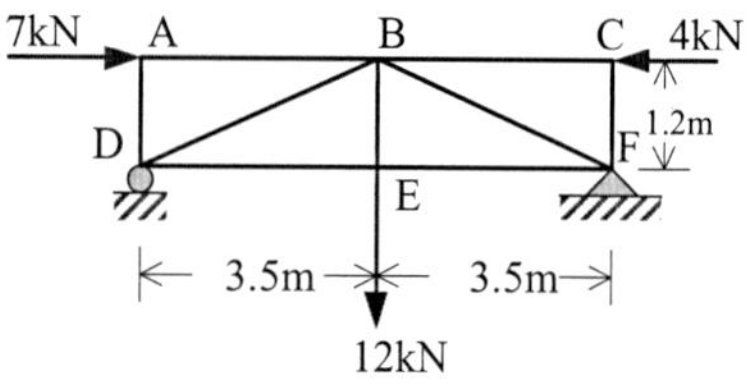

P7.8

7.9 그림 7.6(b)와 같은 뼈대구조물에서, $a = 150$ mm, $b = 250$ mm, $h = 300$ mm, $P = 200$ N, $\alpha = 60°$이다. 지점 A와 D의 반력을 구하라.

답 $R_A = 489$ N(↓) ; $H_D = 100$ N(←) ; $V_D = 661$ N(↑)

7.10 - 7.15 그림과 같은 뼈대구조물에서 지점 및 연결점의 반력을 구하라.

답 [7.10] $A_x = 4$, $A_y = 4$ on member AC;

[7.12] $A_x = A_y = B_x = B_y = 12.5$ kN

[7.13] $A_x = 4.82$, $A_y = -1.05$, $B_x = 1.18$, $B_y = 3.05$, $C_x = 1.18$, $C_y = 1.05$

[7.14] $B_x = 150$ N, $B_y = 500$ N, $D_x = 145$ N, $D_y = 1500$ N

[7.15] $A_x = 15$ kN(←), $A_y = 5$ kN(↑), $C_x = 15$ kN(→), $C_y = 5$ kN(↑)

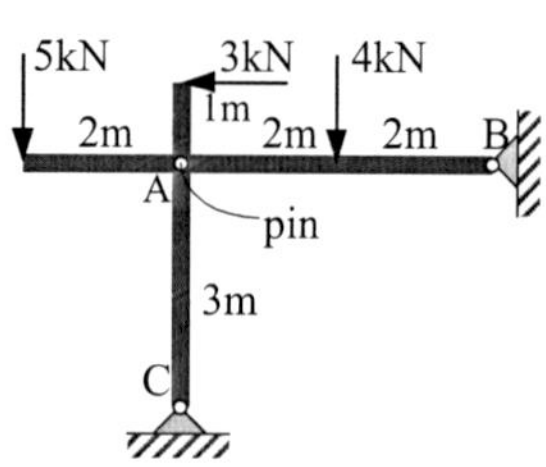

P7.10

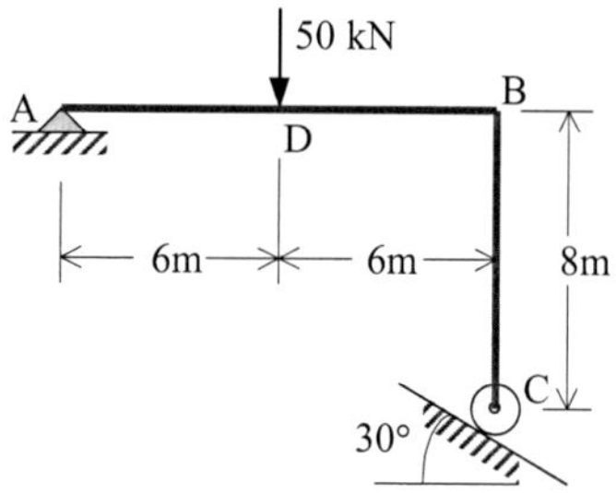

P7.11

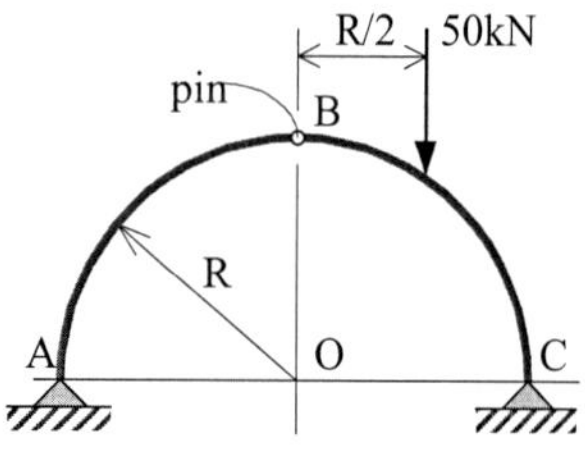

P7.12

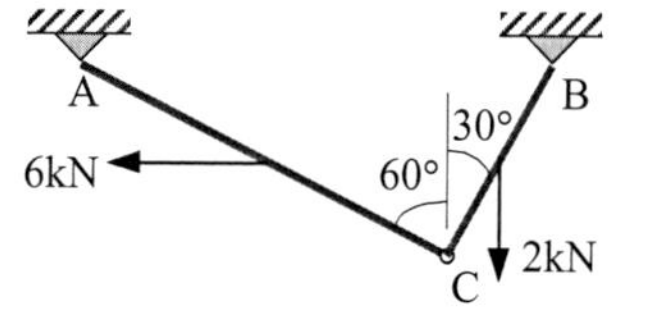

(Each load acts on the midpoint of member AC and BC. C is pin joint.)

P7.13

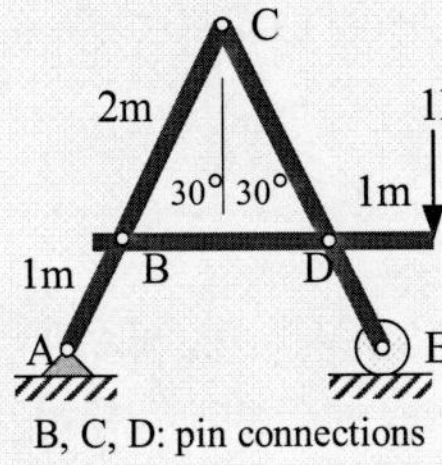

P7.14

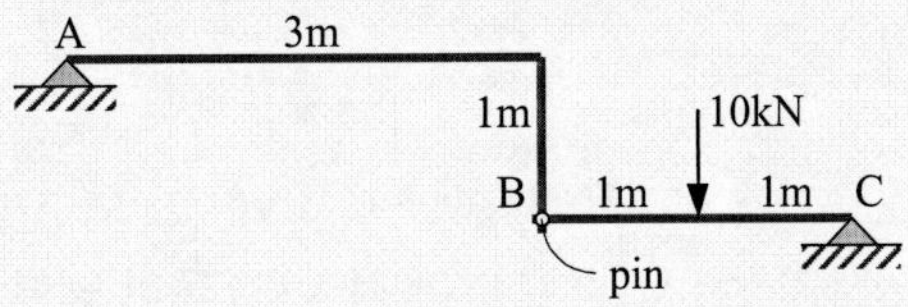

P7.15

7.16 - 7.19 그림과 같은 복합구조물에서 지점의 반력과 케이블의 장력을 구하라.

답 [7.16] A = 0.3k(↓), B = 1.3k, C = 1.625k(↑), D = 0.325k(↓)

[7.17] A_x = 2.57 kN(←), A_y = 2.67 kN(↑), C = 9.39 kN, B = 7.74 kN(↑),
D = 6.65 kN(↑)

[7.18] A_x = 17.3 kN(→), A_y = 24 kN(↑), T = 20 kN

[7.19] A_x = 1.13 kN(→), A_y = 0.956 kN(↓), T = 1.3 kN

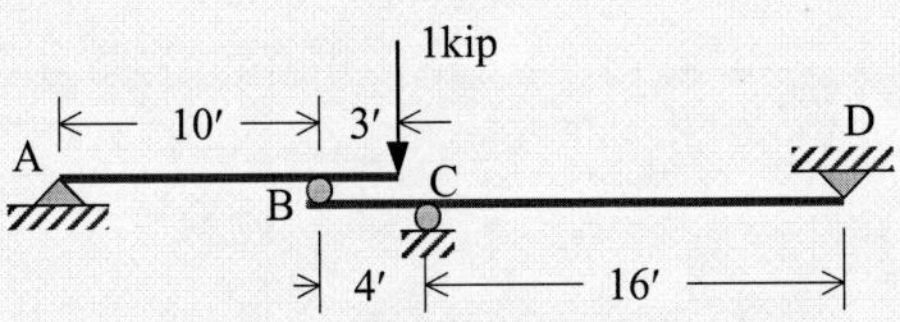

P7.16

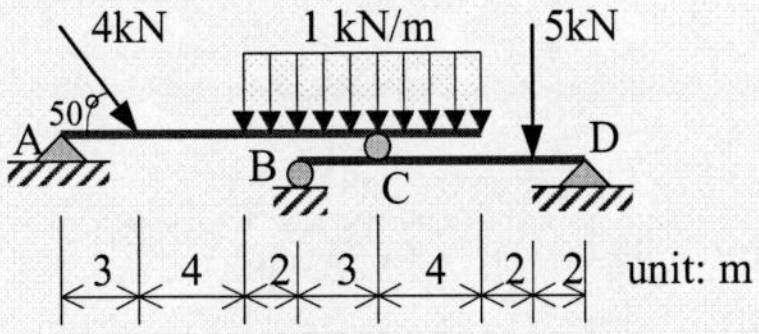

P7.17

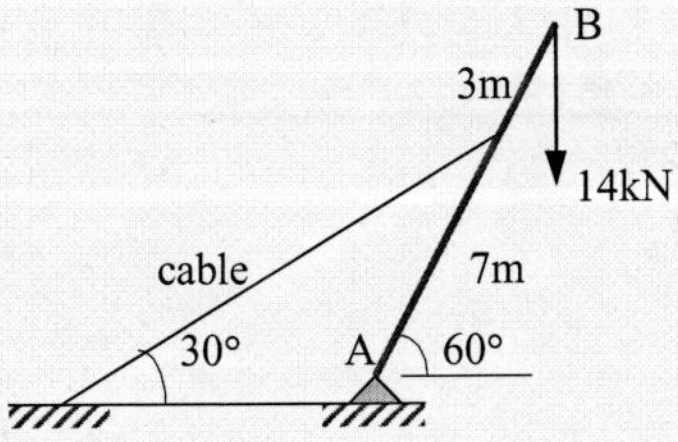

P7.18

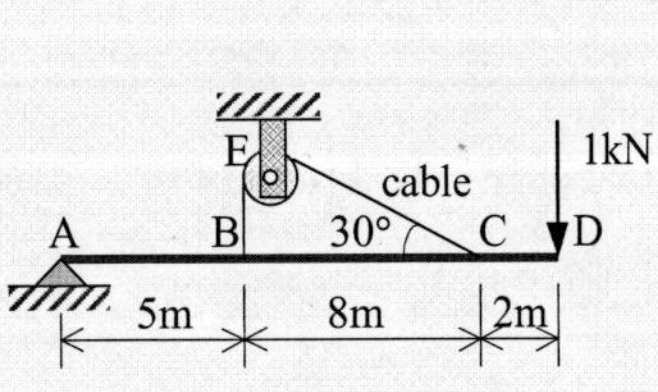

P7.19

7.20 문제 7.16에서, 부재 BCD의 자중이 60 lb/ft일 때에 대해서 다시 풀어라.

7.21 문제 7.18에서, 부재 AB의 자중이 1 kN/m일 때에 대해서 다시 풀어라.

7.22 문제 7.19에서, 부재 AD의 자중이 100 N/m일 때에 대해서 다시 풀어라.

7.23 그림 P7.23에서 W = 10 kN이고, 보 AB의 자중은 무시하며, 도르래의 자중은 각각 500 N이다. 이 복합구조물이 평형상태에 있을 때, 보에 작용하는 힘 P를 구하라. 또 지점반력과 줄의 장력을 구하라.

답 P = 685 N; A_x = 1265 N(←), A_y = 264 N(↑); T_{bcde} = 1333 N, T_{dfg} = 3.5 kN

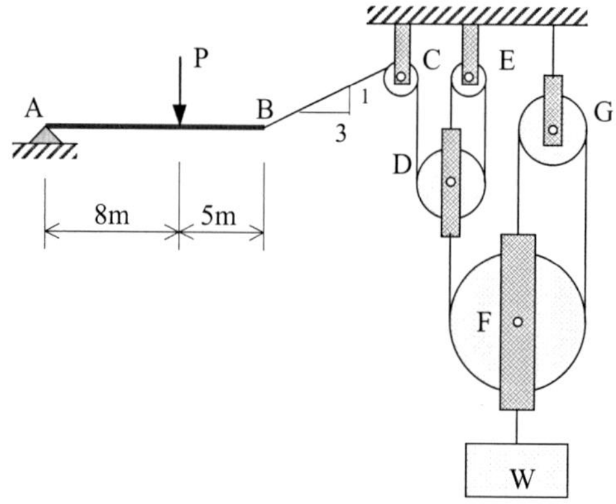

P7.23

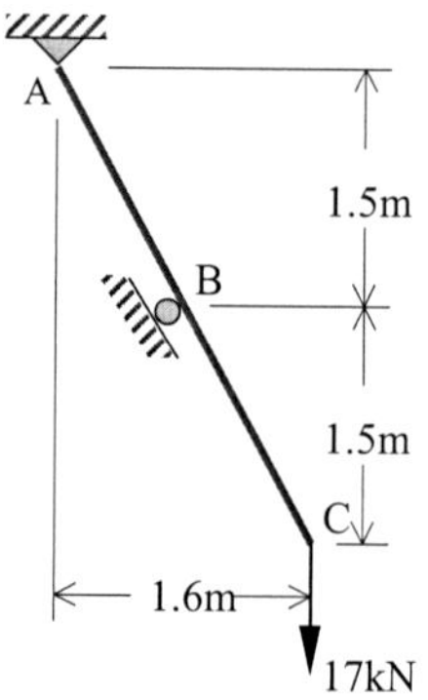

P7.24

7.24 그림 P7.24와 같은 부재 AC에서, A는 힌지 지점이고 B는 마찰이 없는 펙(peg, 로울러와 같은 지점으로 취급)이다. 지점반력을 구하라.

답 A = 17 kN(146.1°), B = 16kN(28.1°)

ENGINEERING MECHANICS

LESSON 08

마찰 …
Friction

[+ 마찰계수 coefficient of friction + 마찰력 friction force + 정마찰 static friction + 동마찰 kinetic friction + 쐐기 wedge + 벨트마찰 belt friction + 디스크마찰 disc friction + 구름저항 rolling resistance]

1 마찰(摩擦, friction)이란?

Friction and gravity are the two forces that are most frequently encountered in mechanics, yet they are the least understood. Some 300 years of the combined efforts of scientists and engineers have failed to answer questions concerning their origin and nature.
When two surfaces are in contact, tangential forces, called friction forces, will always develop if one attempts to move one surface with respect to the other. This is known as dry friction or Coulomb friction. Friction is both an aid and a hindrance; we are dependent upon it in belt drives, clutches, and brakes, and we seek ways to decrease friction to preserve these devices.

접촉된 2개의 물체가 접촉면에 평행한 방향(접선방향)으로 상대적인 움직임의 경향이 있거나 움직일 때, 접촉표면(接觸表面, contact surfaces)에서 접선방향으로 운동방해성의 힘이 발생하는 현상이 마찰이다. 접촉하고 있는 2개의 물체가 비록 정지상태에 있다 하더라도, 상대적인 움직임의 경향만 있으면 접촉면에 마찰력이 작용하고 있다는 것이다. 따라서 모든 접촉표면에는 잠재적으로 마찰력이 존재한다고 생각할 수 있다.

마찰을 분류하면 고체의 접촉표면에서 발생하는 건조마찰(乾燥摩擦, dry friction; 또는 쿨롱마찰, Coulomb friction)과 유체의 입자사이에 발생하는 유체마찰(流體摩擦, fluid friction)이 있으나, 여기에서는 건조마찰에 대해서만 공부한다.

2 마찰력

두 물체의 접촉면에서 접선방향(接線方向, tangential direction)으로 발생하는 마찰력(摩擦力, Coulomb friction force) F는 운동방해성의 힘으로서, 접촉압력(接觸壓力, contact pressure) 및 상대적인 운동방향에 따라 크기 및 방향이 달라지는 반작용력(反作用力, reaction force)이다. 즉, 물체의 접촉면에 항상 일정한 크기의 마찰력이 작용하는 것이 아니라, 접촉하고 있는 두 물체에 외력이 작용하더라도 상대적인 운동이 방해되거나 발생하지 않도록 하는 크기만큼만 마찰력이 발생하는 것이다. 마찰력에는 다음과 같은 특성이 있다.

(1) 접촉표면에 발생할 수 있는 마찰력의 최대값(F_{max})은 접촉면 사이의 압력(壓力, normal contact force) N에 비례하며, 비례상수는 접촉면의 재질과 형상에 따라 다르다. 비례상수 f를 마찰계수(摩擦係數, coefficient of friction)라 한다.

$$F_{max} = f\,N \tag{8.1}$$

(2) 마찰력은 접촉면적(接觸面積, area of contact)의 크기에 무관하다.

(3) 접촉하고 있는 두 물체가 상대적으로 움직이는 동안의 마찰력은 접촉면에서 미끄러지는 속도(sliding velocity)에 무관하다. 그러나 속도가 0일 때(정지상태)와 0이 아닐 때(운동상태)의 마찰계수는 다르다. 정지상태의 마찰을 정마찰(靜摩擦, static friction), 운동상태의 마찰을 동마찰(動摩擦, kinetic friction)이라 한다. 식(8.1)에서 마찰계수는 정마찰계수(靜摩擦係數, coefficient of static friction f_s)와 동마찰계수(動摩擦係數, coefficient of kinetic friction f_k)로 구분할 수 있으며, 마찰력도 정마찰력과 동마찰력이 있다.

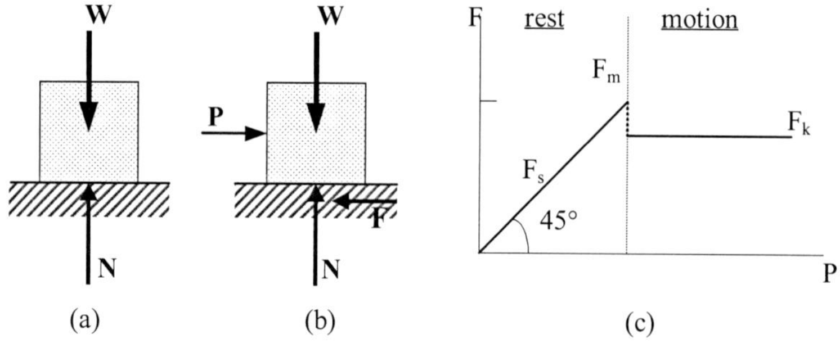

그림 8.1 운동상태와 마찰력

이제 접촉하는 물체의 정지 또는 운동상태와 마찰력의 관계를 알아보자. 그림 8.1(a)와 같이 두 물체의 접촉면에서 접선방향(수평방향)의 상대적인 <u>움직임의 시도가 없는</u>(not tend to tangentially move) 경우에는, 접촉면 사이의 압력(N = W ≠ 0)이 있음에도 불구하고 마찰력은 발생하지 않는다. 물체에 작용하는 힘의 평형을 고려하면 이러한 사실을 알 수 있다.

(a) [not tend to tangentially move : $N = W$, $P = 0$]

$\Rightarrow$ [마찰력 없음 : $F = 0$] (8.2)

그림 (b)와 같이 수평력 P가 작용하여 접선방향의 상대적 움직임이 시도되는(tend to tangentially move) 경우에 마찰력은 발생한다. 접선방향의 힘 P의 크기를 0으로부터 점점 증가시키면, 움직이지 않던 물체가 움직이기 시작하는 순간이 있다. 이때까지의 마찰력은, 물체가 정지한 상태(no motion or rest)의 운동방해성 마찰력으로서 정마찰력(靜摩擦力, static friction force; F_s)이라 한다.

정지하고 있는 물체에 작용하는 힘의 정역학적 평형을 고려하면, 정마찰력은 수평력과 같음을 알 수 있다. 즉, 수평력이 증가함에 따라 정마찰력도 증가하고, 정마찰력의 최대값은 정지상태에 있던 물체가 움직이기 시작한 순간(motion impending)의 마찰력으로서, 이를 **최대 정마찰력**(最大靜摩擦力, maximum static friction force; F_m)이라 한다. 최대 정마찰력은 정마찰계수 f_s와 접촉면의 법선압력 N에 의해 유일하게 결정되는 값이다($F_m = \max\{F_s\} = f_s N$). 그러나 정마찰력 F_s는 작용력 P에 따라서 크기와 방향이 결정되는 반작용력이다. 즉, 정마찰력 F_s는 접선방향의 힘 P와 같지만 그 값이 최대 정마찰력 F_m을 초과할 수는 없다.

(b) [rest; tend to move ~ motion impending : $N = W$, $0 < P \leq F_m$]

$\Rightarrow$ [**정마찰력** : $F \equiv F_s = P \leq F_m$] (8.3)

그림 (b)의 P가 최대 정마찰력보다 크면 물체는 운동한다. 물체가 움직이는 상태(motion)에서 발생하는 운동방해성의 마찰력을 **동마찰력**(動摩擦力, kinetic friction force; F_k)이라 하며, 이 값은 움직이는 속도에 관계없이 일정하고 최대 정마찰력보다는 약간 작다. 이는 동마찰계수 f_k가 정마찰계수 f_s보다 일반적으로 약간 작기 때문이다($F_k = f_k N < F_m = f_s N$).

(b) [motion : $N=W$, $P>F_m$] $\Rightarrow$ [**동마찰력** : $F \equiv F_k = f_k N < F_m$, $F_k < P$] (8.4)

이상과 같은 수평력 P와 마찰력 F의 관계를 그래프로 표시하면 그림 8.1(c)와 같다. 즉, 물체가 정지상태에서 움직이기 시작할 때까지는 수평력이 증가함에 따라 마찰력도 같이 증가하며(F=P), 물체가 움직이는 동안에는 P의 크기와 관계없이 마찰력이 일정하다(F=일정)는 것이다.

3 마찰계수와 마찰각

마찰력과 물체의 상대적인 운동성향 사이의 관계를 알기 위하여 그림 8.2와 같은 일련의 경우를 생각해 보자. 그림에서 W는 상부물체의 무게이고, P는 상부물체에 작용하는 외력이다. 외력의 수평성분 P_x는 물체가 접촉면의 접선방향으로 움직이게 하려는 힘이며, 이 성분이 최대 정마찰력보다 커지면 결국은 상부물체가 P_x의 방향으로 움직이게 될 것이다. 외력의 수직성분 P_y는 W와 함께 접촉면에 압력으로 작용한다. 접촉면에 발생하는 법선압력(法線壓力, normal pressure) $N = W + P_y$와 접선방향의 마찰력 F의 합력을 **R**(=마찰 접촉반력)이라 할 때, 각 경우의 상태 및 법선 압력과 마찰력의 크기에 대하여 정리하면 다음과 같다.

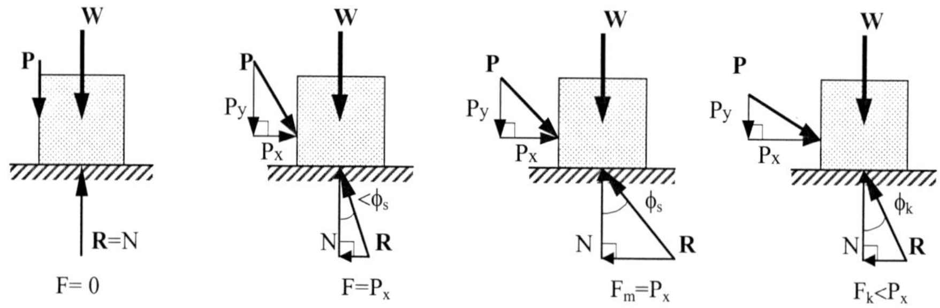

그림 8.2 물체의 운동과 마찰력

그림 (a) [마찰력 없음(no friction)] : 물체가 접촉면의 접선방향으로 상대적인 움직임을 일으키게 하는 수평력이 없으므로, 물체는 움직이지도 않고 움직이려는 경향도 없는 상태(no motion and not tend to move)로서, 마찰력이 발생하지 않는다.

$$N = W + P,\ F = P_x = 0$$

그림 (b) [왼쪽 방향의 정마찰력 발생(static friction)] : 물체를 오른쪽으로 움직이게 하려는 수평력이 존재하지만, 물체는 움직이려는 경향만 있을 뿐 움직이지는 않고 있는 상태(no motion but tend to move)로서, 수평력과 같은 크기의 정마찰력이 물체의 움직임을 방해하는 왼쪽 방향으로 발생한다.

$$N = W + P_y,\ F(\leftarrow) = P_x < F_m = f_s N$$

그림 (c) [최대 정마찰력 작용(maximum static friction force)] : 물체가 막 움직이기 시작한 상태(motion impending)로서, 이 때의 정마찰력이 최대 정마찰력이다.

$$N = W + P_y,\ F(\leftarrow) = P_x = F_m = f_s N$$

그림 (d) [일정한 크기의 동마찰력 발생(constant kinetic friction force)] : 물체에 작용하는 수평력이 접촉면에 발생하는 최대 정마찰력보다 크게 되어 물체가 움직이고 있는 상태(motion)로서, 일정한 크기의 동마찰력이 물체의 운동을 방해하는 왼쪽 방향으로 발생한다.

$$N = W + P_y,\ F(\leftarrow) = F_k = f_k N < P_x$$

그림 (c)와 같이 움직이려는 순간에서 ϕ_s를 정마찰각(靜摩擦角, static friction angle)이라 하며 정마찰계수 f_s는 이 각의 탄젠트 값이다.

$$\tan\phi_s = \frac{F_m}{N} = f_s \tag{8.5}$$

또 그림 (d)와 같이 움직이는 상태에서 ϕ_k는 속도에 관계없이 일정한 값으로서, 이를 동마찰각(動摩擦角, kinetic friction angle)이라 하며 동마찰계수 f_k는 이 각의 탄젠트 값이다.

$$\tan\phi_k = \frac{F_k}{N} = f_k \tag{8.6}$$

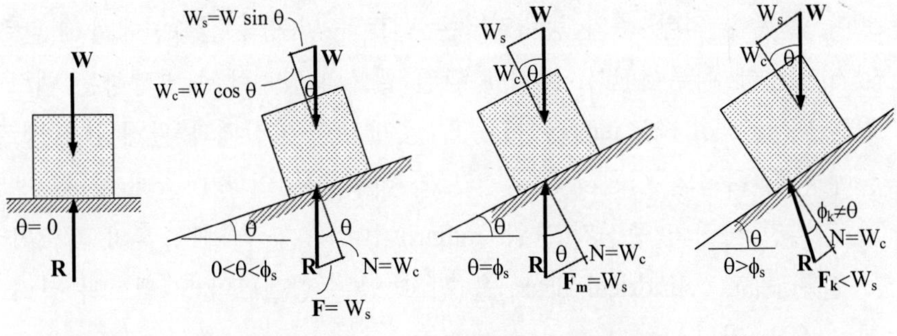

그림 8.3 정마찰계수를 구하기 위한 경사판 실험

정마찰계수는 실험에 의해 구할 수 있다. 정마찰계수를 구하기 위한 경사판 실험을 도시하면 그림 8.3과 같다. 즉, 마찰계수를 구하려고 하는 2개의 재료를 그림 (a)와 같이 접촉시킨다. 하나의 재료는 무게 W인 블록이고, 다른 재료는 판형이라 하자. 무게 W인 물체를 판 위에 올려 놓고 판을 기울인다. 판의 경사각이 그림(c)와 같이 θ일 때 상부의 물체가 움직이기 시작했다면, 정마찰각은 $\phi_s = \theta$이므로 이때의 경사각을 측정함으로써 정마찰각 및 정마찰계수를 구하게 된다. 몇 가지의 재료에 대한 정마찰계수는 표 8.1에 수록되었다.

표 8.1 Coefficient of static friction for dry surfaces

wood on wood	0.25 − 0.50	rubber on concrete	0.75 − 0.90
metal on wood	0.20 − 0.60	steel on ice	0.04
metal on metal	0.15 − 0.60	rubber on ice	0.10
metal on leather	0.30 − 0.60	brass on steel	0.20
wood on leather	0.25 − 0.50	copper on steel	0.35
stone on stone	0.40 − 0.65	cast iron on steel	0.36
metal on stone	0.30 − 0.70	glass on glass	0.40
earth on earth	0.25 − 1.00		

4 벨트 마찰(belt friction)

벨트는 벨트단면의 형상에 따라 평벨트(flat belt)와 V-벨트(V belt)가 있으며, 벨트에 의한 축의 동력전달은 벨트와 바퀴의 접촉면에서 마찰력이 있기 때문에 이루어진다. 바퀴에 감긴 벨트의 양편에서 발생하는 벨트 장력의 비(ratio of belt tension, T_2 /T_1)는 벨트의 마찰력과 관계된다. 벨트마찰에 관한 다음의 식에서 f_s 는 벨트와 바퀴 사이의 정마찰계수, β는 벨트가 감겨진 바퀴의 중심각(단위: radian)이며, α는 V-벨트 홈의 각도이다.

원통(圓筒, cylindrical drum)을 감고 있는 평벨트와 V-벨트의 장력 비는 다음과 같다.

$$\text{Flat belt}: \frac{T_2}{T_1} = \exp(f_s \beta) \tag{8.7}$$

$$\text{V belt}: \frac{T_2}{T_1} = \exp\left(\frac{f_s \beta}{\sin(\alpha/2)}\right) \tag{8.8}$$

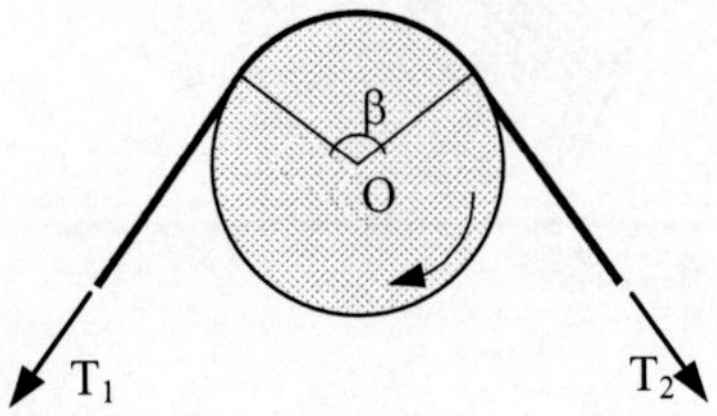

그림 8.4 벨트의 장력

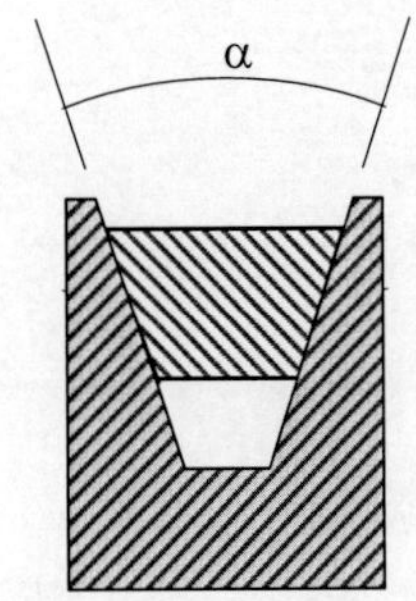

그림 8.5 V-벨트의 단면

5 디스크 마찰 (disk friction)

2개의 원형 디스크 클러치(disk clutch)에 압력을 가하여 접촉시키면 한 축의 회전동력을 다른 축에 전달할 수 있다. 이러한 동력 전달에는 접촉하는 디스크 사이의 마찰력이 이용된다. 접촉면의 반경이 R인 디스크 클러치에서 접촉 압력(thrust force)이 P일 때, 디스크가 미끄러지지 않고 전달할 수 있는 회전 토오크(torque) T는 다음과 같다.

$$T = \frac{2}{3} f_s P R \tag{8.9}$$

6 구름저항 (rolling resistance)

바퀴가 평면 위를 구를 때, 그림 8.6과 같이 바퀴의 무게 때문에 발생하는 평면의 변형으로 인하여 저항을 받게 된다. 이러한 현상을 구름저항(rolling resistance)이라 한다. 구름저항은 마찰과 관계되는 것은 아니지만 여기에서 소개하기로 한다.

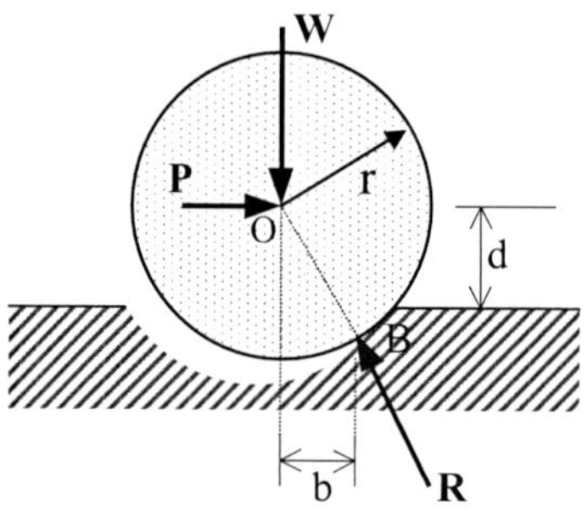

그림 8.6 구름저항

원통형의 구름 바퀴(rolling wheel)의 무게 및 반경이 각각 W, r이고, 구름바퀴의 중심에 작용하는 수평력(horizontal pulling force)을 P라 하자. 그림 8.6에서 구름바퀴와 평면의 구름 접촉점 B에 관한 모멘트의 평형을 고려하고($\Sigma M_B = 0$), 평면의 변형량이 미소하다는 가정하에 $d \approx r$이라 놓으면, 다음의 관계식을 얻을 수 있다.

$$P\,r = W\,b \tag{8.10}$$

여기서 b를 구름저항 계수(coefficient of rolling resistance)라 하고 단위는 mm로 표시하며, 구름바퀴와 평면의 재료 및 형상에 따라 결정되는 상수이다.

표 8.2 Coefficient of rolling resistance

steel wheel on steel plate	b = 0.0762 mm
steel wheel on steel rail	b = 0.25 mm
steel wheel on soft ground	b = 125 mm

7 마찰의 응용문제

공학적 응용 시스템에서 마찰은, 이용가치가 높은 유용한 현상이기도 하고 극복해야 할 장애 요인이 되기도 한다. 마찰력을 이용하려는 시스템이 있는가 하면, 마찰력을 극복해야만 효율성이 커지는 시스템도 있다.

여기에서는 마찰과 관련된 문제의 유형을 분류하고 그 해법을 요약해 보자. 해법과정에서 항상 공통적으로 기억해야 할 것은, 마찰력이 물체의 움직임을 방해하는 방향으로 발생한다는 사실이다.

유형1 : 물체의 작용력(외력 P, 자중 W 등)과 접촉면의 마찰계수(정마찰계수 f_s, 동마찰계수 f_k)가 주어지고, 물체가 정지하고 있을 것인가 움직일 것인가를 묻는 문제:

(1) 물체의 운동방향을 고려하여 모든 물체의 자유물체도를 그린다. 물체의 운동방향을 알 수 있는 경우에는 마찰력의 방향을 정확히 표시할 수 있으나, 운동방향을 모르는 때는 가능한 모든 경우(운동방향은 항상 2가지 경우가 있음)에 대하여 자유물체도를 그려야 한다.

(2) 물체가 정지상태에 있다고 가정하는 경우에는 마찰력(F)이 접촉면의 압력(N)과 관계없는 독립적인 미지수이다. 그러나 물체가 움직인다고 가정하는 경우에는 마찰력이 독립변수가 아니다. 즉, 마찰력으로서 최대 정마찰력($F = F_m = f_s N$)을 대입한다. 또 물체의 운동방향에 관한 평형방정식으로서 등식($\Sigma F_x = 0$) 대신 부등식(물체의 운동방향의 힘의 합력이 양수; $\Sigma F_x > 0$)이 만족되어야 한다.

(3) 평형방정식(방정식 또는 부등식)을 이용하여 접촉면의 압력 N과 마찰력 F를 계산하고, 무용해(無用解, infeasible solution)를 버린다. 평형방정식의 해가 존재하지 않는 경우나 물리적으로 불가능한 해(N이나 F의 값이 음수가 되는 경우 등)가 얻어지는 경우 등을 무용해라 한다.

(4) F와 $F_m = f_s N$을 비교하여, $F \le F_m$이면 정지, 그렇지 않으면 운동상태의 평형방정식(부등식이 포함된)에서 해를 구하게 되며 물체는 움직인다. 운동상태에서 발생하는 마찰력의 크기는 동마찰력($F = F_k = f_k N$)을 구하면 된다.

유형2 : 물체가 작용력에 의해 움직이기 시작한다고 할 때, 마찰계수를 구하는 문제 :

(1) 물체의 운동 방향을 고려하여 마찰력의 방향을 결정하고, 마찰력의 크기는 최대 정마찰력($F = F_m = f_s N$)을 포함하는 자유물체도를 그

리고,

(2) 평형방정식을 이용하여 N과 F를 구한 후,

(3) 마찰계수 $f_s = F/N$를 얻는다. 평형방정식에서 F대신 $f_s N$을 사용하여 f_s를 직접 미지수로 취급할 수도 있다.

유형3 : 정마찰 계수를 알고 있는 접촉면을 따라 물체를 주어진 방향으로 움직이고자 할 때, 물체에 작용시켜야 할 힘을 구하는 문제:

(1) 물체운동을 방해하는 방향의 마찰력 $F_m = f_s N$을 이용하여 자유물체도를 그리고,

(2) 평형방정식을 이용하여 작용력을 구한다.

유형4 : 쐐기(wedge)문제:

(1) 운동방향을 고려하여 쐐기 및 물체들의 자유물체도를 각각 그리고,

(2) 쐐기에 작용하는 힘과 마찰력은 동점역계로 간주하고, 동점역계의 평형방정식을 이용하여 미지수를 구한다.

8 예제

E8.1 무게 W = 600 N인 물체가 그림 E8.1과 같이 경사면($\theta = 45°$)에 놓여 있으며, 수평력 P가 작용한다. 마찰계수 $f_s = 0.25$일 때, 다음을 구하라.

(1) 물체를 경사면 위로 밀어 올리는 데 필요한 수평력 P의 최소값.

(2) 경사면을 따라 내려오지 못하게 하는 데 필요한 수평력 P의 최소값.

(3) P = 400 N일 때, 마찰력의 크기와 방향.

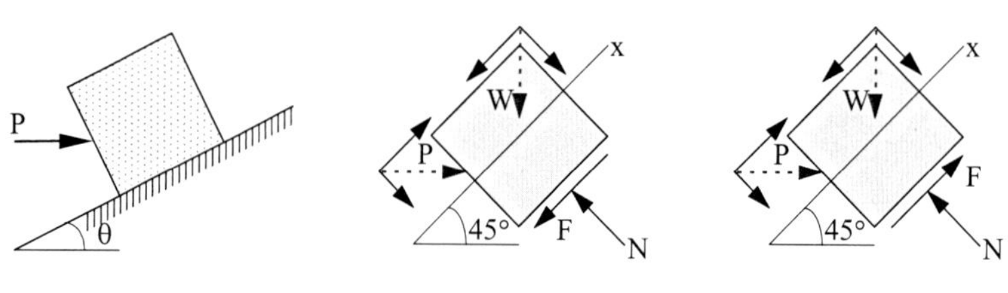

E8.1 E8.1(a) E8.1(b)

풀이 물체의 FBD를 그린다. 물체의 운동방향이 결정되어 있지 않은 경우라 생각하고 모든 경우의 FBD를 다 고려한다. 경우의 수는 2가지로서, 물체가 경사면을 따라 올라가려고 하는 경우와 경사면을 따라 내려오려고 하는 경우이다.

마찰력은 물체가 움직이려는 방향과 반대방향으로 작용하므로, 물체가 경사면을 따라 올라 가려고 할 때의 FBD는 그림 (a)와 같고, 내려 오려고 할 때의 FBD는 그림 (b)와 같다. 그림 (a)와 (b)의 FBD에서, 마찰력 F의 방향만 다를 뿐이며 나머지 힘들의 방향은 동일하다는 사실을 유의하라. 좌표축으로는 경사면에 평행하게 x-축을 잡았으며, P와 W는 경사면에 평행한 성분(x-성분)과 수직한 성분으로 분해하였다. 접촉면에 수직한 반력은 N이며, 마찰력의 최대값은 $F_{max} = f_s N = 0.25\ N$이다.

(1) 물체가 경사면을 따라 올라 가려는 경우이므로 그림 E8.1(a)의 FBD를 이용한다. 이 때에 물체에 작용하는 마찰력은 물체가 올라가는 것을 방해하는 방향이다. 또 움직이려는 순간의 마찰력은 최대 정지마찰력 $F = F_{max} = 0.25\ N$이다.

$\Sigma F_x = 0 = P\cos45° - W\sin45° - 0.25\ N$

$\Sigma F_y = 0 = -P\sin45° - W\cos45° + N$

$\therefore\ N = 1131\ N,\ P = 1000\ N$

(2) 물체가 경사면을 따라 내려 가려는 경우이므로 그림 E8.1(b)의 FBD를 이용한다. 마찰력의 방향이 물체가 내려오는 것을 저지하는 방향이라는 것을 유의하라. 또 움직이려는 순간에는 최대 정지마찰력 $F = F_{max} = 0.25\ N$이 발생한다.

$\Sigma F_x = 0 = P\cos45° - W\sin45° + 0.25\ N$

$\Sigma F_y = 0 = -P\sin45° - W\cos45° + N$

$\therefore\ N = 679\ N,\ F = 0.25\ N = 170\ N,\ P = 360\ N$

(3) 위의 결과에서, P = 400 N일 때 물체는 정지 상태임을 알 수 있다. 왜냐하면, 360(내려감)과 1000(올라감)의 사이 값이기 때문이다. 따라서 평형방정식을 적용할 수 있다. 물체가 내려가려고 한다 가정하고 E8.1(b)의 FBD를 이용하자.

$\Sigma F_x = 0 = P\cos45° - W\sin45° + F$

$\therefore\ F = 141.4\ N$(물체의 운동을 방해하는 상방향)

E8.2 길이 L, 무게 W인 균질봉(均質棒, uniform bar)이 그림 E8.2와 같이 벽에 기대어 놓여 있다. 모든 접촉면의 마찰계수가 f일 때, 평형상태를 유지하는 최소 경사각 α를 구하라.

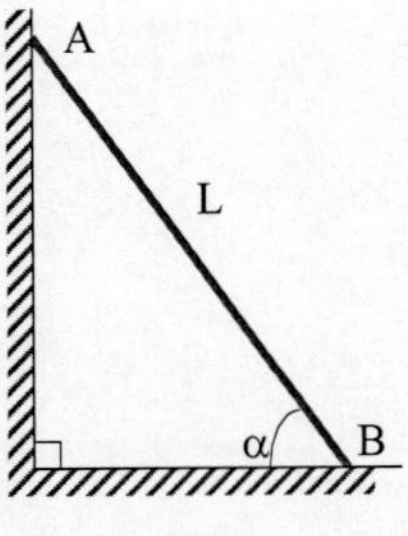

E8.2

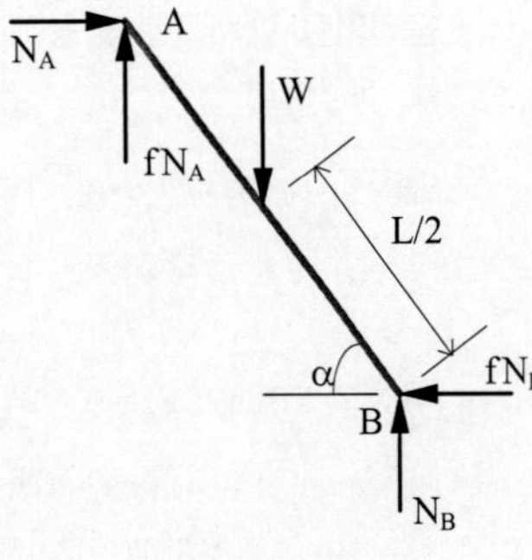

E8.2(a)

풀이 균질봉 AB의 FBD는 그림 E8.2(a)와 같다. 균질봉의 무게 W는 등분포력의 합력이라 할 수 있으므로 봉의 중앙점에 연직 하방향의 집중하중으로 표시하였다. 봉이 움직이려는 순간의 상태를 고려하므로, 마찰력은 최대 정마찰력을 사용한다. 최소 경사각은 봉이 자중에 의해 미끄러지려는 순간의 경사각이므로 마찰력의 방향은 그림에 표시된 것과 같다.

FBD에서 역계는 일반적인 평면역계이므로 3개의 평형방정식이 사용가능하고 미지수는 3개(N_A, N_B, α)이므로 최소경사각 α를 구할 수 있다.

$\Sigma F_x = 0 = N_A - f\,N_B$;

$\Sigma F_y = 0 = N_B - W + f\,N_A$;

$\Sigma M_B = 0 = N_A\,(L\sin\alpha) + f\,N_A\,(L\cos\alpha) - W(0.5L\cos\alpha)$

$$\therefore\ N_A = fW/(1+f^2),\ \ N_B = W/(1+f^2),\ \ \alpha = \tan^{-1}\frac{1-f^2}{2f}$$

봉이 자중에 의해서 미끄러지지 않고 스스로 평형을 유지할 수 있는 이러한 한계각 α를 안식각(安息角, angle of repose)이라고 하며, 봉의 무게와 무관하다.

E8.3 그림 E8.3과 같이 2개의 물체(6 kN과 4 kN)를 케이블로 연결하고 무게 W를 이용하여 끌어 올리려고 한다. 도르래 A와 B의 마찰은 무시하고, 모든 접촉면의 마찰계수가 0.10이라 할 때 W의 최소값을 구하라.

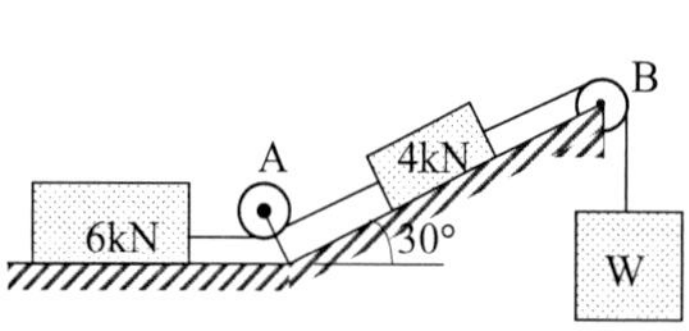

E8.3

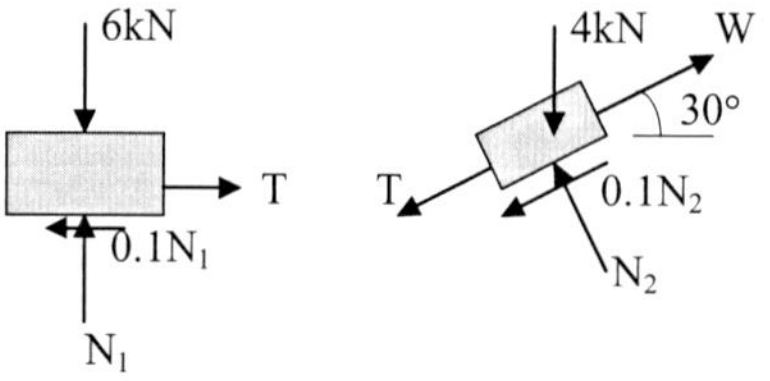

E8.3(a)

풀이 2개의 물체에 대한 FBD는 그림 E8.3(a)와 같다. 마찰력의 방향은 모두 물체의 움직임을 방해하는 방향이다. 동점역계로 간주하고 각각의 FBD에 평형방정식을 적용한다.

[6kN의 FBD] $\Sigma F_x = 0 = T - 0.10\ N_1$

$\Sigma F_y = 0 = 6 - N_1$: $\therefore\ T = 0.6$ kN

[4kN의 FBD] $\Sigma F_x = 0 = W - T - 0.1N_2 - 4\sin 30°$

$\Sigma F_y = 0 = N_2 - 4\cos 30°$

$\therefore\ W = 2.95$ kN

E8.4 그림 E8.4와 같이 하중 W = 1 kN을 지지하고 있는 블록 A를 쐐기 B(쐐기각 α = 30°)에 수평력 P를 가하여 밀어 올리려고 한다. 마찰계수가 벽과 블록 A사이에서 0.30, A와 B사이에서 0.20, 바닥판과 쐐기 B사이에서 0.10일 때, 쐐기에 가하는 수평력 P의 최소값을 구하라. 블록과 쐐기의 자중은 무시한다.

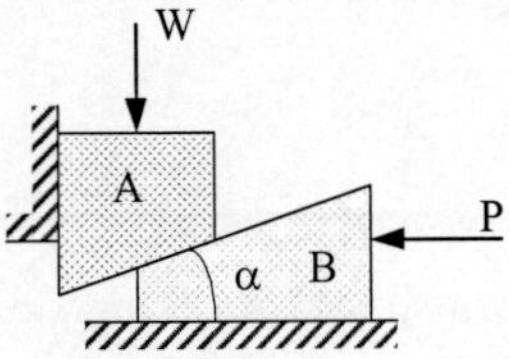

E8.4

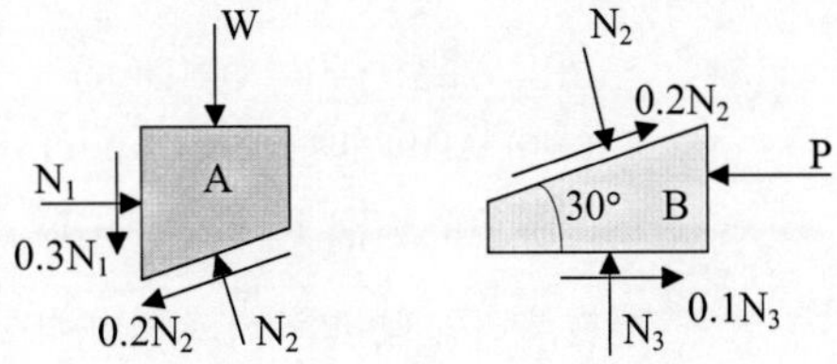

E8.4(a)

풀이 블록 A와 쐐기 B의 FBD는 그림 E8.4(a)와 같다. 블록을 밀어 올리려면 쐐기는 왼쪽으로 움직여야 한다. 따라서 FBD의 모든 마찰력은 최대 정지 마찰력으로서 운동을 방해하는 방향으로 표시되었다. FBD에 표시된 힘들을 동점역계로 간주하고 평형방정식을 사용한다. 블록과 쐐기의 역계에 대하여 각각 2개씩의 평형방정식이 세워지므로 방정식의 수는 4개이며, 미지수는 N_1, N_2, N_3 및 P로서 4개이므로 연립방정식을 풀 수 있다.

[블록A의 평형방정식]

$\Sigma F_x = 0 = N_1 - 0.2N_2 \cos30° - N_2 \sin30°$

$\Sigma F_y = 0 = -0.3N_1 - 0.2N2 \sin30° + N_2 \cos30° - W$

[쐐기B의 평형방정식]

$\Sigma F_x = 0 = 0.1N_3 + 0.2N_2 \cos30° + N_2 \sin30° - P$

$\Sigma F_y = 0 = N_3 + 0.2N_2 \sin30° - N_2 \cos30°$

$\therefore\ P = 1.06\ \text{kN}$

E8.5 그림 E8.5와 같은 밴드 브레이크(band brake)가 플라이 휠의 제동에 사용된다. 밴드와 플라이 휠 사이의 동마찰계수가 0.60이고, 제동하중 P = 200 N일 때 휠의 양쪽에서 밴드의 장력을 구하라.

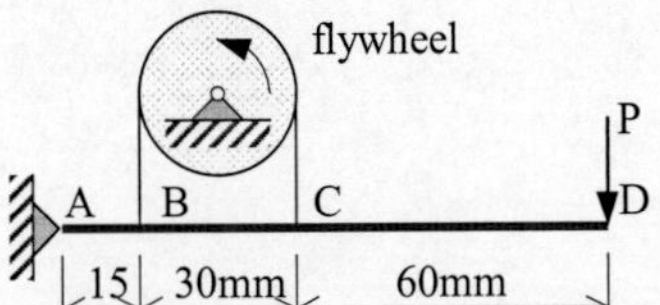

E8.5

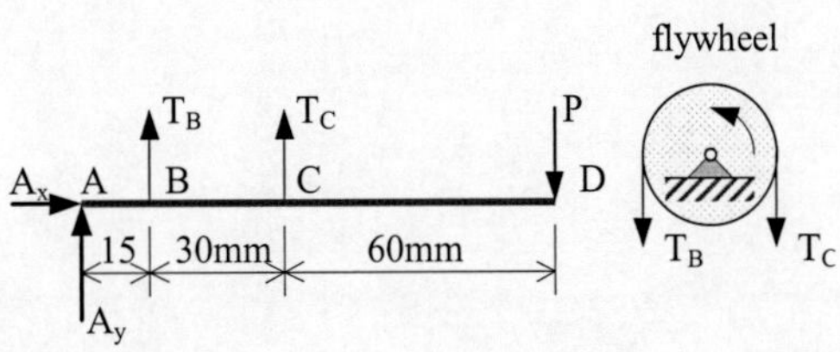

E8.5(a)

풀이 브레이크 레버(brake lever) AD와 플라이 휠의 자유물체도는 그림 E8.5(a)와 같다. 미지수는 힌지 지점 A의 반력 2개와 밴드의 장력 T_B 및 T_C로서 총 4개이다. 사용할 수 있는 방정식으로는 플라이 휠의 벨트마찰에 관한 식 1개와 레버의 평형방정식 3개이다. 따라서 미지수와 방정식의 수가 같으므로 풀 수 있다. 여기서는 밴드의 장력을 구하는 문제이므로 레버의 평형방정식 중 하나를 이용한다.

[벨트마찰] $T_C/T_B = \exp(0.6\pi)$

[레버 AD의 평형] $\Sigma M_A = 0 = 15T_B + 45T_C - 105P$

$\therefore\ T_B = 67.8\ \text{N},\ T_C = 444\ \text{N}$

한편 레버의 평형방정식 중 나머지 2개($\Sigma F_x = 0$ 및 $\Sigma F_y = 0$)를 이용하면 힌지 지점의 반력을 구할 수 있다.

8.1 그림 8.3에서 마찰력 F와 경사각 θ의 관계를 그래프로 그려라. 정마찰계수는 0.30이다.

8.2 무게 45 kg의 블록이 30°의 경사면에서 그림 P8.2와 같이 경사면과 40°인 힘 P = 60 kg을 받고 있다. 접촉면의 마찰계수가 $f_s = 0.40$, $f_k = 0.30$일 때, 블록에 작용하는 마찰력의 크기와 방향을 구하라. 답 23.5 kg (하방향)

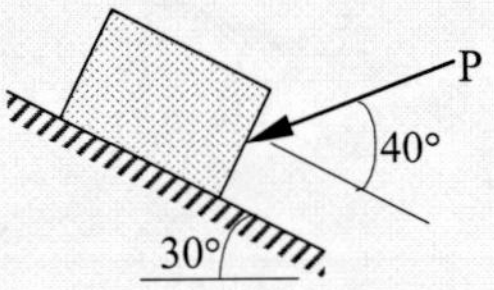

P8.2

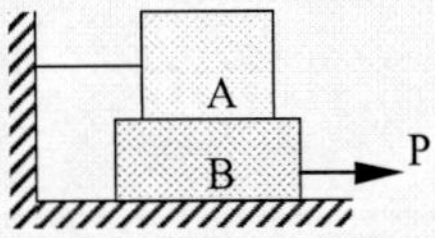

P8.3

8.3 그림 P8.3과 같이 2개의 블록 A(100 N)와 B(150 N)가 놓여 있고 블록 A는 수평케이블로 고정되었다. 모든 접촉면의 마찰계수가 0.25일 때, 블록 B를 움직이는 데 필요한 수평력 P의 최소값을 구하라.

8.4 그림 E8.2에서 W = 25 N, L = 1 m, 접촉점 A의 마찰계수는 0, 접촉점 B의 마찰계수는 0.30이다. 무게 180 N의 물체가 A점으로부터 0.25 m만큼 떨어진 위치(L/4 지점)에서 봉에 추가적으로 부착되어 있을 때, 안식각을 구하라.

답 67.4°

8.5 무게 424 N의 균질봉 AB가 그림 P8.5와 같이 무게 200 N의 블록 A에 마찰이 없는 핀으로 연결되어 수직벽에 기대고 있다. 마찰계수는 수직벽과 봉 사이에서 0.268, 블록과 바닥판 사이에서 0.20이다. 블록을 오른쪽으로 움직이는데 필요한 수평력 P의 최소값을 구하라. 답 431 N.

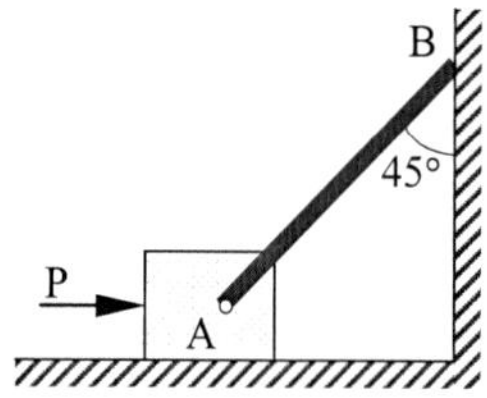

P8.5

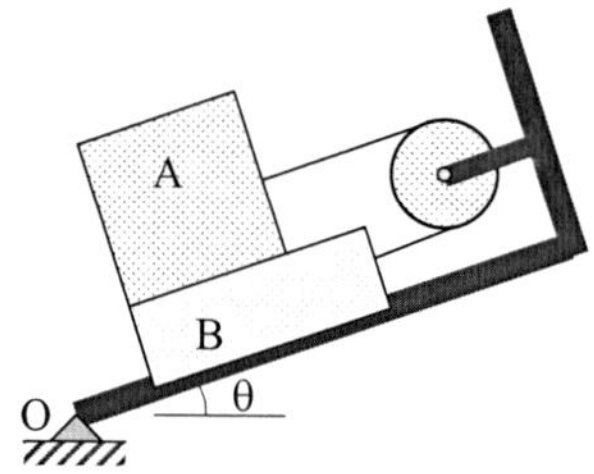

P8.6

8.6 그림 P8.6에서 물체 A의 무게는 물체 B의 무게의 2배이다. 물체 A와 B사이의 마찰계수는 0.30, 물체 B와 경사판 사이의 마찰계수는 0.20, 도르래의 마찰은 무시할 때, 물체가 움직이게 되는 최소 경사각 θ를 구하라. 답 61°

8.7 그림 P8.7과 같이 2개의 물체 A(300 N)와 B(200 N)가 마찰이 없는 2개의 도르래를 통하여 연결되어 경사면에 놓여 있다. 경사면과 A의 마찰계수는 $f_s = 0.30$, $f_k = 0.20$이며, 경사면과 B의 마찰계수는 $f_s = 0.40$, $f_k = 0.30$일 때, 각 물체에 작용하는 마찰력의 크기와 방향을 구하라.

답 $F_A = 48$ N(상방향), $F_B = 36$ N(하방향).

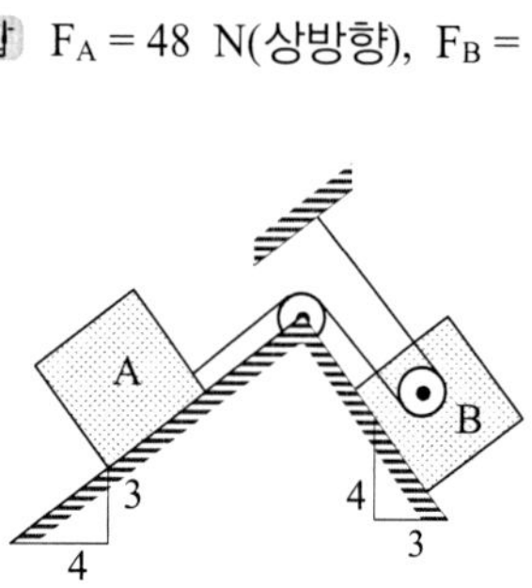

P8.7

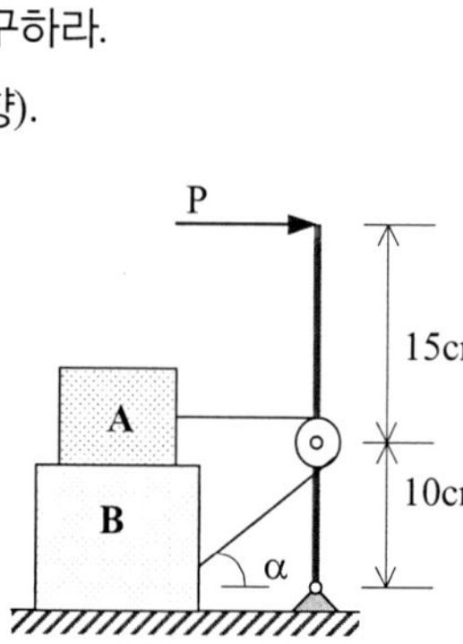

P8.8

8.8 그림 P8.8에서 블록 A와 B의 무게는 각각 50 kN및 100 kN이다. 마찰계수는 A와 B사이에서 0.40, B와 바닥판 사이에서 0.25이며, 도르래의 마찰은 무시한다. $\tan\alpha = 4/3$일 때, 블록을 움직이는 데 필요한 수평력 P의 최소값을 구하라. 답 12.82 kN

8.9 그림 P8.9와 같은 균질의 원통을 시계방향으로 회전시키기 위해서 우력모멘트 C를 가한다. 원통의 직경이 2 m, 무게가 200 N이며, 접촉점 A와 B의 마찰계수가 0.30일 때, 회전모멘트 C의 최소값을 구하라. 답 71.6 N·m

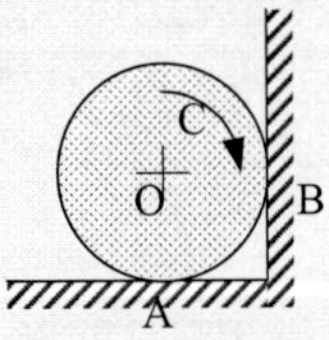

P8.9

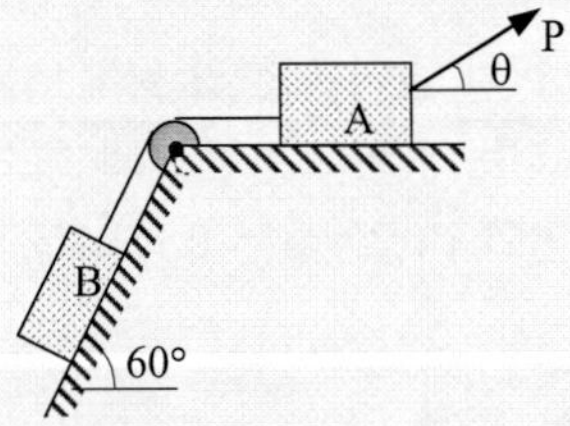

P8.10

8.10 그림 P8.10에서 물체 A와 B의 무게는 각각 100 N, 150 N이며, 모든 접촉면의 마찰계수는 0.20이고 도르래의 마찰은 무시한다. 물체를 움직이는 데 필요한 P의 최소값과 이때의 θ를 구하라. 답 $\theta = 11.31°$, P = 162 N.

8.11 그림 P8.11의 3개의 물체 A(15 kg), B(20 kg), C(15 kg)는 C에 부착된 마찰 없는 도르래를 통해 연결되어 있다. 마찰계수는 A와 B사이에서 0.20, B와 바닥판 사이에서 0.30, C와 바닥판 사이에서 0.40이다. 정지상태를 유지하면서 물체 B에 작용시킬 수 있는 오른쪽 방향의 수평력 P의 최대값을 구하라.

답 16.4 kg

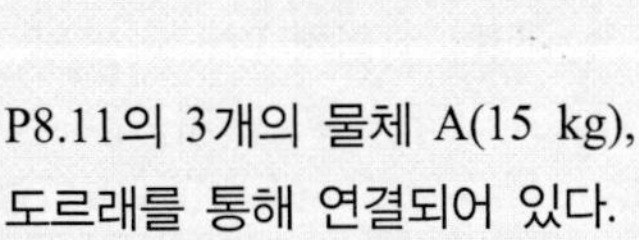

P8.11

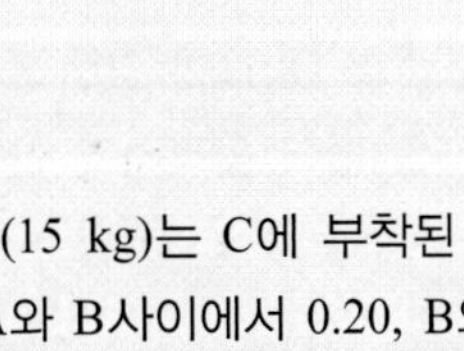

P8.12

8.12 균질봉 AB가 그림 P8.12와 같이 30°만큼 기울어진 직교평판에 놓여 있다. 모든 접촉면의 마찰계수가 0.30일 때, 봉 AB가 평형상태에 있게 되는 각도 θ의 범위를 구하라. 답 0 ~ 63.4°.

8.13 그림 E8.4에서 쐐기각 $\alpha = 15°$, W = 2 kN, 모든 접촉면의 마찰계수가 0.2일 때, 수평력 P를 구하라. 답 1.54 kN

8.14 그림 P8.14와 같이 대칭의 물체 A와 B(각각의 무게는 300 kg씩)사이에 쐐기를 박아 넣는데 필요한 힘 P의 최소값을 구하라. 쐐기의 자중은 무시하며, 모든 접촉면의 마찰계수는 0.15이다. 답 41.9 kg.

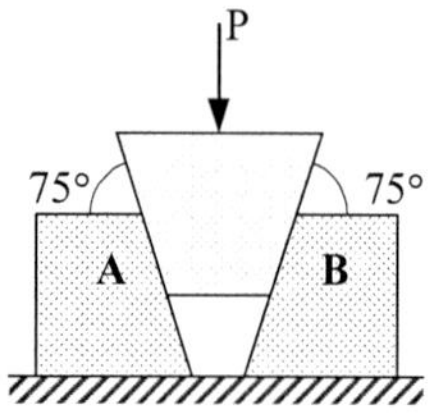

P8.14

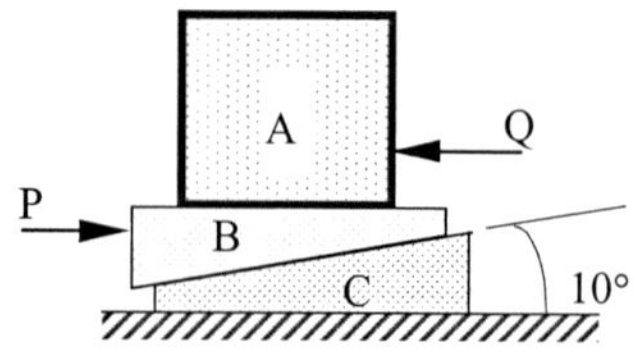

P8.15

8.15 그림 P8.15와 같이 2개의 10°쐐기 B와 C를 이용하여 무게가 15 kN인 물체 A를 들어 올리려고 한다. 쐐기 B에 작용시킨 수평력 P에 의한 물체 A의 수평이동을 막기 위하여 수평력 Q를 가하고 있다. 쐐기의 자중은 무시하며, 바닥판과 쐐기 C 사이의 마찰계수는 0.60이고, 다른 접촉면에서는 마찰계수가 모두 0.30이다. 수평력 P의 최소값과 이때 필요한 Q의 최소값을 구하라.

답 P = 12.04 kN, Q = 4.5 kN

8.16 그림 P8.16과 같은 밴드 브레이크에서 반시계방향으로 회전하는 플라이 휠을 정지시키기 위해서 레버의 끝에 수평하중 P를 가했을 때, 벨트의 연직부분 (A)의 장력이 200 N이었다. 벨트와 휠 사이의 동마찰계수가 0.20일 때, P를 구하라.

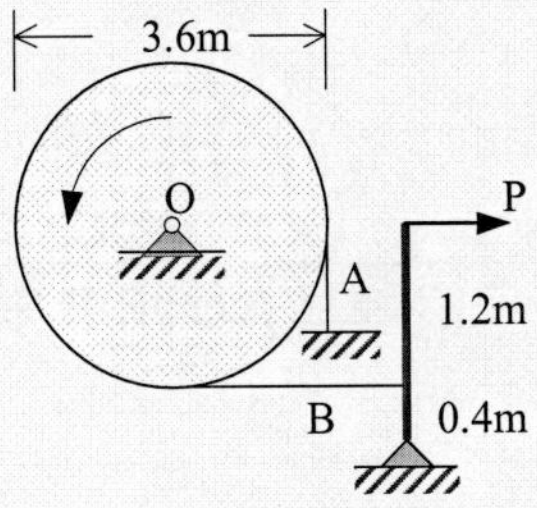

P8.16

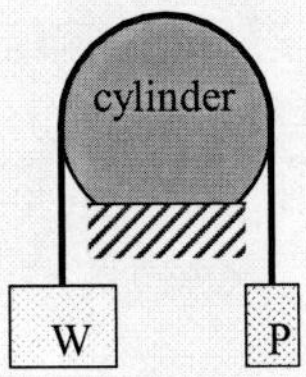

P8.17

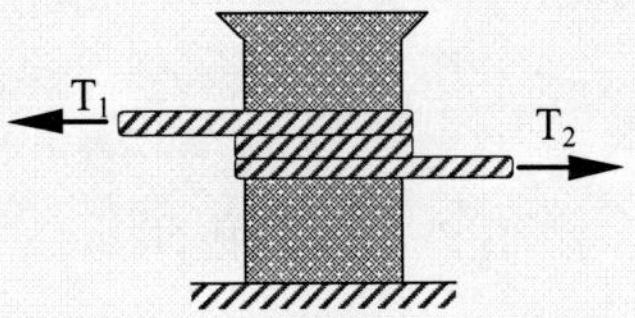

P8.18

8.17 그림 P8.17과 같이 무게 W인 물체를 원통을 감은 밧줄로 지탱하려고 한다. 밧줄과 원통 사이의 마찰계수가 f일 때, 평형을 유지하는 연직 방향의 힘 P의 범위를 구하라.

8.18 원통에 그림 P8.18과 같이 밧줄을 감아서 양단의 장력의 비가 1/50인 상태에서 평형을 유지하고 싶다. 밧줄과 원통표면 사이의 마찰계수가 0.15일 때, 밧줄을 최소 몇 바퀴 감아야 할까? 답 4.5바퀴.

8.19 그림 P8.18과 같이 원통에 밧줄을 2바퀴 감았을 때, 장력 $T_1 = T_2/50$으로 평형을 유지하였다. 밧줄과 원통표면 사이의 마찰계수를 구하라. 답 0.31

8.20 직경이 150 mm인 균질의 원형 바퀴가 2%의 경사도를 가진 경사판 위를 일정한 속도로 굴러서 내려온다. 구름저항계수(coefficient of rolling resistance)를 구하라. 답 1.5 mm.

8.21 직경 12 in의 바퀴가 4개 달려 있는 자동차의 무게가 800 lb이다. 이 자동차를 수평한 도로에서 등속도로 움직이는 데 8 lb의 수평력이 필요하다. 다른 모든 마찰은 무시하고 구름저항계수를 구하라. 답 0.06 in.

8.22 직경 D = 0.5 m인 원형단면의 선회축(旋回軸, pivot)이 그림 P8.22와 같이 평소켓(flat socket)에 연결된다. 축의 추력(推力, thrust force) P = 12 kN이고 접촉면의 동마찰계수가 0.10일 때, 축의 회전에 의한 전달 토오크(torque)를 구하라. 답 200 N · m

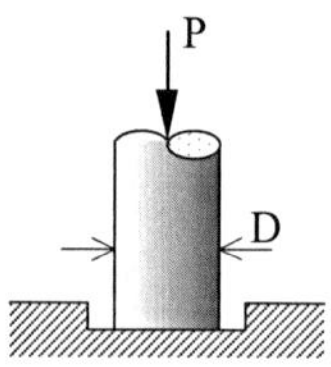

P8.22

INDUSTRIAL MECHANICS

LESSON 09

트러스의 해석 …

Analysis of Truss

[+ 트러스의 부재력 member force + 절점법 method of joints + 단면법 method of section + 인장/압축 tension/compression]

1 트러스

트러스의 구성에 관한 기본개념은 이미 배웠다. 트러스는 도로나 철도 등의 교량(橋梁, bridge), 건물의 지붕(roof), 해양구조물의 자켓(jacket), 송전탑(送電塔, transmission tower) 등에 흔히 사용된다. 트러스의 모든 부재(부재의 축선)와 작용하중이 동일 평면상에 있으면 이를 평면트러스(plane truss)라 하며, 그렇지 않은 경우를 입체트러스 또는 공간트러스(space truss)라 한다. 여기에서는 평면트러스의 부재력(部材力, member force)을 계산하는 방법, 즉, 트러스의 부재력 해석법을 배운다.

2 평면 트러스의 부재력

Basic assumptions are made for the analysis of truss :

(1) The weights of the individual members are disregarded since they are small compared to the loads.

(2) The members are straight and joined by smooth pins; each joint behaves as a perfect hinge.

(3) The loads are applied on the structure only at the pinned joints, and transmitted from one member to another through pins.

Thus, each component of the truss is a **two-force member**.

트러스의 부재력을 해석할 때는 하중과 구조형식에 관하여 다음과 같이 가정한다.

(1) 트러스 부재의 자중은 무시하며, 하중과 반력은 절점에만 작용한다.

(2) 모든 부재는 직선이며, 각 부재의 양단이 마찰이 없는 핀으로 연결되었다.

(3) 평면 트러스에서 모든 부재 및 하중과 반력의 작용선는 동일평면상에 있다.

따라서 트러스는 절점하중(節點荷重, joint load) 및 절점지점(節點支點, joint support)의 구조형식으로서, 평면트러스의 대표적인 부재에 대한 FBD는 그림 9.1과 같다. 그림 (a)는 양단이 힌지로 연결된 일반적인 절점하중의 부재(joint-load member)에 대한 자유물체도로서 양단에만 미지력이 있다. 여기에 평면역계의 평형방정식($\Sigma F_x = 0$, $\Sigma F_y = 0$, $\Sigma M = 0$)을 적용하면, $V_1 = V_2 = 0$, $F_1 = F_2 = F$를 얻는다. 즉, 트러스 부재는 양단에 크기가 같고 방향이 반대인 2개의 힘으로 표시되는 축방향력(軸方向力, axial force)만이 발생하는 2-힘 부재(two-force member)로서, FBD는 그림 (b)와 같다.

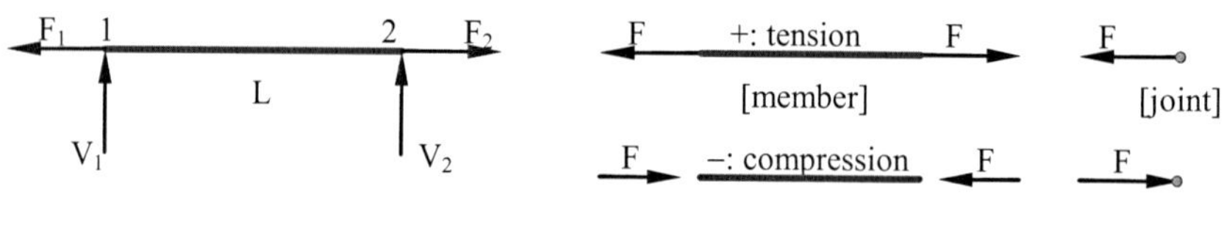

(a)FBD of joint-load member (b)FBD of truss member & corresponding joint

그림 9.1 트러스 부재의 자유물체도와 부재력

부재 양단의 축방향력이 그림 (b)의 위와 같이 부재를 잡아당기는 힘이면, 이러한 부재를 인장부재(引張部材, tension member)라 한다. 또 그림 (b)의 아래와 같이 부재를 밀어누르는 경우를 압축부재(壓縮部材, compression member)라 한다. 또 부재력의 계산과정에서 인장부재의 부재력, 즉 인장력(引張力, tensile force)은 양수(+), 압축부재의 부재력, 즉 압축력(壓縮力, compressive force)은 음수(−)로 표시한다. 트러스의 부재력(인장력 또는 압축력)은 벡터(1 방향의 힘)가 아니다. 트러스의 부재력과 같이 크기가 같고 방향이 반대인 한 쌍의 힘으로 작용하는 물리량을 텐서(tensor, 2 방향의 힘)라고 한다.

트러스 부재의 FBD에서 부재를 양단을 잡아당기는 힘으로 표시되는 인장력이면, 절점의 FBD에서는 절점을 잡아당기는 힘으로 표시된다. 마찬가지로 부재의 압축력은 절점의 FBD에서 절점을 향하여 누르는 힘으로 표시된다. 따라서 트러스의 부재와 절점의 FBD를 그릴 때, 이러한 관계를 잘 이용할 수 있도록 표 9.1과 그림 9.2에 정리하였다.

표 9.1 Member force and joint force

부재력 : 텐서		절점력 : 벡터
부재의 인장력	⇔	절점을 당기는 힘
부재의 압축력	⇔	절점을 미는 힘

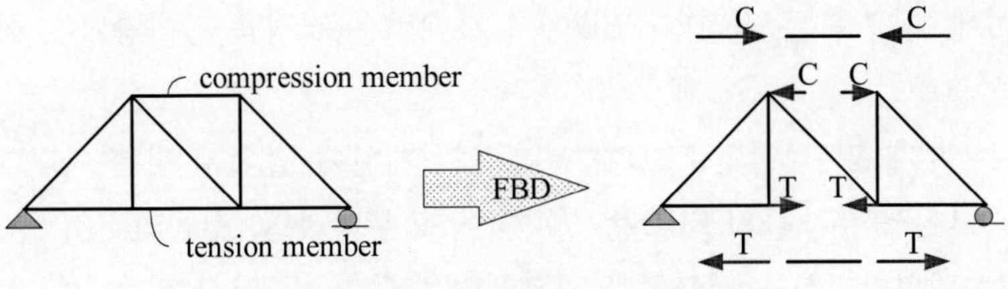

그림 9.2 트러스의 부재력과 절점력

3 해석법 – 절점법 (method of joint)

트러스의 모든 부재와 모든 절점의 FBD를 그려보면, 부재의 FBD는 직선역계이며 절점의 FBD는 동점역계임을 알 수 있다. 여기서 부재와 절점의 평형방정식으로부터 부재력을 차례로 구하는 방법을 절점법(節點法) 또는 격점법(格點法)이라 한다.

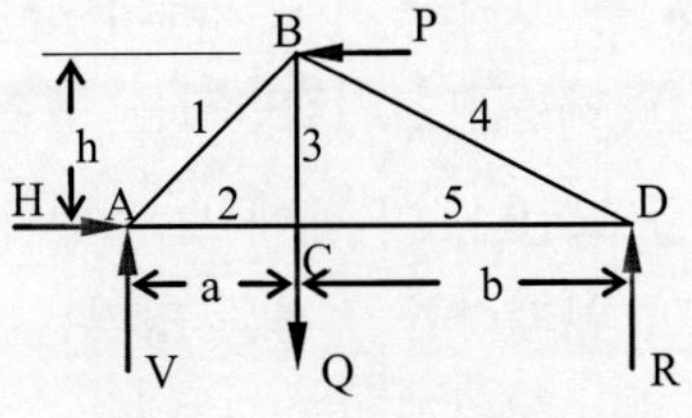

그림 9.3 평면 트러스-절점법

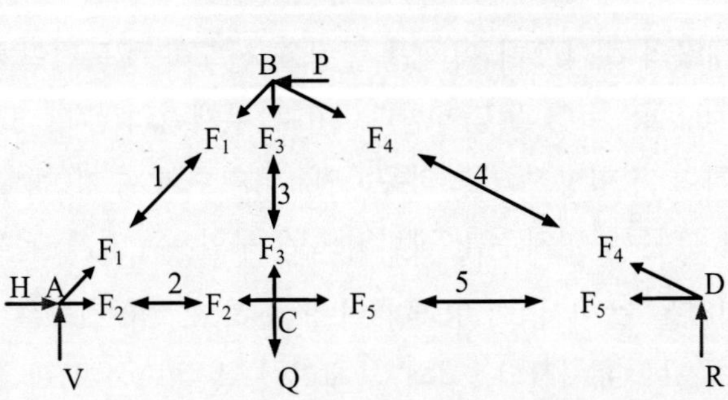

그림 9.4 모든 절점과 부재의 자유물체도

절점법을 적용하기 위해서는 모든 부재와 모든 절점의 FBD를 그려야 한다. 예를 들어, 그림 9.3과 같은 트러스의 모든 부재와 절점의 FBD를 그려보면 그림 9.4와 같다. 그림에서 모든 부재는 인장부재로 가정하였으며, 이에 따라 모든 절점의 FBD에서 부재력은 절점을 잡아당기는 힘으로 표시하였다.

모든 부재 및 절점의 FBD가 부재력의 계산에 필요한 것은 아니다. 즉, 그림 9.4에서 부재들의 FBD는 생략하여도 무방하며, 절점의 FBD만을 이용하여 평형방정식을 적용하여도 부재력을 구할 수 있게 된다. 즉, 절점의 FBD를 그릴 때, 부재력이 절점을 당기는 방향으로 그려지면 인장부재를 의미하며, 절점을 미는 방향으로 그리면 압축부재를 의미한다는 것이다. 절점의 FBD는 동점역계이므로, 동점역계의 평형방정식($\Sigma F_x = 0$, $\Sigma F_y = 0$)을 모든 절점에 순차적으로 적용하여 모든 부재의 부재력을 구하는 것이다. 이와 같이 부재력과 절점하중에 의한 절점의 평형을 이용하여 트러스의 부재력을 구하기 때문에 이 방법을 트러스의 부재력 해석을 위한 절점법이라고 한다.

절점법을 이용한 단순 평면트러스의 해석과정을 요약하면 다음과 같다.

(1) 트러스 전체의 FBD를 그리고, 평면역계의 평형방정식($\Sigma F_x = 0$, $\Sigma F_y = 0$, $\Sigma M = 0$)을 이용하여 지점반력을 구한다.

(2) 모든 절점의 FBD를 그린다. 이 때에 모든 부재력은 미지수로서 인장력(+)으로 가정하고, 부재력이 절점을 당기는 방향으로 그리는 것이 좋다. 절점에 작용하는 하중과 반력도 해당 절점의 FBD에 포함되어야 한다.

(3) 미지 부재력의 수가 2개 이하인 절점을 선택하여 동점역계의 평형방정식($\Sigma F_x = 0$, $\Sigma F_y = 0$)을 적용한다. 미지 부재력의 수가 3개 이상인 절점에 대하여 평형방정식을 적용하면, 미지수의 수가 방정식의 수보다 많아지기 때문에 미지수를 직접적으로 구할 수 없게 된다.

(4) 평형방정식을 풀어서 미지 부재력을 구하고, 이 결과를 절점의 FBD 또는 트러스에 표시한다. 이때 부재력이 음수(−)이면 압축부재임을 뜻한다.

(5) 위의 과정 (3)과 (4)를 반복하여 모든 부재력을 구할 수 있다.

(6) 해석이 진행됨에 따라 미지 부재력이 1개 또는 0개인 절점이 있게 된다. 이러한 절점의 평형방정식 중에서 미지력 계산에 활용되지 않는 잉여 평형방정식은 계산의 검산에 사용할 수 있다. 즉, 기지의 부재력

을 잉여 평형 방정식에 대입하여 방정식의 만족 여부를 확인하는 것이다. 검산결과, 평형방정식이 만족되지 않으면, 위의 전 과정을 점검해야 한다.

4 해석법 – 단면법 (method of sections)

트러스의 부재들을 적당한 방법으로 절단하여 트러스를 2부분으로 분리하고, 절단된 부분구조(部分構造, substructure)의 FBD를 그려서, 여기에 평형방정식(평면역계의 평형방정식 $\Sigma F_x = 0$, $\Sigma F_y = 0$, $\Sigma M = 0$)의 일부 또는 전부를 적용하여 절단된 부재의 부재력을 구하는 방법을 단면법(斷面法)이라 한다. 절단된 부분구조가 하나의 절점만을 포함하고 있으면, 이것은 부분구조가 아니라 절점의 FBD가 되므로 부분구조에는 2개 이상의 절점이 포함되어야 한다.

단면법의 해석과정을 그림 9.5의 트러스를 이용하여 설명하자. 부재 ab, aD, CD의 부재력만을 구하고 싶다면, 이 부재들을 포함한 단면(m-n)으로 트러스를 완전히 절단한다. 절단된 트러스의 일부분(절단면 m-n의 왼쪽의 음영부분으로서 3개의 절점(A, a, C)이 포함되어 있는 부분구조)의 FBD를 그리면 그림 9.6과 같다. 절단된 부재 ab, aD, CD의 부재력(F_1, F_2, F_3)이 FBD에 미지수로 나타난다. 여기에서도 모든 미지 부재력들은 인장력(+)으로 가정되었다. 즉, 부재력 F_1, F_2 및 F_3이 절점 a와 C를 각각 당기는 힘으로 표시한 것이다.

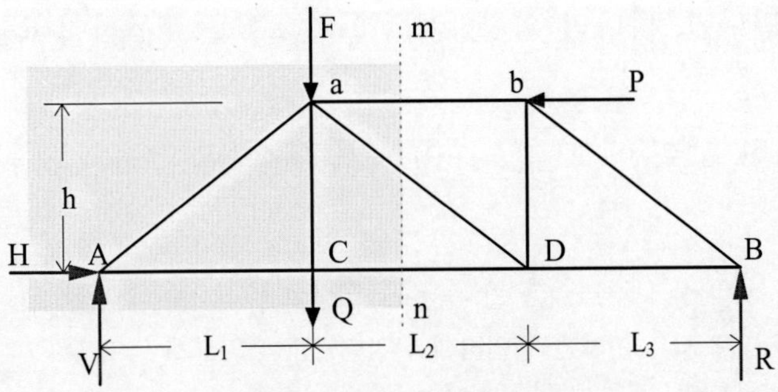

그림 9.5 평면트러스–단면법

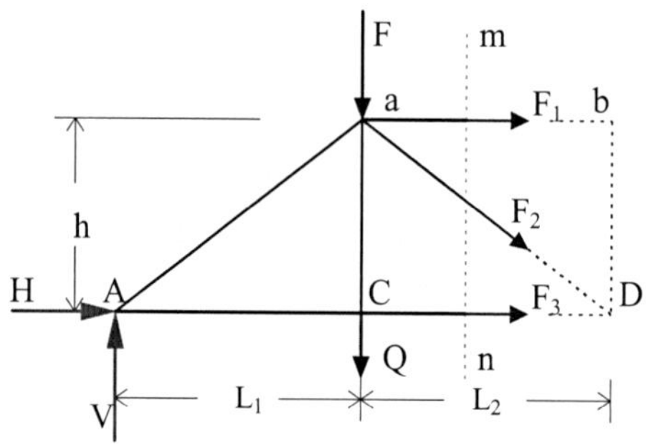

그림 9.6 절단된 부분구조의 자유물체도

평면역계의 평형방정식($\Sigma F_x = 0$, $\Sigma F_y = 0$, $\Sigma M = 0$; 또는 $\Sigma F_y = 0$, $\Sigma M_D = 0$, $\Sigma M_a = 0$)을 그림 9.6의 FBD에 적용하면, 연립방정식을 풀어서 3개의 미지 부재력을 쉽게 구할수 있다. 그러므로 트러스를 절단할 때는 가급적 3개의 부재가 절단되도록 하는 것이 좋다. 그러나 미지력의 방향이 특수한 경우에는 4개 이상의 부재가 절단되었다고 하더라도 하나의 평형방정식으로부터 하나의 미지 부재력이 직접 계산될 수 있다.

하나의 평형방정식을 이용하여 하나의 미지수를 직접적으로 구할수 있으려면, 그 평형방정식에 하나의 미지수만 관련되어야 한다. 이러한 예는 단 하나의 미지 부재력을 제외한 나머지 미지 부재력들이 평행역계 또는 동점역계일 때 가능하다. 이를 구체적으로 설명하면, 다음과 같다

(1) 단 하나의 미지 부재력 F를 제외한 모든 미지 부재력들이 평행(x-축에 평행)하면, 하나의 평형방정식 $\Sigma F_y = 0$을 이용하여 F를 구할 수 있다.

(2) 단 하나의 미지 부재력 F를 제외한 모든 미지 부재력들이 한 점(A)에서 만나면, 하나의 평형방정식 $\Sigma M_A = 0$을 이용하여 F를 구할 수 있다.

예를 들어, 그림 9.6과 같은 FBD에서 부재력을 구하는 경우를 생각해 보자.

① [3부재 절단] 3개의 부재만 절단하여 부분구조를 형성하였으므로 미지력이 3개 뿐이다. 따라서 일반적인 평면역계의 평형방정식 3개($\Sigma F_x = 0$, $\Sigma F_y = 0$, $\Sigma M = 0$)를 연립하여 3개의 미지수(F_1, F_2, F_3)를 구한다.

② [평행역계 이용] 하나의 미지력 F_2를 제외한 나머지의 미지력들(F_1, F_3)이 평행역계를 이룬다.따라서 평행역계 (F_1, F_3)에 직교하는 축(y–축)방향의 직교성분에 관한 1개의 평형방정식($\Sigma F_y = 0$)을 이용하면 1개의 미지력 F_2를 구한다. 이 평형방정식에는 1개의 미지력 F_2만이 관련되기 때문이다.

③ [동점역계의 이용] 하나의 미지력 F_1을 제외한 나머지의 미지력들(F_2, F_3)의 작용선이 한 점(D)에서 만나는 동점역계를 이룬다. 따라서 점 D에 관한 모멘트 평형방정식($\Sigma M_D = 0$)을 이용하면 1개의 미지력 F_1이 구해진다. 동점역계의 중심(D)에 관한 모멘트의 식에는 동점역계의 미지력들(F_2, F_3)이 모두 소거되고 1개의 미지력 F_1만이 관련되기 때문이다. 또 F_3을 제외한 나머지의 미지력들이 한점(a)에서 만나는 동점역계라고도 할 수 있다. 따라서, 마찬가지 방법으로 1개의 모멘트 평형방정식($\Sigma M_a = 0$)을 이용하면 1개의 미지력 F_3을 구할 수 있다.

단면법을 이용한 단순 평면트러스의 부재력 계산과정을 요약하면 다음과 같다.

(1) 트러스의 지점반력을 계산한다.

(2) 부재력을 구하려고 하는 부재의 절단을 포함하여 트러스를 완전히 2부분으로 절단한다. 이때에 ①부재가 3개만 절단되도록 하거나, ②하나의 부재를 제외한 모든 절단 부재가 평행하거나, ③하나의 부재를 제외한 모든 절단 부재의 축선이 한 점에서 만나도록 절단하면 좋다.

(3) 절단된 트러스의 부분구조의 FBD를 그린다. 이때 절단된 부재의 부재력은 인장력(+)으로 가정하고, 부재력이 절점을 당기는 방향으로 그리는 것이 좋다. 절점에 작용하는 하중과 반력도 물론 FBD에 포함되어야 한다.

(4) 평면역계의 평형방정식을 이용하여 미지 부재력을 계산한다. 미지 부재력의 방향성에 따라서 3개의 미지수에 대한 연립방정식($\Sigma F_x = 0$, $\Sigma F_y = 0$, $\Sigma M = 0$)을 풀거나, 특수한 경우에는 하나의 방정식($\Sigma F_y = 0$, $\Sigma M = 0$)으로부터 하나의 미지수를 구한다.

절점법에서는 모든 절점에 순차적으로 평형방정식을 적용하므로, 트러스의 모든 부재력을 구할 때에 편리하다. 그러나 모든 부재력을 구하지 않고 특정한 부재들의 부재력만을 구하고자 할때에는 절점법보다 단면법이 유리하다. 단면법에서는 부재력을 구하려는 부재를 절단하여 자유물체로써 부분구조를 얻고, 이 FBD에는 절단된 부재의 부재력이 미지수로 나타나기 때문이다.

5 부재력이 0인 부재

The member that carries no load is called a zero-force member. From the practical point of view, the zero-force members do have a purpose and are not useless. While they remain zero-forced under the particular loading conditions, they will probably carry loads if the loading conditions are changed. They are also needed to support the weight of truss and to maintain the truss in the desired shape.

트러스를 해석해보면 부재력이 0이 되는 부재가 나타나기도 한다. 이러한 부재를 '부재력이 0인 부재(zero-force member)'라 한다. 부재력이 0인 부재는 구조물에서 불필요한 부재라고도 생각할 수 있으나, 현실적으로는 그렇지 않다. 구조물에는 일반적으로 여러 종류의 하중이 작용하는 데, 어떤 하중조건(荷重條件, loading condition)에서는 부재력이 0이라 하더라도 다른 하중조건에서는 부재력이 발생할 수 있기 때문이다.

트러스의 부재력 해석을 위한 절점법과 단면법의 과정을 자세히 살펴보면, 수치계산을 하지 않고서도 관찰에 의하여 부재력을 알아내거나 부재력이 0인 부재를 찾는 방법이 있음을 알 수 있다. 여기에서는 일반적인 2-부재 절점(2-bar joint)과 특수한 부재 배열의 3-부재 절점(3-bar joint)의 경우에 대하여 부재력의 해석과정을 살펴보고, 이 결과를 이용하여 부재력을 구해보기로 한다. 그림 9.7에 제시된 2-부재 절점과 3-부재 절점에서 부재 ②를 편의상 수평부재라 하고, 수평 방향을 x-축 방향이라 하자. 또 절점 하중 P가 수평부재 ②와 수직하게(y-축 방향) 작용한다고 하자.

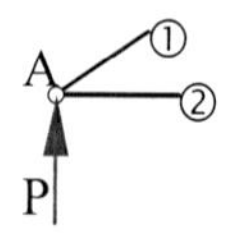

$P = 0 \Rightarrow F_1 = F_2 = 0$

(a) 2-bar joint

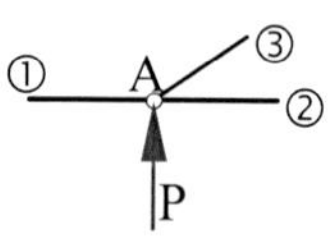

$P = 0 \Rightarrow F_3 = 0, F_1 = F_2$

(b) 3-bar joint(2 bars collinear)

그림 9.7 부재력이 0인 부재

그림 (a)는 일반적인 2-부재 절점이며, 그림 (b)는 특수한 3-부재 절점으로서 2개의 부재(①과 ②)는 일직선상에 배열되어 있는 경우이다. 먼저 그림 (a)의 2-부재 절점에서 절점하중이 0이면($P = 0$), 평형방정식 $\Sigma F_y = 0$으로부터 F_1의 y-성분이 0임을 알 수 있고 이는 $F_1 = 0$을 뜻한다. 따라서 F_1의 수평성분도 0이므로, 평형방정식 $\Sigma F_x = 0$으로부터 $F_2 = 0$이 된다. 일반적으로 2-부재 절점에 작용하중이 없으면, 2개의 부재력이 모두 0이라는 것이다.

마찬가지 방법으로, 그림 (b)의 3-부재 절점에서 부재 ①과 ②의 부재력의 y-성분이 0이다. 따라서 절점하중이 0이면($P = 0$), 평형방정식 $\Sigma F_y = 0$으로부터 F_3의 y-성분이 0이라는 것을 알 수 있고 이는 $F_3 = 0$을 뜻한다. 즉, 2개의 부재가 일직선상에 배열된 3-부재 절점에서 절점하중이 없으면, 동일 직선상에 있지 않은 부재의 부재력이 0이라는 것이다.

이러한 결과를 이용하면 관찰에 의해 트러스의 부재력(또는 부재력이 0인 부재)을 얻을 수 있다.

(1) 2-부재 절점에 하중이 작용하지 않으면, 2개의 부재력은 모두 0이다.
(2) 3-부재 절점에서 2개의 부재가 일직선상에 있고 절점하중이 없으면, 일직선상에 있지 않은 부재의 부재력은 0이다.

단면법의 원리를 이용한 관찰을 통하여 부재력을 얻을 수도 있다. 예를 들어 그림 9.5의 트러스에서 부재 bD의 부재력을 구하기 위해서 3개의 부재(ab, bD, DB)를 절단한다고 가정하자. 오른쪽 부분의 FBD를 그려보면, 부재력 F_{bD}만 연직성분이 있음을 알 수 있다. 따라서 FBD에 나타난 연직력(절점 b와 B에 작용하는 연직력)의 합이 F_{bD}와 같다는 것이다 ($F_{bD} = R$).

관찰에 의한 트러스의 부재력을 구하는 과정은 사실상 절점법이나 단면법의 원리에 근거를 두고 있다. 즉, 특정 절점이나 부분구조의 FBD를 연상하여 평형방정식을 적용해 보는 것이다. 트러스의 해석을 시작하기 전에 이러한 관찰법(觀察法, method of inspection)을 이용하여 몇 개의 부재력을 구해 놓으면 다른 부재력의 해석이 한결 쉽게 된다. 그림 9.8과 같은 트러스에서 작용하중 P, Q, R이 모두 0이 아닐 때, 관찰에 의해 부재력을 구해보자.

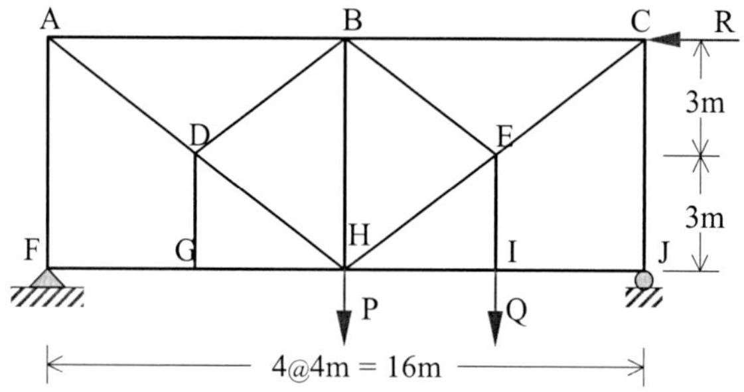

그림 9.8 관찰에 의한 트러스의 부재

절점 G의 관찰: 절점 G는 3-부재 절점으로서 절점에 작용하는 하중이 없고 2개의 부재 GF와 GH가 일직선상에 있으므로, 동일 직선상에 있지 않은 부재 DG=0이다. 또 DG의 부재력이 0이면 절점 D는 3-부재 절점인 것처럼 취급할 수 있다.

절점 D의 관찰: DG=0이므로 절점 D는 3-부재 절점으로 취급할 수 있다. 즉, 3개의 부재 DA, DB, DH 가 연결된 3-부재 절점에 DG의 부재력(DG =0)을 절점하중으로 간주한다. 3개의 부재 중에서 DA와 DH가 일직선상에 있고 절점하중이 없는 3-부재 절점으로 취급한다는 것이다. 절점 D에 3-부재 절점의 원리를 적용하면 DB=0이 된다.

절점 J의 관찰: 절점 J는 로울러 지점이므로 수평반력이 없다. 따라서 JI=0이다. 또 CJ의 부재력은 로울러 지점의 반력과 같다(반력이 상방향이면 부재력은 압축력이고, 하방향이면 인장력).

절점 I의 관찰: JI=0임을 알고, 이어서 절점 I의 평형을 관찰하면 IH=IJ=0과 IE=Q(인장력)임을 알 수 있다.

그러므로 17개의 부재중에서 5개의 부재력은 계산을 하지 않고서도 관찰에 의해 쉽게 구해진 것이다. 따라서 트러스의 부재력을 구하기 위하여 관찰에 의한 방법, 절점법, 단면법을 적절히 사용하면 매우 효과적이다.

6 예제

E9.1 절점법을 이용하여 그림 9.3의 트러스의 모든 부재력을 구하라. $a = h = 2$ m, $b = 4$ m이고, $P = 1$ kN, $Q = 4$ kN이다.

해 먼저 트러스의 FBD(그림 9.3)에서 지점반력 H, V 및 R을 구한다.

$\Sigma F_x = 0 = H - P$

$\Sigma M_D = 0 = V(6) - 4(4) - 1(2)$

$\Sigma M_A = 0 = 4(2) - 1(2) - R(6)$

$\therefore\ H = P = 1\ \text{kN}(\rightarrow),\ V = 3\ \text{kN}(\uparrow),\ R = 1\ \text{kN}(\uparrow)$

모든 부재력을 인장력(+)으로 가정하고, 절점의 FBD를 그리면 그림 9.4와 같다. 절점법을 이용한 트러스의 부재력 계산과정에서 절점의 평형방정식($\Sigma F_x = 0$, $\Sigma F_y = 0$)을 이용하므로 절점의 FBD만 고려한다.

지점반력 H, V및 R의 값이 계산되었으므로, 미지 부재력이 2개인 절점은 A와 D이다. 먼저 절점 A의 FBD에서 평형방정식을 적용하자.

[절점 A] $\Sigma F_x = 0 = H + F_2 + 0.707F_1$

$\Sigma F_y = 0 = V + 0.707F_1$

$\therefore\ F_1 = -4.243\ \text{kN} = 4.243\ \text{kN (C)},\ F_2 = +2\ \text{kN} = 2\ \text{kN (T)}$

부재 AB의 부재력 F_1은 음수(-)이므로 부재력이 압축력이며, 부재 AC의 부재력 F_2는 양수(+)이므로 인장력이다. 트러스의 부재력은 텐서(2-방향의 힘)이므로 화살표를 이용하여 방향을 표시하지 않고, 인장력(+ 또는 T)인지 압축력(- 또는 C)인지를 표시해야 한다. 여기서는 (T) 또는 (C)를 이용하여 표시한다. 그러나 평형방정식에 기지의 부재력을 대입하여 계산할 때는 인장력은 양수(+)로 취급하고 압축력은 음수(-)로 취급하여 사용해야 한다. 자유물체도를 그릴 때에 모든 부재력을 인장력(양수)으로 가정하였기 때문이다.

$F_1(= -4.243\ \text{kN})$과 $F_2(= +2\ \text{kN})$를 알았으므로, 절점 B와 C의 미지 부재력도 각각 2개씩이 된다. 따라서 어느 절점을 고려하여도 관계없지만 여기서는 절점 B의 FBD부터 이용하기로 한다.

[절점 B] $\Sigma F_x = 0 = -0.707(-4.243) - 1 + (2/2.236)F_4$

$\Sigma F_y = 0 = -0.707(-4.243) - F_3 - (1/2.236)F_4$

$\therefore\ F_3 = 4\ \text{kN (T)},\ F_4 = 2.236\ \text{kN (C)}$

다음으로 절점 C의 FBD에서 F_2와 F_3은 기지수이므로, 여기에서 미지수는 1개(F_5)뿐이다. 따라서 2개의 평형방정식 중에서 하나는 미지수의 미지수를 구하는 데 이용하고 나머지 하나는 검산에 활용할 수 있다.

[절점 C] $\Sigma F_x = 0 = -F_2 + F_5$

$\therefore\ F_5 = F_2 = 2\ \text{kN (T)}$

$\Sigma F_y = F_3 - Q = 4 - 4 = 0\ \text{(OK)}$

절점 D에는 미지 부재력이 없으므로 평형방정식을 모두 검산에 활용할 수 있다.

[절점 D] $\Sigma F_x = -F_5 - (2/2.236)F_4 = -2 - (2/2.236)\ (-2.236) = 0$ (OK)

$\Sigma F_y = (1/2.236)F_4 + R = (1/2.236)\ (-2.236) + 1 = 0$ (OK)

따라서 그림 9.3의 트러스의 모든 부재력은 다음과 같다.

$F_1 = 4.243$ kN (C), $F_2 = 2$ kN (T), $F_3 = 4$ kN (T), $F_4 = 2.236$ kN (C), $F_5 = 2$ kN (T)

E9.2 단면법을 이용하여 그림 9.5의 트러스에서 상현재(上弦材, upper chord) ab, 사재(斜材, diagonal member) aD, 하현재(下弦材, lower chord) CD의 부재력을 각각 구하라.

$L_1 = L_2 = L_3 = 4$ m, $h = 3$ m이고, $F = P = 6$ kN, $Q = 3$ kN이다.

풀이 트러스의 FBD(그림 9.5)에서 지점반력 H, V, R을 구한다.

$\Sigma F_x = 0 = H - 6$

$\Sigma M_B = 0 = V(12) - (6+3)(8) - 6(3)$

$\Sigma M_A = 0 = (6+3)(4) - 6(3) - R(12)$

$\therefore\ H = 6$ kN(→), $V = 7.5$ kN(↑), $R = 1.5$ kN(↑)

단면법을 이용하기 위하여, 부재력을 구하려고 하는 3개의 부재 ab, aD, CD를 절단하여 부분구조를 얻어야 한다. 여기에서는 m-n단면으로 절단하여 얻은 왼쪽의 부분구조에 대하여 그림 9.6의 FBD를 이용하자. 미지수가 3개이므로 일반적인 평면역계의 평형방정식을 이용하면 미지 부재력을 구할 수 있다. 그러나 여기에서는 미지 부재력의 특수성(하나를 제외한 나머지 미지 부재력들의 동점역계 또는 평행역계)을 활용하여, 하나의 평형방정식으로부터 하나의 부재력이 차례로 구해진다.

$\Sigma M_D = 0 = 7.5(8) - (6 + 3)(4) + F_1\ (3) \Rightarrow F_1 = -8$ kN $= 8$ kN (C)

$\Sigma F_y = 0 = 7.5 - (6 + 3) - 0.6F_2 \Rightarrow F_2 = -2.5$ kN $= 2.5$ kN (C)

$\Sigma M_a = 0 = 7.5(4) - 6(3) - 3F_3 \Rightarrow F_3 = 4$ kN (T)

9.1 문제 7.6의 트러스에서 모든 부재력을 구하라.

9.2 문제 7.7의 트러스에서 모든 부재력을 구하라.

답 AB = +148 kN, AC = −72 kN, AD = +74 kN, BC = CD = −70 kN.

9.3 문제 7.8의 트러스에서 모든 부재력을 구하라.

9.4 그림 P9.4와 같은 트러스의 모든 부재력을 구하라.

답 AB = 2.887 kN(C), AE = 1.444 kN(T), BC = 2.887 kN(C),
BE = 2.887 kN(T), CD = 8.66 kN(C), CE = 2.887 kN(C), DE = 4.332 kN(T).

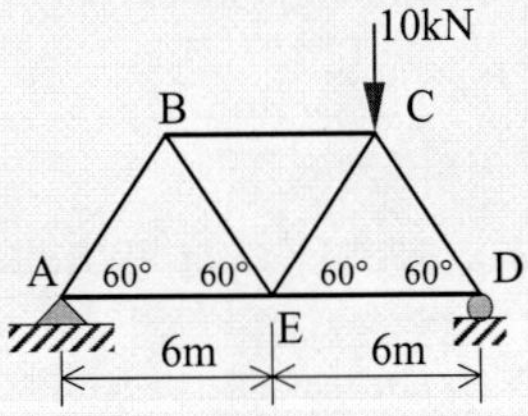

P9.4

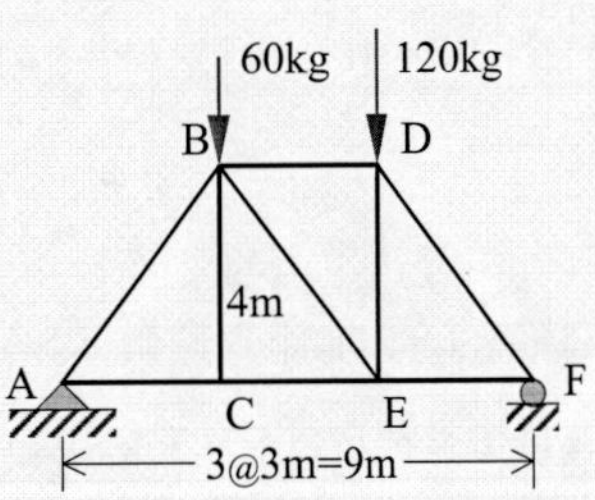

P9.5

9.5 그림 P9.5와 같은 트러스의 모든 부재력을 구하라.

답 [단위 : kg] AB = 100(C), BC = 0, AC = CE = 60(T), BD = 75(C),
BE = 25(T), DE = 20(C), DF = 125(C), EF = 75(T).

9.6 그림 P9.6과 같은 와렌 트러스(Warren truss)에서 부재의 길이가 모두 3m씩 이다. 부재 CD, DH, GH의 부재력을 구하라.

답 CD = 2.89 t(C), DH = 1.44 t(C), GH = 3.61 t(T).

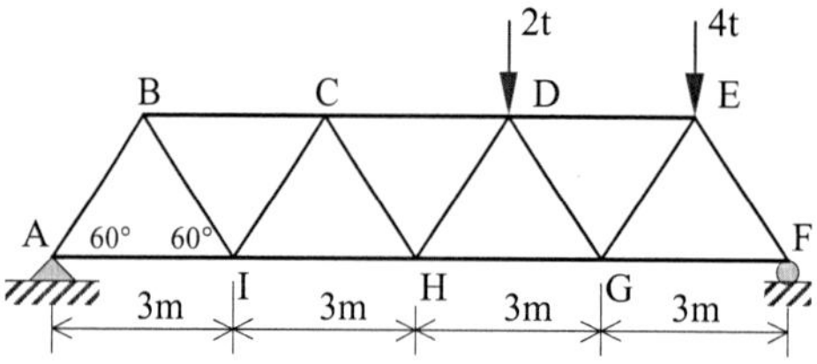

P9.6

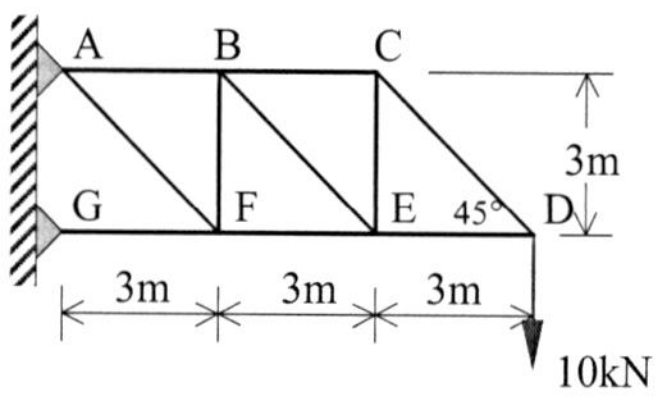

P9.7

9.7 그림 P9.7과 같은 외팔트러스(cantilever truss)에서 부재 BC와 BF의 부재력을 계산하라.

답 BC= 10 kN(T), BF= 10 kN(C).

9.8 예제 E9.2에서 하중이 다음과 같은 경우에 대해서 다시 풀어라.

(1) P = 6 kN, F = 3 kN, Q = 6 kN

(2) P = 6 kN, F = 9 kN, Q = 0

(3) P = 6 kN, F = 0, Q = 9 kN

9.9 그림 P9.9의 트러스에서 부재 BD, BE, CE; DF, DG, EG; GJ, GK, IK의 부재력을 구하라.

답 [단위 : kN] BD = 4(C), BE = 5(C), CE = 0; GJ = 6(C), GK = 10(C), IK = 3(T).

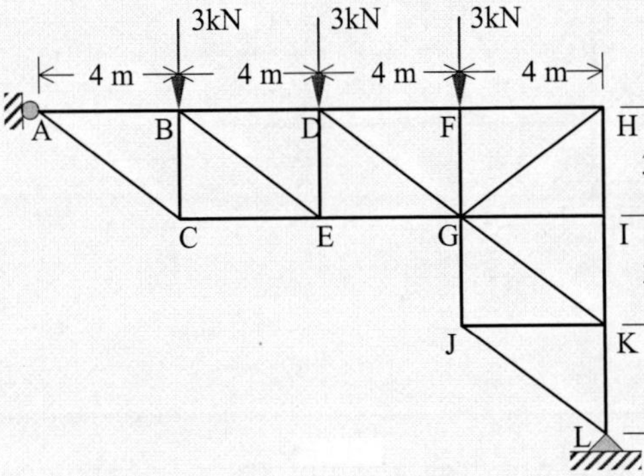

P9.9

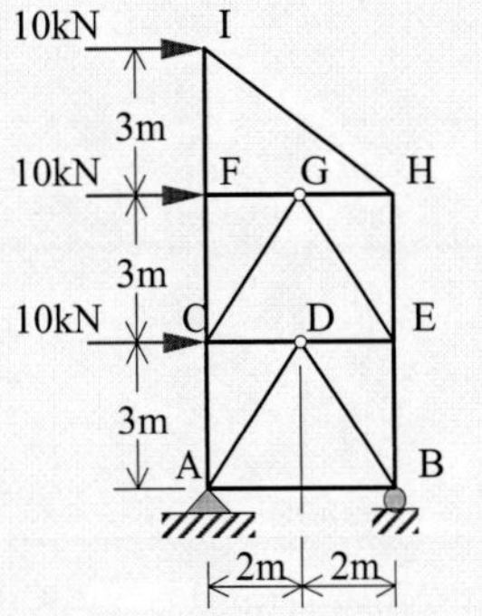

P9.11

9.10 단면법을 이용하여 그림 P9.9의 트러스에서 부재 DE의 부재력을 구하라.

9.11 단면법을 이용하여 그림 P9.11의 트러스(K-truss)에서 부재 AC와 BE의 부재력을 구하라. 힌트 : 부재 AC, CD, DE, BE를 절단해 보라.

답 AC = 22.5 kN(T), BE = 22.5 kN(C)

9.12 그림 P9.12와 같은 지간 24m의 교량트러스(bridge truss)에서 부재 BC, BK의 부재력을 구하라.

답 BC = 13.2 t(C), BK = 3.96 t(T).

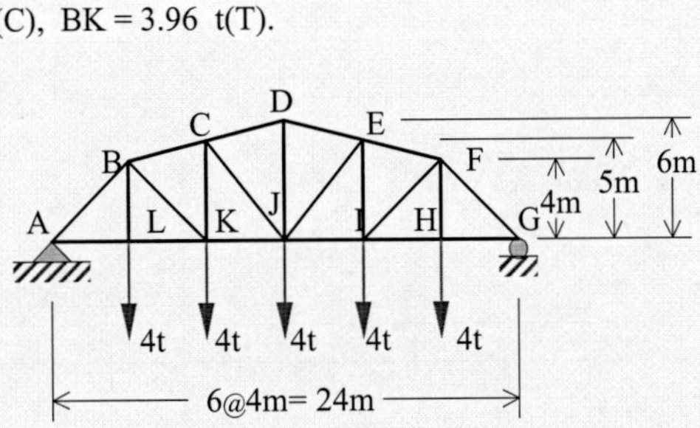

P9.12

9.13 그림 P9.13의 트러스에서 부재 DE, EF, DG, FG의 부재력을 구하라.

답 DE = 5 t(T).

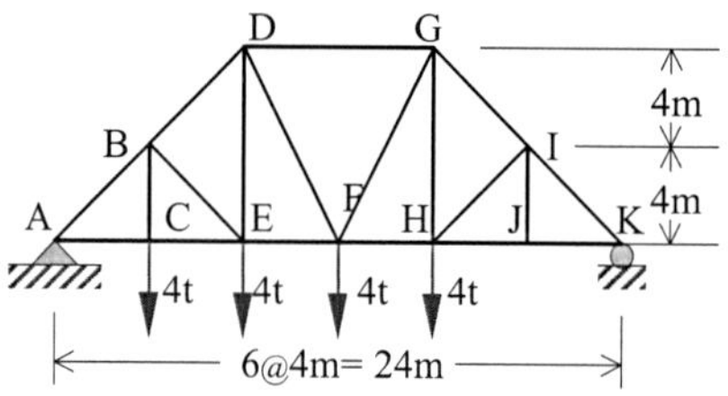

P9.13

9.14 그림 P9.5의 트러스에서 주어진 하중에 대해 부재력이 0이 되는 부재를 관찰에 의해 찾아라.

답 BC.

9.15 그림 P9.9의 트러스에서 주어진 하중에 대해 부재력이 0이 되는 부재를 관찰에 의해 찾아라.

답 AC, BC, CE; GI.

9.16 그림 P9.13의 트러스에서 주어진 하중에 대해 부재력이 0이 되는 부재를 관찰에 의해 찾아라.

답 JI, IH.

9.17 그림 P9.17의 핑크트러스(Fink truss)에서 주어진 하중에 대해 부재력이 0이 되는 부재를 관찰에 의해 찾아라.

답 BM, MC; DN, NC; FO, OG.

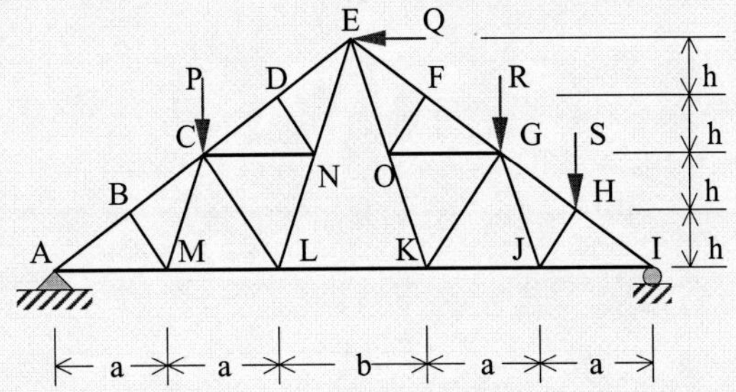

P9.17

ENGINEERING MECHANICS

LESSON 10

정역학의 응용문제 …
Applications of Statics

[+ 복합문제의 해석 analysis of complex structures + 반력 reactions + 부재력 member forces + 도르래 pulley + 케이블 cable]

1. 정역학의 복합문제
2. 복합문제의 해법과정
3. 예제

   연습문제

1 정역학의 복합문제

정역학의 응용분야는 자유물체도 및 평형방정식의 적용을 통하여 반력과 부재력을 계산하는 것으로서 Lesson 7−9에서는 단순한 문제를 주로 다루었다. 여러가지의 보와 평면트러스 및 뼈대구조물의 반력 해석과 단면법에 의한 단순 평면트러스의 부재력 해석에는 평면역계의 평형방정식을 이용하였다. 마찰에 관련된 문제로서 쐐기의 해석이나 트러스의 부재력 해석을 위한 절점법에서는 동점역계의 평형방정식을 이용하였다. 도르래의 해석에는 평행역계 또는 동점역계의 평형방정식이 이용되고, 케이블의 장력은 직선역계의 평형을 이용하여 구한다.

여기에서는 이제까지 배운 정역학의 단순 응용문제를 토대로 하여 좀 더 복잡한 문제의 해법을 공부하고 연습한다. 복합문제에서는 이제까지 배운 보, 트러스, 뼈대구조물, 도르래, 케이블, 마찰 등이 관련될 수 있다.

2 복합문제의 해법과정

정역학의 원리를 복합적 응용문제의 해석에 적용하는 과정에서도 자유물체도(FBD)와 평형방정식(SEE)을 이용한다. 구조물 전체의 자유물체도는 물론 구조물의 일부분(부분구조) 또는 부재나 절점의 자유물체도도 필요에 따라 이용해야 한다. 일련의 부분구조에 대한 자유물체도를 그릴 때, 연결점에서의 반력의 방향표시에 일관성을 유지해야 한다.

복합문제를 해석하려면, 먼저 구조물 전체의 FBD와 필요한 부분구조의 FBD를 그린다. 다음으로 FBD에 그려진 역계의 종류를 확인하고, 적용 가능한 평형방정식의 수와 같은 수의 미지수를 가진 FBD를 찾아 평형방정식을 이용하여 미지수를 구한다. 이미 구해진 미지수를 모든 FBD에 표시하고 위 과정을 반복하여 모든 미지수를 구한다.

3 예제

E10.1 예제 E6.2의 그림 E6.2에서, 접촉면 B의 마찰계수가 0.25일 때 예제 E6.5를 다시 풀어라.

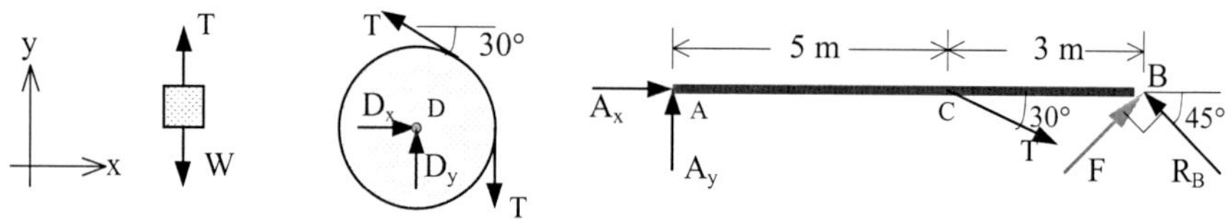

E10.1

풀 이 문제는 보와 도르래 및 마찰이 포함된 복합문제이다. 그림 E6.5의 자유물체도에 단지 B점의 마찰력 F = 0.25 R_B를 추가하면 그림 E10.1과 같은 FBD를 얻을 수 있다. 마찰력이 R_B의 함수로 표시되기 때문에 미지수의 개수는 증가하지 않았다. 따라서 예제 E6.5와 같은 계산의 순서를 따르기로 한다.

[물체의 FBD] T와 W의 직선역계이다. 따라서 적용할 수 있는 평형방정식은 1개이며, 미지수도 1개(T)이다.

$T = W = 120$ kN.

[도르래의 FBD] 표시된 힘들은 동점역계이다. 힘 T를 중심 D에 작용하는 힘과 모멘트로 변환해 보면, 우력 모멘트의 합은 0이 되고 결과적으로 동점역계가 됨을 확인할 수 있다. 따라서 적용할 수 있는 평형방정식은 2개이며, 미지수는 3개(T, D_x, D_y)이다. 그러나 T = 120 kN은 기지수이므로 방정식과 미지수의 개수가 같게 된다.

$\Sigma F_x = -T\ \cos30° + D_x = 0$

$\Sigma F_y = T\ \sin30° + D_y - T = 0$

$\therefore\ D_x = 103.9$ kN(→), $D_y = 60$ kN(↑)

[부재 AB의 FBD] 표시된 힘들은 평면역계이므로 적용할 수 있는 평형방정식은 3개이다. 또 T = 120 kN은 기지수이고 F = 0.25 RB이므로, 미지수도 3개(A_x, A_y, R_B)이다. 따라서 연립방정식을 풀어서 미지 반력을 모두 구할 수 있다.

$\Sigma F_x = A_x + T\ \cos30° - R_B \cos45° + 0.25R_B \cos45° = 0$

$\Sigma M_A = -T\ \sin30° (5) + R_B \sin45° (8) + 0.25R_B \sin45° (8) = 0$

$\Sigma M_B = T \sin30° (3) - A_y (8) = 0$

$\therefore\ A_x = -81.4$ kN = 81.4 kN(←), $A_y = 22.5$ kN(↑), $R_B = 42.4$ kN.

E10.2 그림 E10.2와 같이 보 AB와 케이블 및 도르래, 그리고 블록 D 및 쐐기 E로 구성된 복합구조에서 평형을 유지하는데 필요한 블록 D의 무게 W의 최소값을 구하라. 또 이때에 힌지 지점 A의 반력, 케이블의 장력을 구하라. 보 AB의 자중과 도르래 G 및 H의 마찰은 무시한다. 접촉면 ① (바닥과 쐐기 E), ② (쐐기 E와 블록 D), ③ (블록 D와 벽)의 마찰계수는 모두 0.25이다.

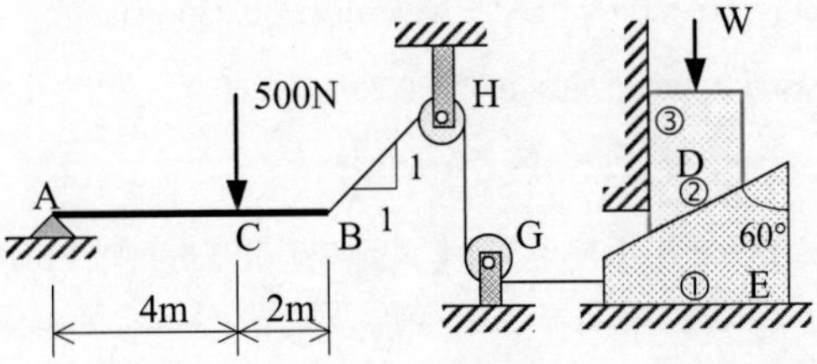

E10.2

해 이 문제는 보와 쐐기가 도르래를 통하여 결합된 것이다. 보 AB와 쐐기 E 및 블록 D의 자유물체도를 각각 그리면 그림 E10.2(a)와 같다.

자유물체도에서 T는 케이블의 장력이며, 도르래의 마찰을 무시하므로 연결된 케이블의 장력은 같게 표시하였다. 접촉반력 N_1, N_2, N_3의 방향은 물체를 누르는 방향으로서 그림과 같다. 마찰력의 방향을 결정하려면 쐐기 E의 운동성향을 생각해야 한다. 즉, 무게 W의 최소값으로써 평형을 유지하려면 블록 D가 밀려 올라가지 않으면 되고, 따라서 쐐기는 왼쪽으로 움직이지 않도록 마찰력이 발생되어야 한다. 그러므로 마찰력의 방향은 그림과 같이 쐐기 E가 왼쪽으로 움직이는 것과 블록 D가 밀려 올라가는 것을 방해하는 방향이다. 자유물체도에 표시된 힘들 중에서 방향이 임의로 가정된 것은 A_x와 A_y뿐이다.

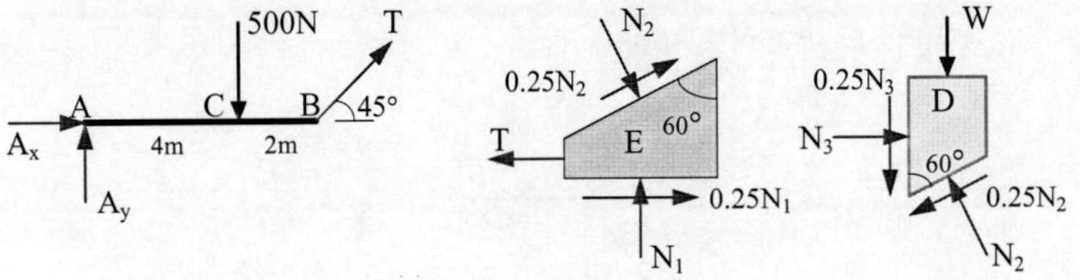

E10.2(a)

보의 FBD에 나타난 힘들은 평면역계이며 미지수는 3개(A_x, A_y, T)이다. 따라서 평형방정식의 수와 같으므로 해석할 수 있다. 쐐기 E와 블록 D의 FBD는 동점역계로서 사용할 수 있는 평형방정식은 각각 2개이다. 그러나 미지수는 쐐기에 3개(N_1, N_2, T), 블록에 3개(N_2, N_3, W)이다. 따라서 보, 쐐기, 블록의 순으로 평형방정식을 적용한다.

[보 AB의 FBD] 평면역계의 평형방정식의 개수와 미지수의 개수가 같으므로 연립방정식에서 미지 반력과 케이블의 장력을 구할 수 있다.

$$\Sigma M_A = 0 = 500(4) - T\ \sin 45°\ (6)$$

$$\Sigma F_x = 0 = A_x + T\ \cos 45°$$

$$\Sigma M_B = 0 = A_y\,(6) - 500\ (2)$$

$$\therefore\ T = 471.4\ \text{N},\ A_x = -333.3\ \text{N} = 333.3\ \text{N}(\leftarrow),\ A_y = 166.7\ \text{N}(\uparrow)$$

[쐐기 E의 FBD] T = 471.4 N을 알았으므로 쐐기의 FBD에서 미지수는 N_1 과 N_2 이고, 동점역계의 평형방정식도 2개이므로 미지력을 구할 수 있다.

$\Sigma F_x = 0 = -T + 0.25N_1 + N_2\cos60° + 0.25N_2\sin60°$

$\Sigma F_y = 0 = N_1 - N_2\sin60° + 0.25N_2\cos60°$

$\therefore\ N_1 = 387.4\ \text{N},\ N_2 = 572.8\ \text{N}$

[블록 D의 FBD] $N_2 = 572.8$ N을 대입하면 블록의 FBD에서 미지수는 N_3과 W이다. 또 적용할 수 있는 동점역계의 평형방정식도 2개이므로 미지력을 구할 수 있다.

$\Sigma F_x = 0 = N_3 - N_2\cos60° - 0.25N_2\sin60°$

$\Sigma F_y = 0 = -W - 0.25N_3 + N_2\sin60° - 0.25N_2\cos60°$

$\therefore\ N_3 = 374.6\ \text{N},\ W = 293.8\ \text{N}$

E10.3 그림 E10.3의 트러스가 케이블로 연결된 사면상의 블록(무게 W)에 의해 평형을 유지하고 있다. 연결 케이블은 원통(cylinder)을 1/4바퀴 감아서($\beta = 90°$), 트러스의 절점 D와 블록을 연결하고 있다. 원통과 연결 케이블 사이의 마찰계수가 0.20, 사면과 블록 사이의 마찰계수가 0.30이다.

(1) 지점 A의 반력과 D점에 연결된 케이블의 장력 T_D를 구하라.

(2) 블록의 무게 W의 최대값(W_{max})과 최소값(W_{min})을 구하라.

(3) 트러스의 부재력을 구하라.

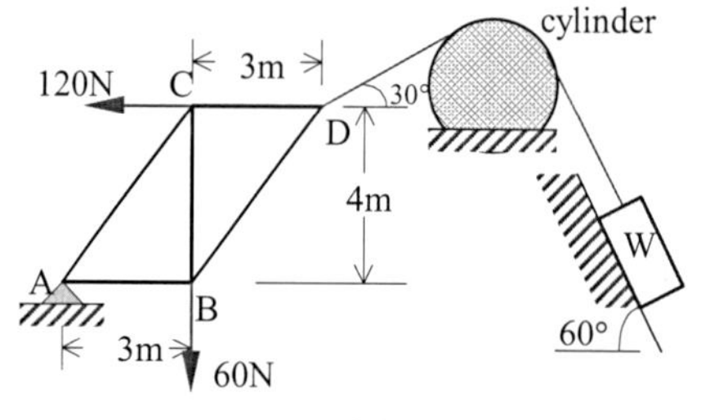

E10.3

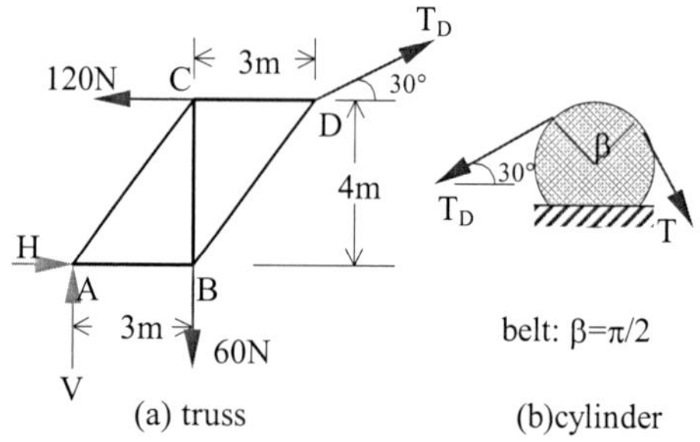

E10.3(a) ~ (b)

해 이 문제는 트러스와 벨트마찰(원통과 케이블) 및 사면의 마찰 등이 포함된 복합문제이다. 원통을 중심으로 벨트마찰 때문에 양측 케이블의 장력이 다르다. 양측 케이블의 장력의 비는 exp($f\beta$)이지만 벨트가 어느 방향으로 움직이려 하느냐에 따라 장력의 대소는 바뀐다. 문제의 해법과정에서 이 점을 유의해야 한다.

(1) 지점 A의 반력과 D점에 연결된 케이블의 장력 T_D를 구하기 위하여 트러스의 평형조건을 이용한다. 트러스의 FBD는 그림 (a)와 같으며, 여기에 평면역계의 평형방정식을 적용한다.

$$\Sigma M_A = 0 = 60(3) - 120(4) + T_D\,(4\cos 30° - 6\sin 30°)$$

$$\Sigma F_x = 0 = H - 120 + T_D \cos 30°$$

$$\Sigma F_y = 0 = V - 60 + T_D \sin 30°$$

$$\therefore\ T_D = 646.4\ \text{N},\ H = -440\ \text{N} = 440\ \text{N}(\leftarrow),\ V = -263.2\ \text{N} = 263.2\ \text{N}(\downarrow)$$

절점 D에 연결된 케이블의 장력 T_D를 알았으므로, 그림 (b)에서 원통의 우측 케이블의 장력 T를 구할 수 있다. 장력 T는 케이블이 어느 쪽으로 움직이려고 하는가에 따라 $T \geq T_D$와 $T \leq T_D$인 경우를 생각할 수 있다[연습문제 8.17을 참고하라].

블록의 무게 W가 비교적 크면, 블록은 사면을 따라 내려가려는 상태에서 평형을 유지하게 되고(블록의 FBD가 그림 (c)와 같은 경우), 케이블은 원통을 감고 오른쪽으로 움직이려는 경향이 있으며, 이때는 $T = T_1 \geq T_D$이다. 따라서 벨트마찰의 식은 다음과 같다.

$$\frac{T_1}{T_D} = \exp(f\beta) = \exp(0.1\pi)$$

$$\therefore\ T_1 = 1.369T_D = 884.9\ \text{N}$$

만약 블록의 무게 W가 비교적 작아서 블록이 사면을 따라 끌려 올라가려는 상태에서 평형을 유지하게 되면, 블록의 FBD는 그림 (d)와 같고, 케이블은 원통을 감고 왼쪽으로 움직이려는 경향이 있으며, 이때는 $T = T_2 \leq T_D$이다. 이러한 경우의 벨트마찰의 식은 다음과 같이 쓸 수 있다.

$$\frac{T_D}{T_2} = \exp(f\beta) = \exp(0.1\pi)$$

$$\therefore\ T_2 = 0.730T_D = 471.9\ \text{N}$$

(2) 블록의 무게 W의 최대값 W_{max}를 구하기 위하여 그림 (c)의 FBD를 이용하자. 블록의 무게가 크면, 블록은 사면을 따라 내려가려는 상태에서 평형을 유지하게 되므로 마찰력의 방향이 그림 (c)의 FBD와 같기 때문이다. 케이블의 장력은 T_1=884.9 N이며, 사면과 평행하게 x축을 잡고 동점역계의 평형방정식을 적용한다.

$$\Sigma F_x = 0 = T_1 + 0.3N - W \sin 60°$$

$$\Sigma F_y = 0 = N - W \cos 60°$$

$$\therefore\ N = 618.9\ \text{N},\ W_{max} = 1236\ \text{N}$$

또 블록의 최소무게 W_{min}를 구하기 위하여 그림 (d)의 FBD를 이용하자. 블록의 최소무게로써 평형을 유지하려면, 블록이 사면을 따라 끌려 올라가지 않는 무게이면 된다. 위와 마찬가지로 사면과 평행하게 x축을 잡고 동점역계의 평형방정식을 적용한다. 그러나 케이블의 장력은 $T_2 = 471.9$ N을 이용한다.

$\Sigma F_x = 0 = T_2 - 0.3N - W \sin 60°$

$\Sigma F_y = 0 = N - W \cos 60°$

$\therefore\ N = 232.2$ N, $W_{max} = 464.5$ N

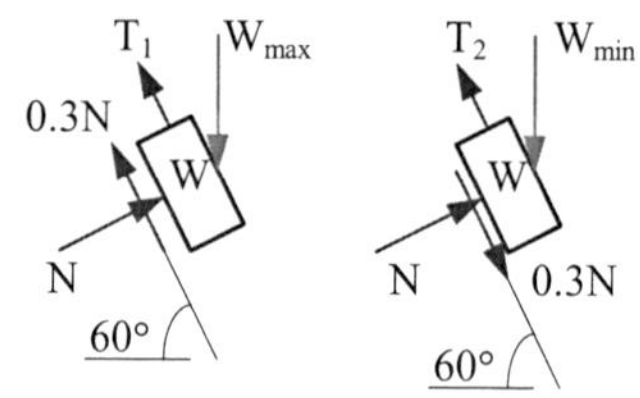

E10.3(c) ~ (d) block

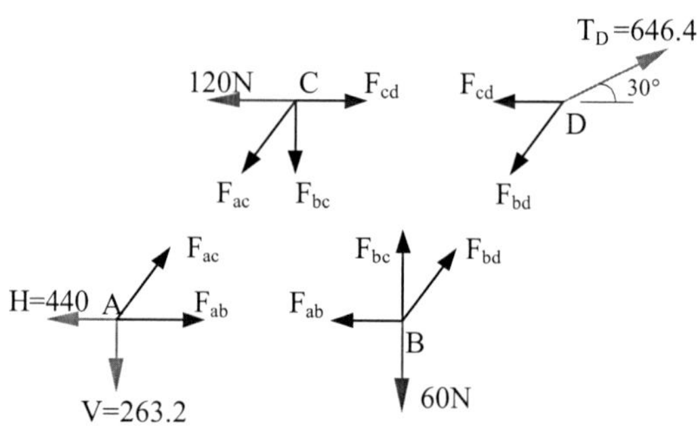

E10.3(e) joints

(3) 트러스의 모든 부재력을 구하기 위해서는 절점법을 사용하는 것이 편리하다. 앞에서 구한 지점반력과 케이블의 장력을 대입하고 모든 절점의 FBD를 그리면 그림 (e)와 같다. 절점 A 및 D의 미지 부재력이 2개이므로, 이 절점의 FBD에서 평형방정식을 적용하여 부재력을 구할 수 있다. 여기서는 절점 A 부터 해석을 시작한다.

[절점 A]

$\Sigma F_x = 0 = -440 + F_{ab} + F_{ac}\,(0.6)$

$\Sigma F_y = 0 = -263.2 + F_{ac}\,(0.8)$

$\therefore\ F_{ab} = 242.6$ N (T), $F_{ac} = 329$ N (T)

[절점 B]

$\Sigma F_x = 0 = -F_{ab} + F_{bd}\,(0.6)$

$\Sigma F_y = 0 = -60 + F_{bc} + F_{bd}\,(0.8)$

$\therefore\ F_{bc} = -263.5 = 263.5$ N (C), $F_{bd} = 404.3$ N (T)

[절점 C] 미지 부재력이 1개이므로 평형방정식 중 하나는 검산용으로 이용한다.

$\Sigma F_x = 0 = -120 - F_{ac}\,(0.6) + F_{cd}\,(0.6)$

$\therefore\ F_{cd} = 317.4\ \text{N}\ (T)$

$\Sigma F_y = -F_{ac}(0.8) - F_{ab} = -329(0.8) - (-263.5) = 0$ (검산)

[절점 D] 모든 부재력이 구해졌으므로 절점 D의 평형방정식은 모두 검산용으로 사용할 수 있다.

$\Sigma F_x = -F_{cd} - F_{bd}(0.6) + T_D(\cos 30°) = -317.4 - 404.3(0.6) + 646.4(0.866)$

$= 0$ (OK)

$\Sigma F_y = -F_{bd}(0.8) + T_D(\sin 30°) = -404.3(0.8) + 646.4(0.5) = 0$ (OK)

Exercise

10.1 그림 P10.1과 같이 케이블 ABCD에 매달린 보 EG가 5 kN의 하중에 의해 수평을 유지한다. 보와 케이블의 자중은 무시하고, h = 1.5m일 때, 하중 작용점의 거리 a와 케이블 ABCD에 발생하는 최대 장력을 구하라.

답 a = 2.6 m; 6.71 kN.

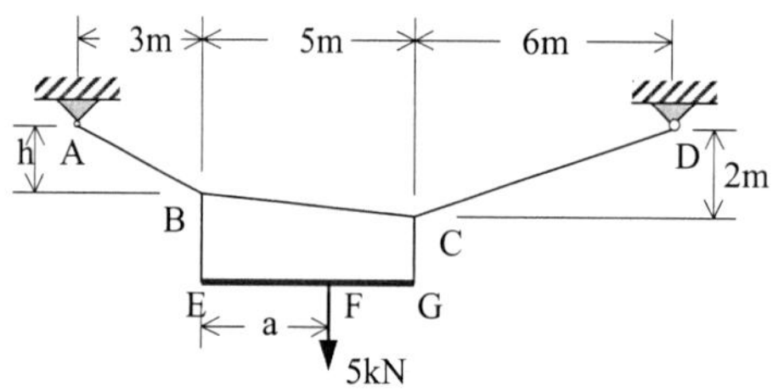

P10.1

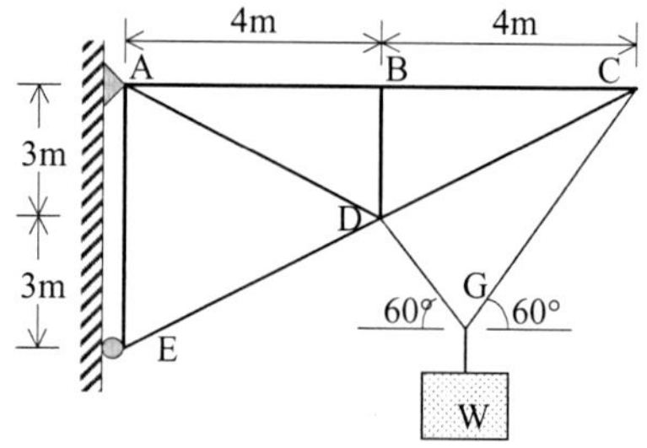

P10.2

10.2 그림 P10.2와 같은 트러스의 절점 C와 D에 케이블을 연결하여 무게 W = 600 N을 지지하고 있다. 지점반력, 트러스의 모든 부재력, 케이블의 장력을 구하라.

10.3 무게 150 kg인 균질봉 AB가 그림 P10.3과 같이 힌지 지점 A 및 케이블 CBD에 연결된 블록 W에 의해 수평을 유지하고 있다. 도르래 B와 D의 크기와 마찰을 무시할 때, 블록의 무게 W를 구하라.

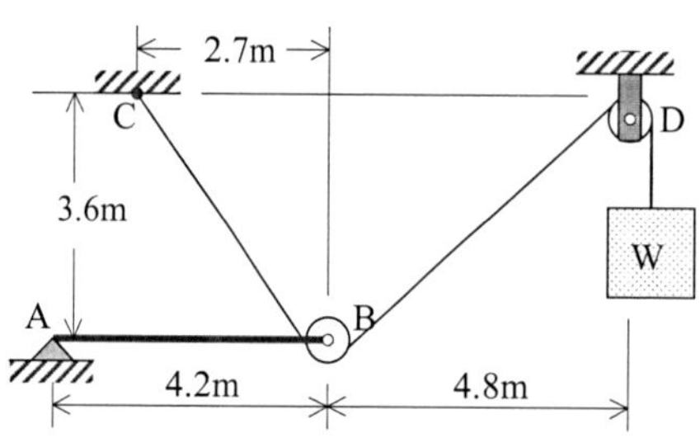

P10.3

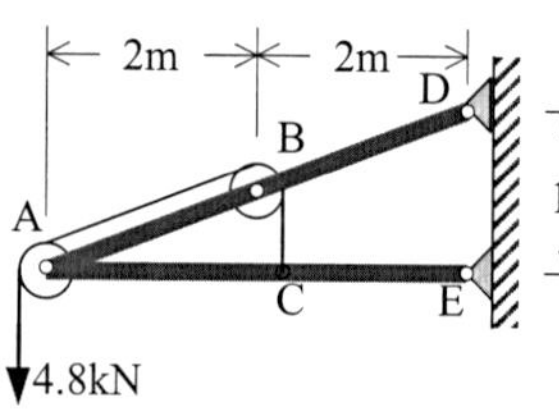

P10.4

10.4 그림 P10.4와 같은 2-부재 구조물에서 도르래 A와 B의 반경은 250mm이다. 절점 A에는 부재 AD와 AE 및 도르래가 힌지로 연결되어 있다. 케이블 BC는 수평부재 AE와 직교하도록 C점에서 연결되어 있다. 도르래의 마찰 및 모든 자중은 무시하고 지점 D와 E의 반력을 구하라.

답 $D_x = 13.60$ kN(→), $D_y = 7.50$ kN(↑), $E_x = 13.60$ kN(←), $E_y = 2.70$ kN(↓)

10.5 지간 12 m의 보가 그림 P10.5와 같이 5°의 쐐기(A)와 힌지(B)로 지지되었다. 쐐기를 움직이게 할 수 있는 수평력 P의 최소값을 구하라. 또 이때 힌지 지점의 반력을 구하라. 쐐기 접촉면의 마찰계수는 모두 0.20이다.

답 P = 295 N.

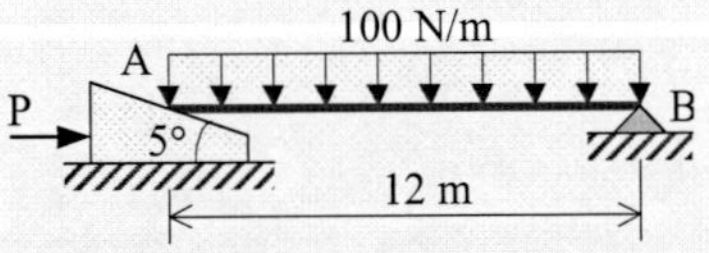

P10.5

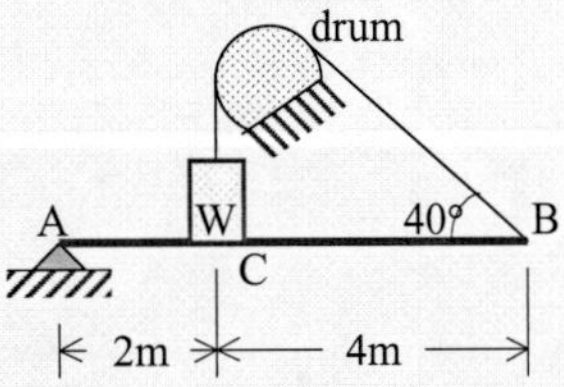

P10.6

10.6 그림 P10.6과 같이 수평한 보 AB위에 무게 W의 블록이 놓여 있고, 이 블록은 원통형 드럼을 감고 도는 케이블에 의해 B와 연결되어 있다. 보 AB는 균질하며 무게가 80 kg이고, 드럼과 케이블 사이의 마찰계수는 0.20일 때, 블록의 최소무게를 구하라. 또 이때에 B점에 연결된 케이블의 장력과 지점 A의 반력을 구하라.

10.7 밀도가 400 kg/m^{3}인 균질의 목재(0.05 m × 0.05 m × 3 m) AB가 그림 P10.7과 같이 한 점 A에 연결된 케이블(길이 0.9 m)에 의하여 물속에 고정되었다. 부력(浮力, buoyancy) 때문에 목재는 그림과 같은 경사를 이루게 된다. 물의 밀도는 1000 kg/m^{3}이라 하고 다음을 구하라.

(1) h = 0.9 m일 때, 수면과 목재의 축이 이루는 각도 θ를 구하라.

(2) $\theta = 90°$가 되기 위한 h의 최소값을 구하라.

답 (1) 28.3°, (2) 1.897 m.

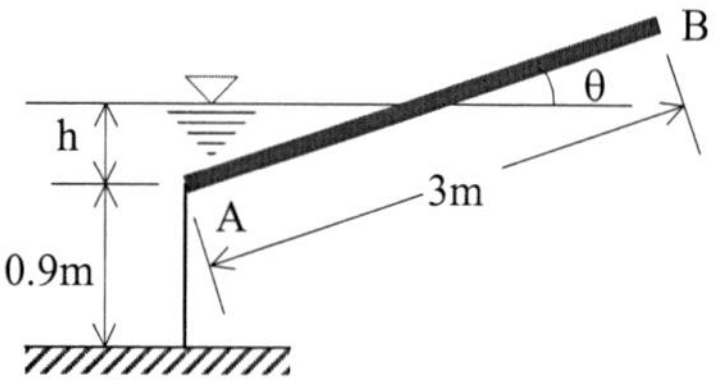

P10.7

ENGINEERING MECHANICS

LESSON 11

도심 … Centroid

[+ 물체의 중심 center of gravity of a body + 도형의 도심 centroid of geometrical figure + 면적 1차모멘트 first moment of an area + 선분 1차모멘트 first moment of a line + 회전체의 체적, 표면적 volume of body of revolution, area of surface of revolution]

1 물체의 중심

중력장(重力場, gravity field)에서 물체의 무게는 물체를 구성하고 있는 질점 또는 구성 물체들의 무게의 합이다. 물체의 무게 또는 중력(重力, force of gravity)이 하나의 힘(분포된 무게의 합력, resultant of distributed weight)으로서 작용하는 점을 물체의 중심(重心, center of gravity of a body; cg)이라 한다. 중심은 대개 물체 내에 위치하지만, 원형의 고리나 중공상자처럼 물체의 형상에 따라서는 물체의 외부에 위치할 수 있다. 물체의 중심은 간단한 실험적 방법이나 해석적 방법을 이용하여 구한다.

(1) 실험적 방법(實驗的 方法, experimental method)

물체의 중심은 그림 11.1과 같이 간단한 실험을 통하여 구할 수 있다. 먼저 그림 (a)와 같이 물체의 한 점 A에 줄을 매달면 줄의 연장선 AC 상에 중심이 있게 된다. 줄의 장력(T)과 물체의 무게(W)가 직선역계로서 평형을 이루기 때문이다. 다음으로 (b)와 같이 다른 점 B에 줄을 매달면 줄의 연장선은 BD가 되고, 이 연장선 상에 중심이 있어야 한다. 따라서 2개의 직선 AC와 BD의 교점 G가 중심(cg)이라는 것이다.

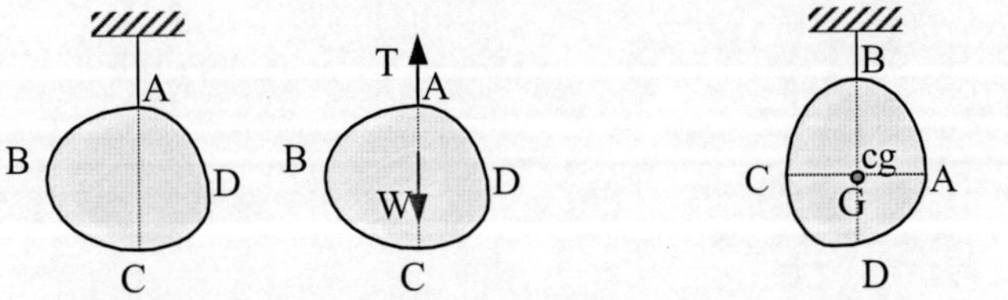

(a) first trial & line of action (b) second trial & cg

그림 11.1 중심의 실험적 결정 방법

(2) 해석적 방법(解析的 方法, analytic method)

해석적인 중심 결정 방법은 Lesson 4에서 공부한 분포력 또는 평행역계의 합력을 구하는 방법과 같다. 즉, 물체를 구성하는 질점이나 미소 요소(구성 물체)들의 무게는 중력장에서 평행역계를 이루므로, 그 합력을 해석적으로 구하는 것이다. 예를 들어 그림 11.2와 그림 11.3과 같이 xy-평면상에 있는 평판(平板, plate)이나 선(線, wire)의 중심을 해석적 방법으로 구해 보자. 평판이나 선을 미소 면적요소 ΔA_i나 미소 선요소 ΔL_i의 집합체로 간주하면, 미소 요소들의 무게 ΔW_i는 작용점이 (x_i, y_i)인 중력방향의 힘으로서 평행 공간역계(z-축에 평행)를 이룬다. 따라서 평행 공간역계의 합력을 구하면 평판이나 선의 무게와 무게의 중심이 구해진다. 즉, 평행역계의 합력의 크기는 전체 무게 W이며 합력의 위치가 물체의 중심 $G(\bar{x}, \bar{y})$이다.

$$W = \Sigma \Delta W_i \ ; \ \bar{x}W = \Sigma x_i \Delta W_i, \ \bar{y}W = \Sigma y_i \Delta W_i \tag{11.1}$$

또 미소 요소의 무게분포가 연속적인 경우에는 이산적인 합의 기호 대신에 연속변수의 적분을 이용한 식으로 표현된다.

$$W = \int dW \ ; \ \bar{x}W = \int x dW, \ \bar{y}W = \int y dW \tag{11.2}$$

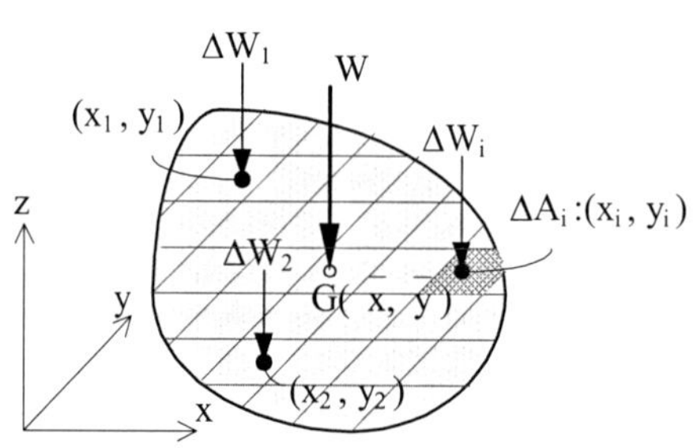

그림 11.2 평판의 중심

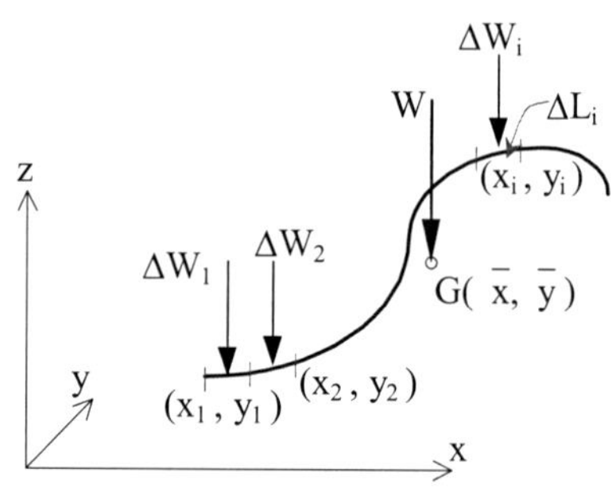

그림 11.3 선의 중심

2 도형의 도심

The centroid of a geometrical figure corresponds to the center of gravity of a homogeneous body of the same form. The centroid of an area is the center of gravity of the homogeneous plate with a uniform thickness. The centroid of a line is the center of gravity of the homogeneous wire with a constant cross-section. 기하학적 도형의 도심은, 그 도형과 동일한 형상을 가진 균질한 물체의 중심이다. 면적의 도심은 두께가 일정한 동일 형상의 균질 판의 중심이고, 선의 도심은 동일 형상의 등단면 균질 철사의 중심이다.

기하학적 도형의 도심(圖心, centroid of geometrical figure)에는 선의 도심, 면적의 도심, 체적의 도심 등이 있다. 여기에서는 그림 11.2 및 그림 11.3과 같은 형상을 가진 평면(xy-평면) 상의 면적(面積, area)이나 선(線, line)과 같은 평면도형의 도심을 구하는 과정을 공부한다. 공간도형의 도심을 구하는 과정은 나중에 서술할 것이다. 평면의 도심은, 균질한 재료로 두께가 일정하게 만들어진 동일한 형상의 평판(homogeneous plate of uniform thickness)의 중심이라 할 수 있다. 또 선의 도심은, 단면적이 일정한 철사(homogeneous wire of constant cross-section)의 중심과 같다. 평면이나 선의 도심을 Lesson 4에서는 면분포력이나 선분포력 등의 등분포 하중의 합력의 위치로 정의하였다. 균질 형상의 중심과 등분포력의 합력의 위치는 역학적으로 동일한 의미를 갖는 것임을 쉽게 알 수 있다. 중심은 물리적인 물체에, 도심은 기하학적인 도형에 대하여 각각 사용하는 용어이다.

(1) 면적의 도심(centroid of an area)과 면적 1차모멘트(first moment of an area)

그림 11.2의 평판과 동일한 형상을 가진 면적의 도심을 구해 보자. 평판의 전체 면적이 A이고 단위중량(單位重量, unit weight)이 γ로서 균질하며 두께 t가 일정하다면, 평판의 미소면적 ΔA_i에 대응하는 미소 요소의 무게는 $\Delta W_i = \gamma t \Delta A_i$ 이고 전체의 무게는 $W = \gamma tA$이다. 이들을 중심에 관한 식(11.1)과 (11.2)에 대입하고 상수 γt를 소거하면, xy-평면상의 면적의 도심을 구하는 식이 다음과 같이 얻어진다.

$$A = \Sigma \Delta A_i \ ; \ \bar{x} A = \Sigma x_i \Delta A_i, \ \bar{y} A = \Sigma y_i \Delta A_i \tag{11.3}$$

$$A = \int dA \ ; \ \bar{x} A = \int x dA, \ \bar{y}\ ydA = \tag{11.4}$$

식 (11.3) 및 (11.4)에서 $\Sigma x_i \Delta A_i$ 및 $\int x dA$ 는 (미소면적)×(y-축으로부터 면적까지 거리)의 합이므로, 이를 면적 A의 y축에 관한 면적 1차모멘트(first moment of an area about y-axis)라고 하며 Q_y로 표시한다. 이는 마치 면적의 크기를 하중의 크기인 것처럼 간주하고 y축에 관한 모멘트를 계산한 것과 같다는 것이다. 마찬가지로, x축에 관한 면적 1차모멘트(first moment of an area about x-axis) Q_x도 (면적)×(x-축으로부터 면적까지 거리)의 합으로 정의된다.

$$Q_y = \Sigma x_i \Delta A_i \text{ 또는 } \int xdA \ ; \ Q_x = \Sigma y_i \Delta A_i \text{ 또는 } \int ydA \qquad (11.5)$$

따라서 면적 1차모멘트는 도형의 도심 거리와 전체 면적의 곱으로 표시된다.

$$Q_y = \bar{x} A \ ; \ Q_x = \bar{y} A \qquad (11.6)$$

(2) 선의 도심(centroid of a line)과 선분 1차모멘트(first moment of a line)

그림 11.3과 같은 형상을 가진 선의 길이가 L이고 균질하며(단위중량이 γ) 단면적 a가 일정하다면, 미소길이 ΔL_i에 대응하는 미소 요소의 무게는 $\Delta W_i = \gamma a \Delta L_i$이고 전체의 무게는 $W = \gamma a L$이다. 이들을 식(11.1)과 (11.2)에 대입하면, xy-평면상의 선의 도심을 구하는 식이 얻어진다.

$$L = \Sigma \Delta L_i \ ; \ \bar{x} L = \Sigma x_i \Delta L_i, \ \bar{y} L = \Sigma y_i \Delta L_i \qquad (11.7)$$

$$L = \int dL \ ; \ \bar{x} L = \int xdL, \ \bar{y} L = \int ydL \qquad (11.8)$$

면적 1차모멘트와 마찬가지로, 여기에서 선분 1차모멘트를 정의할 수 있으며, 선분 1차모멘트와 선의 도심 사이의 관계도 얻을 수 있다. 이는 식(11.5)와 (11.6)에 A대신 L을 각각 대입하면 얻어진다.

$$Q_y = \bar{x}L = \Sigma x_i \Delta L_i \text{ 또는 } \int xdL, \ Q_x = \bar{y}L = \Sigma y_i \Delta L_i \text{ 또는 } \int ydL \qquad (11.9)$$

일반적으로 식(11.5)나 (11.9)와 같은 도형의 1차모멘트를 이용하여 기하학적 개념의 도심을 정의하기도 한다. 즉, 어떤 방법을 이용하여 면적 1차모멘트 또는 선분 1차모멘트를 계산한 다음에, 이를 전체 면적의 크기 또는 전체 선분의 길이로 나누어 도심을 구하는 것이다. 기본적인 도형의 1차모멘트는 도형을 형성하는 함수의 적분을 이용하여 구할 수 있다. 또 이러한 기본도형들로 구성된 합성도형의 1차모멘트는 구성도형들의 1차모멘트를 대수적으로 합하여 구한다. 따라서 기본적인 도형들의 면적(선분의 길이), 면적(선분) 1차모멘트, 도심 등은 잘 기억해 두는 것이 편리하다.

(3) 대칭도형의 도심

An area(or a line) is said to be symmetric with respect to an axis l if to every point P of the area(or the line) corresponds a point P of the same area(or the same line) such that the line segment PP is perpendicular to and bisected by the axis l. If an area(or a line) possesses an axis of symmetry, its centroid is located on that axis.

도형에 대칭축(對稱軸, axis of symmetry)이 있으면, 대칭축에 관한 면적(선분) 1차모멘트는 0이 되므로 도심은 대칭축상에 있게 된다. 여러 종류의 대칭도형(對稱圖形, symmetric figure)의 예는 그림 11.4에서 볼 수 있다. 먼저 축대칭 도형(軸對稱圖形, axi-symmetric figure)인 그림 (a)와 (b)에서 미소요소의 대칭축(y축)에 관한 1차모멘트를 고려하자. 임의의 미소요소 1차모멘트 xdA(또는 xdL)에 대하여 −xdA(또는 −xdL)가 항상 존재하므로, 대칭축에 관한 1차모멘트가 0이다. 따라서 대칭축인 y축에 관한 미소면적(선분)의 1차모멘트의 합은 $Q_y = 0$이 되며, 도심의 x좌표는 $\bar{x} = Q_y / (A \text{ 또는 } L) = 0$이므로 대칭축인 y축상에 도심이 있다.

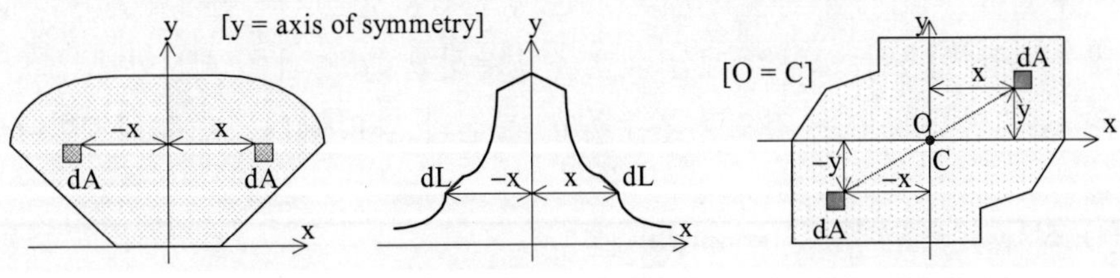

(a) axi-symmetric area (b) axi-symmetric line (c) point-symmetric area

그림 11.4 대칭도형

대칭축이 2개 이상인 도형에서는 대칭축의 교점이 도심이다. 그림 11.5에는 2개 이상의 대칭축을 가진 도형에서 도심(C)의 예를 보이고 있다.

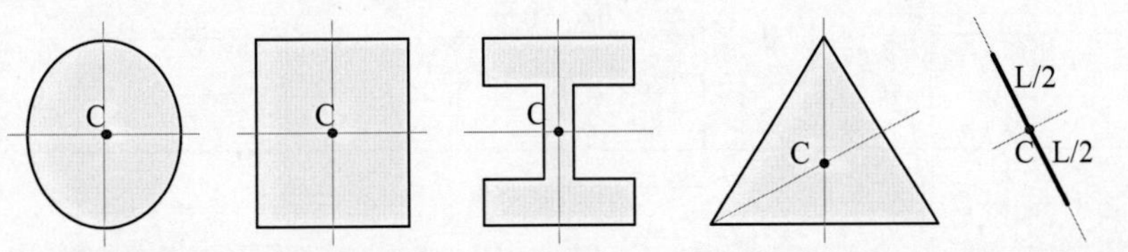

ellipse rectangle I-section equilateral triangle straight line

그림 11.5 대칭도형의 도심

또 점대칭 도형(點對稱圖形, point-symmetric figure)에서는 대칭의 중심점(對稱中心點, center of symmetry)이 바로 도심이다. 그림 11.4(c)와 같이 원점 O에 관한 점대칭 도형에서, 임의의 위치 (x, y)의 미소면적 dA에 대하여 대응하는 dA가 (−x, −y)의 위치에 항상 존재한다. 따라서 xdA 및 ydA에 대응하여 −xdA 및 −ydA가 항상 존재하므로, y 및 x축에 관한 1차 모멘트는 각각 $Q_y = 0$ 및 $Q_x = 0$이 된다. 그러므로 도심의 좌표는 $(\bar{x}, \bar{y}) = (0, 0)$이 되어 대칭의 중심점(O)이 도심(C)이다.

그림 11.5에서도 정삼각형을 제외한 모든 도형이 도심(C)에 관하여 점대칭임을 알 수 있다. 그 외에도 평행사변형의 대각선의 교점, 원의 중심 등은 점대칭의 중심으로서 도심이 되는 좋은 예이다.

3 기본도형의 도심 – 적분을 이용한 계산

기본적인 도형의 도심은 축대칭이나 점대칭 등의 대칭성을 이용하여 쉽게 찾을 수도 있다. 그러나 대칭성을 이용할 수 없는 도형의 도심을 계산하기 위해서는 도심의 정의에 관한 식(11.4)와 (11.8)의 적분을 이용하여 계산해야 한다. 여기에서는 몇 가지의 기본 평면도형(평면상의 면적과 선)에 대해 적분을 이용한 도심의 계산 과정을 공부하고 그 결과를 제시한다. 도형은 xy-평면상에 있는 것으로 간주하고, 도심의 좌표를 $(\bar{x}, \bar{y})$로 표시한다.

(1) 직사각형(直四角形, rectangle)

직사각형(b×h)의 도심은 대칭성을 이용하여 쉽게 구할 수 있다. 즉, 그림11.6과 같은 직사각형에서 2개의 대칭축의 교점 $(\bar{x}, \bar{y}) = (b/2, h/2)$이 도심임을 알고 있다. 여기서는 식(11.4)를 이용하여 도심을 구하여 이를 확인하기로 한다. 직사각형의 면적은 A = bh이다.

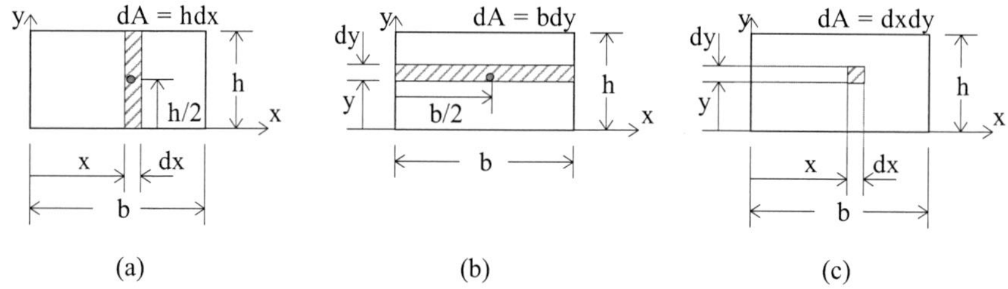

그림 11.6 직사각형의 도심 계산

적분을 이용하기 위한 미소면적 dA를 그림 11.6(a)–(c)와 같이 취할 수 있다. 이들 각각에 대한 계산 과정을 익혀 두자.

[그림 (a) y축에 평행한 띠모양의 미소면적 :
$dA = hdx,\ 0 \le x \le b,\ \ y = h/2$]

$$Q_y = \int x dA = \int_0^b x h dx = b^2h/2\ ;\ \ \bar{x} = Q_y/A = \frac{b}{2}$$

$$Q_x = \int y dA = \int_0^b (h/2) h dx = bh^2/2\ ;\ \ \bar{y} = Q_x/A = \frac{h}{2}$$

[그림 (b) x축에 평행한 띠모양의 미소면적 :
$dA = bdy,\ x = b/2,\ 0 \le y \le h$]

$$Q_y = \int x dA = \int_0^h (b/2) b dy = b^2 h/2\ ;\ \ \bar{x} = Q_y/A = \frac{b}{2}$$

$$Q_x = \int y dA = \int_0^h y b dy = bh^2/2\ ;\ \ \bar{y} = Q_x/A = \frac{h}{2}$$

[그림 (c) 점모양의 미소면적 :
$dA = dxdy,\ \ 0 \le x \le b,\ 0 \le y \le h$]

$$Q_y = \int x dA = \iint x dx dy = \int_0^b x dx \int_0^h dy = b^2 h/2\ ;\ \ \bar{x} = Q_y/A = \frac{b}{2}$$

$$Q_x = \int y dA = \iint y dx dy = \int_0^b dx \int_0^h y dy = bh^2/2\ ;\ \ \bar{y} = Q_x/A = \frac{h}{2}$$

(2) n차 곡선의 면적 (spandrel ; area under the curve $y = kx^n$)

n차 함수의 곡선 $y = kx^n$과 x축 및 $x = b$로 둘러 싸인 도형(spandrel b×h)의 도심을 구하자. 미소면적 dA를 y축에 평행하도록 그림 11.7과 같이 취하면 $dA = ydx = kx^n dx$이고, 이 미소면적은 좁고 긴 직사각형[$(dx \approx 0) \times (y)$]으로 간주하여 그 도심의 좌표를 (x, y/2)이라 할 수 있다. 그러므로 적분식 (11.4) 또는 (11.5)를 이용할 때, 적분 함수에서 dA의 도심으로 $x \to x$, $y \to y/2 = kx^n/2$를 대입하여 사용해야 한다. 따라서 n차곡선의 하부면적 A 및 도심이 다음과 같이 구해진다.

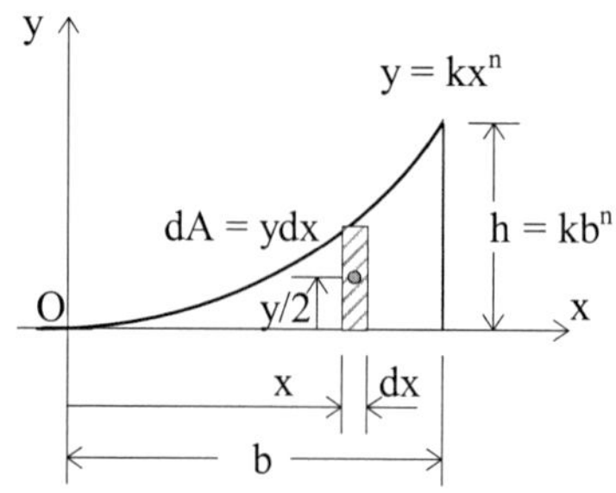

그림 11.7 스팬드럴의 도심

$$A = \int dA = \int y dx = \int_0^b kx^n dx = \frac{kb^{n+1}}{n+1} = \frac{b(kb^n)}{n+1} = \frac{bh}{n+1}$$

$$Q_y = \int x dA = \int_0^b kx^{n+1} dx = \frac{kb^{n+2}}{n+2} = \frac{b^2 h}{n+2} \ ; \ \bar{x} = Q_y/A = \frac{n+1}{n+2} b$$

$$Q_x = \int \left(\frac{y}{2}\right) dA = \int_0^b \frac{kx^n}{2} kx^n dx = \frac{k^2 b^2 + n + 1}{2(2n+1)} = \frac{bh^2}{4n+2} \ ; \ \bar{y} = Q_x/A = \frac{n+1}{4n+2} h$$

특수한 경우로서 $n = 0,\ 1$을 고려하면 직사각형과 직각삼각형의 면적과 도심을 얻게 된다.

[n = 0 ; 직사각형 b × h] $A = bh \ ; \ \bar{x} = \frac{b}{2},\ \bar{y} = \frac{h}{2}$

[n =1 ; 직각삼각형 b × h] $A = \frac{bh}{2} \ ; \ \bar{x} = \frac{2}{3} b,\ \bar{y} = \frac{1}{3} h$

(3) 원호(圓弧, circular arc)

중심각이 2α rad이고 반경 r인 원호를 그림. 11.8과 같이 x축에 관하여 대칭이 되도록 놓으면, $\bar{y} = 0$(실제로 적분을 이용하여 $Q_x = 0$임을 확인할 수 있음)이므로 $\bar{x}$만을 구하면 된다. 호의 길이는 $L = 2\alpha r$이며, 식(11.9)를 이용하여 $\bar{x}$를 구한다.

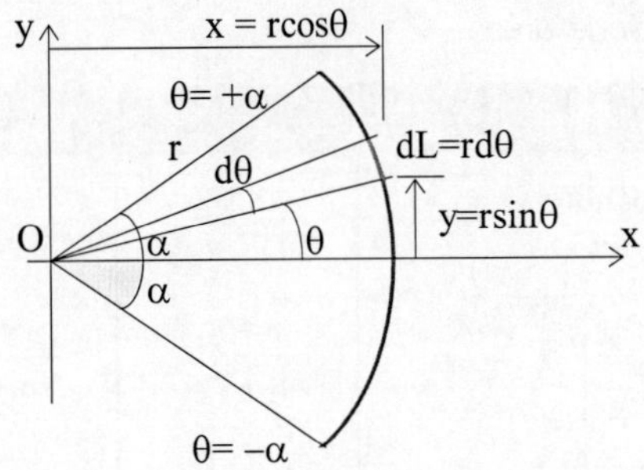

그림 11.8 원호의 도심

$$L = \int dL = \int_{-\alpha}^{\alpha} r d\theta = 2r\alpha$$

$$Q_y = \int x dL = \int_{-\alpha}^{\alpha} (r\cos\theta) r d\theta = 2r^2 \sin\alpha$$

$$\therefore \quad \bar{x} = \frac{r\sin\alpha}{\alpha}$$

특수한 경우로서 $\alpha = \pi/2$, $\pi/4$이면, 반원호(半圓弧, semi-circle; $\alpha=\pi/2$)와 사분원호(四分圓弧, quarter-circle $\alpha=\pi/4$)의 도심 등을 이 식에서 얻을 수 있다.

또 여기에서 계산되지 않은 다른 형태의 기본도형에 대한 도심도 마찬가지 방법으로 구할 수 있으며, 몇 가지의 도형에 대한 결과를 표 11.1과 11.2에 요약하여 수록하였다.

표 11.1 Centroids of plane areas (다음 페이지에 계속)

도형 shape of area	$\bar{x}$	$\bar{y}$	면적 area
(1) 직사각형 rectangular area 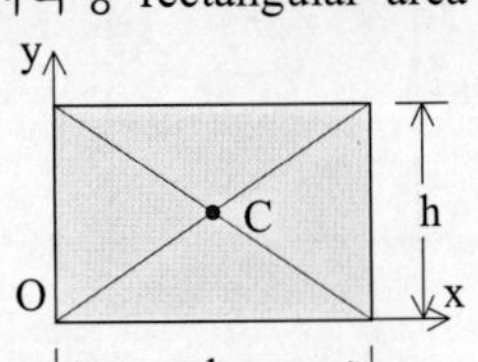	$\frac{b}{2}$	$\frac{h}{2}$	bh
(2) 삼각형 triangular area 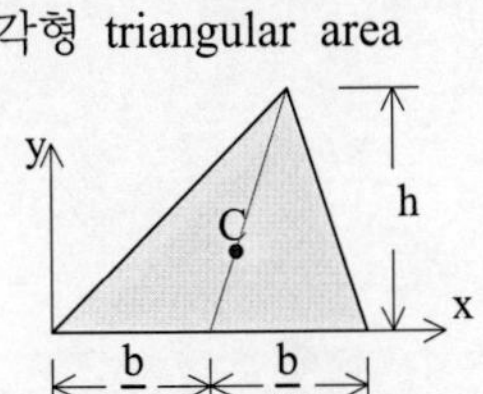	on the median	$\frac{h}{3}$	$\frac{bh}{2}$

표 11.1 Centroids of plane areas

도형 shape of area	$\bar{x}$	$\bar{y}$	면적 area
(3) n차 곡선 면적 spandrel 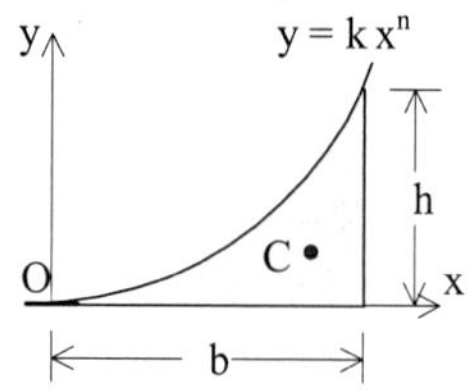	$\frac{n+1}{n+2}b$	$\frac{n+1}{4n+2}h$	$\frac{bh}{n+1}$
(4) 사분원 quarter-circle 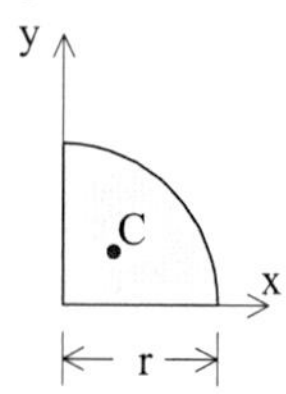 (5) 사분타원 quarter-ellipse 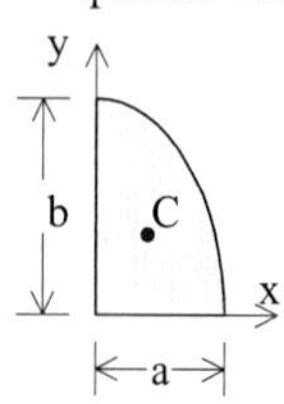	$4r/3\pi$ $4a/3\pi$	$4r/3\pi$ $4b/3\pi$	$\pi r^2/4$ $\pi ab/4$
(6) 반원 half circle 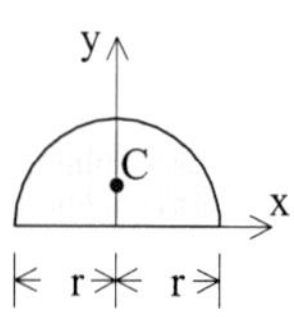 (7) 반타원 half ellipse 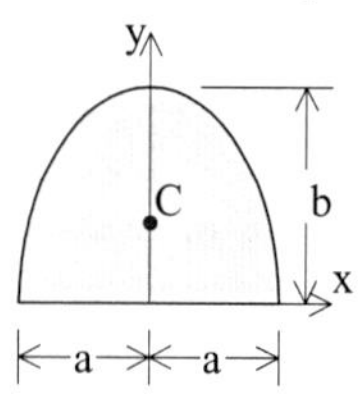	0 0	$4r/3\pi$ $4b/3\pi$	$\pi r^2/2$ $\pi ab/2$
(8) 부채꼴 circular sector (radius : r) 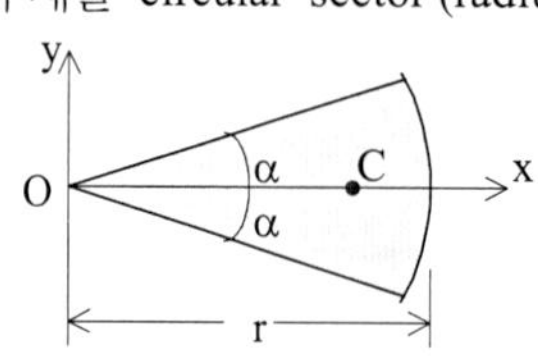	$\frac{2r\sin\alpha}{3\alpha}$	0	αr^2

표 11.2 Centroids of planar lines

도형 shape of area	$\bar{x}$	$\bar{y}$	길이 length
(1) 선분 straight line segment of length L 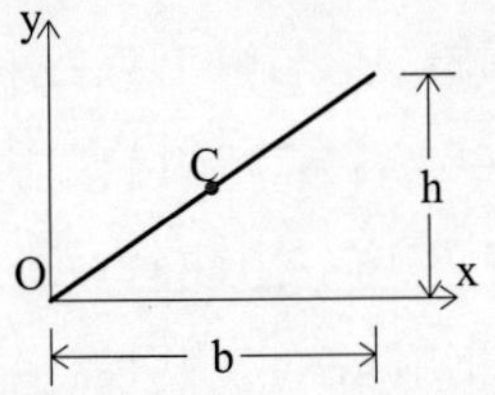	$\frac{b}{2}$	$\frac{h}{2}$	$\sqrt{b^2 + h^2}$
(2) 사분원호 quarter-circle 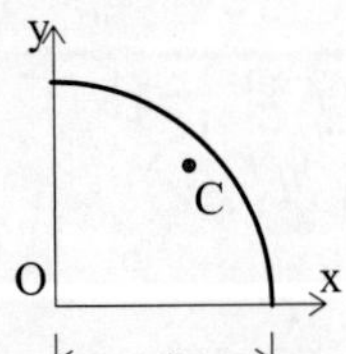	$2r/\pi$	$2r/\pi$	$\pi r/2$
(3) 반원호 semi-circle 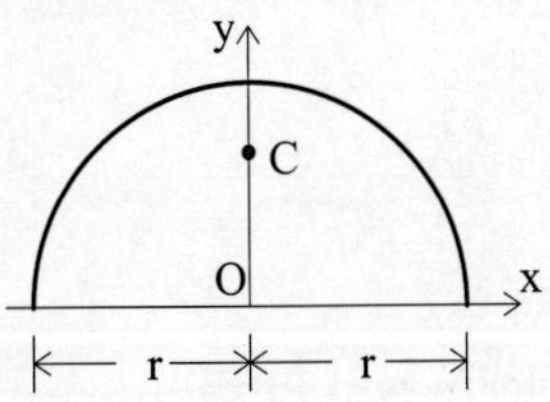	0	$2r/\pi$	πr
(4) 원호 circular arc of radius r 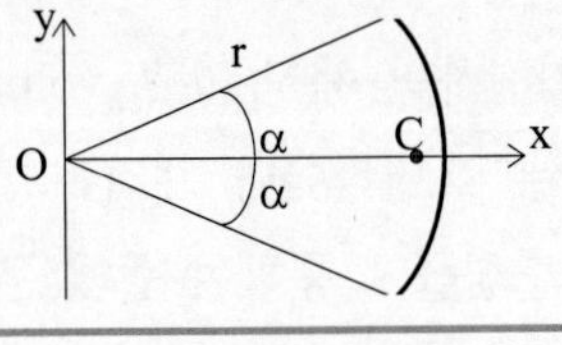	$\frac{r\sin\alpha}{\alpha}$	0	$2\alpha r$

4 합성도형의 도심

여러 개의 기본 구성도형(면적이나 길이 및 도심을 알고 있는 도형)들로써 이루어진 도형을 합성도형(合成圖形, composite figure)이라 한다. 합성도형의 도심은 기본 구성도형을 미소요소(면적 A_i, 길이 L_i, 도심 (x_i, y_i)을 알고 있다)인 것처럼 간주하고 식(11.3) 또는 (11.7)을 이용하여 구한다. 즉, 기본 구성도형의 면적(선분) 1차모멘트의 대수합(algebraic sum)이 합성도형의 면적(선분) 1차모멘트와 같다는 바리그논의 정리를 적용하는 것이다. 기본 구성도형으로는 표 11.1－2의 도형이 주로 활용된다.

기본 구성도형의 면적과 도심이 각각 A_i 및 (x_i, y_i)일 때, 이러한 도형들로 이루어진 합성도형(composite area)의 면적 A와 도심 $(\bar{x}, \bar{y})$은 다음 식으로부터 얻는다.

$$A = \Sigma A_i \ ; \ \bar{x} A = \Sigma x_i A_i, \ \ \bar{y} A = \Sigma y_i A_i \tag{11.10}$$

또 길이 L_i, 도심 (x_i, y_i)인 기본도형들로 구성된 합성도형(composite line)의 길이 L과 도심 $(\bar{x}, \bar{y})$은 다음 식으로부터 얻는다.

$$L = \Sigma L_i \ ; \ \bar{x} L = \Sigma x_i L_i, \ \ \bar{y} L = \Sigma y_i L_i \tag{11.11}$$

5 회전체의 표면적과 체적 - Pappus-Guldinus의 정리

선(線, line)이 어떤 축을 중심으로 회전하면 그 자취로서 표면적(表面積, surface area)이 만들어지고, 면(面, area)이 회전하면 체적(體積, volume)이 만들어진다. 선이나 면이 회전하여 만들어지는 표면적이나 체적은 회전한 선분의 길이 및 도심이나 회전한 면적 및 그 도심을 이용하여 쉽게 구할 수 있다. 회전체의 표면적과 체적에 관한 2개의 정리는 파퍼스(Pappus, 3c AD, Greek geometer)가 고안하고, 후에 굴디너스(Guldinus, 1577~1643, Swiss mathematician)에 의해 정리되었다.

[파퍼스–굴디너스의 제 1정리: 회전체의 표면적(表面積, area of surface of revolution)]

어떤 평면 곡선을 그 곡선과 교차하지 않는 동일 평면상의 축을 중심으로 회전시켰을 때 생기는 표면적은, 그 곡선의 길이에 곡선의 도심이 회전 이동한 거리를 곱한 값과 같다.

(The area of a surface of revolution is equal to the length of the generating curve times the distance traveled by the centroid of the curve while the surface is being generated.)

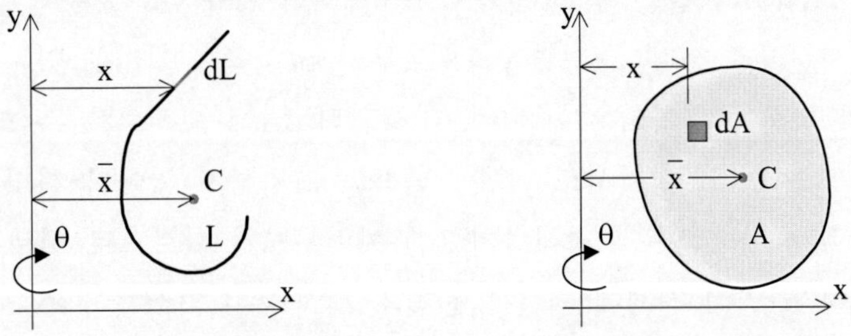

(a) revolution of line (b) revolution of area

그림 11.9 회전체의 표면적과 체적

그림 11.9(a)와 같은 곡선(길이 L, 도심 거리 $\bar{x}$)을 y축을 중심으로 θ만큼 회전시킨다고 하자. 그러면 y축으로부터 x만큼의 거리에 있는 미소길이 dL의 회전이동 거리는 $x\theta$이다. 따라서 미소길이 dL의 회전표면적은 θx dL이다. 전체의 표면적 S는 이를 곡선의 길이 L에 대하여 적분하면 된다.

$$S = \int_L \theta x dL = \theta \bar{x} L \qquad (11.12)$$

여기서 θ는 회전각(rad)으로서 2π보다 크지 않아야 하고, $\bar{x}$는 회전축으로부터 곡선 L의 도심까지 거리이다. 따라서 $\bar{x}\theta$는 도심의 회전 이동 거리이다. 또 선분 1차모멘트는 선분의 길이에 도심까지의 거리를 곱한 것과 같다는 식(11.8)이 이용되었다.

이 정리를 사용할 때, 회전축이 곡선과 교차하지 않도록 해야 한다. 만약 곡선과 회전축이 교차하면 회전축의 양측에 있는 각각의 곡선에 대하여 별도로 고려하여야 한다.

[파퍼스-굴디너스의 제 2정리: 회전체의 체적(體積, volume of body of revolution)]
어떤 평면적이 그 면적과 교차하지 않는 동일 평면상의 축을 중심으로 회전했을 때 생기는 회전체의 체적은, 그 면적의 크기에 면적의 도심이 이동한 거리를 곱한 값과 같다.
(The volume of the solid generated by revolving a plane area about a non-intersecting axis in its plane is equal to the product of the area and the distance traveled by the centroid of the area during the generation.)

그림 11.9(b)와 같은 평면(면적A, 도심 거리 $\bar{x}$)을 y축을 중심으로 θ만큼 회전시킨다고 하자. 그러면 y축으로부터 $x\theta$만큼의 거리에 있는 미소면적 dA의 회전이동 거리는 $x\theta$이며, 미소면적 dA에 의해 생기는 회전체의 체적은 $\theta x dA$이다. 여기서도 y축은 면적과 교차하지 않아야 한다. y축의 양측에 있는 미소면적의 면적 1차모멘트는 부호가 다르므로 서로 상쇄되기 때문이다. 면적 전체에 의한 회전체의 체적 V는 미소체적 $\theta x\ dA$를 적분하면 된다.

$$V = \int_A \theta x dA = \theta \bar{x} A \qquad (11.13)$$

여기서 θ는 회전각(rad), $\bar{x}$는 회전축으로부터 면적 A의 도심까지 거리이며, 면적 1차모멘트에 관한 식(11.4)를 이용하였다.

한편 합성도형이 회전하여 생기는 표면적과 체적은, 그 합성도형의 길이나 면적 및 도심을 구하지 않고도 기본 구성도형들의 성질(길이 L_i 또는 면적 A_i ; 도심 거리 x_i)만을 이용하여 구할 수 있다. 즉, 기본 구성도형들의 회전 표면적이나 체적의 대수합으로써 합성도형의 회전 표면적이나 체적을 얻을 수 있다는 것이다.

$$S = \Sigma S_i = \theta \Sigma x_i L_i \qquad (11.14a)$$

$$V = \Sigma V_i = \theta \Sigma x_i A_i \qquad (11.14b)$$

6 공간도형의 도심

공간도형의 도심은 식(11.8)이나 (11.4) 등을 공간좌표계에 확장하여 적용함으로써 구할 수 있다. 공간상의 선과 면 및 체적의 도심 ($\bar{x}$, $\bar{y}$, $\bar{z}$)을 구하는 식은 각각 다음과 같다.

[곡선] $L = \int dL \;;\; \bar{x}L = \int xdL,\; \bar{y}L = \int xdL,\; \bar{z}L = \int zdL$ (11.15)

[면적] $A = \int dA \;;\; \bar{x}A = \int xdA,\; \bar{y}A = \int ydA,\; \bar{z}A = \int zdA$ (11.16)

[체적] $V = \int dV \;;\; \bar{x}V = \int xdV,\; \bar{y}V = \int ydV,\; \bar{z}V = \int zdV$ (11.17)

합성 공간도형의 도심도 기본 구성도형을 이용하여 마찬가지 방법으로 구할 수 있다.

7 예제

E11.1 적분을 이용하여 그림 E11.1과 같은 포물선 면적(拋物線 面積)의 도심을 구하라.

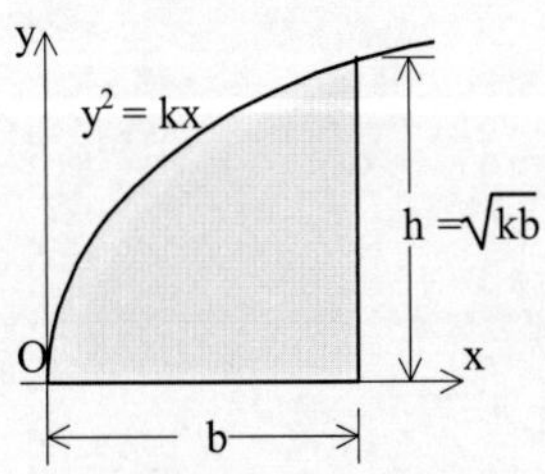

E11.1

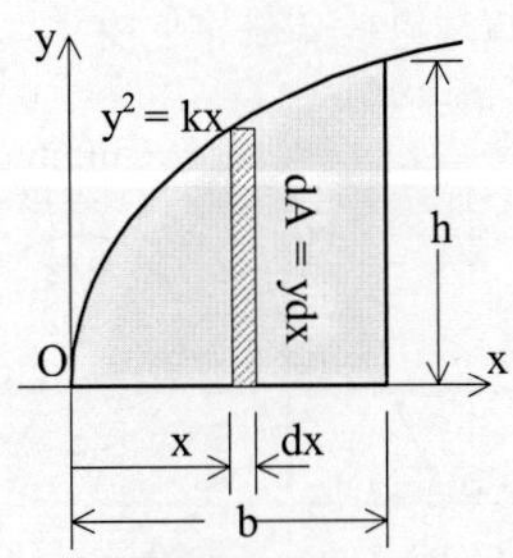

E11.1(a)

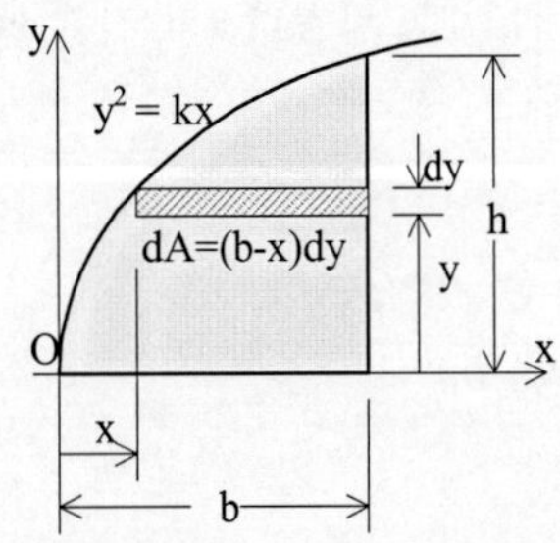

E11.1(b)

풀이 그림 E11.1(a)와 같이 미소면적을 취하고 이를 이용하여 면적 A와 y축에 관한 면적 1차모멘트 Q_y를 구한다. 그림 (a)의 띠 모양의 미소면적이 y축으로부터 동일한 거리에 있으므로(도심 거리가 x이므로), 이 미소면적 dA의 y축에 관한 면적 1차모멘트는 xdA가 되어 Q_y를 구할 때 이용하면 편리하다. 즉, $dA = ydx$로서 하나의 독립변수 x에 관한 적분으로 표현되기 때문이다.
또 x축에 관한 면적 1차모멘트 Q_x를 구할 때는 띠 모양의 미소면적이 x축으로부터 동일한 거리에 있는 그림 E11.1(b)를 이용한다. 이 미소면적 dA의 도심 거리가 y이므로, x축에 관한 면적 1차모멘트는 ydA가 되고 dA는 y의 함수로 표시되어 Q_x를 구할 때 이용하면 편리하다.

일반적으로 Q_x를 구할 때는 띠 모양의 미소면적이 x축에 평행하도록 취하고, Q_y를 구할 때는 띠 모양의 미소면적이 y축에 평행하도록 취하면 계산이 간편하다. 그림 E11.1(a)에서 미소면적은 $dA = ydx = \sqrt{kx}\,dx$이고 적분 구간은 $0 \le x \le b$이며, 그림 E11.1(b)에서 미소면적은 $dA = (b-x)dy = (b-y^2/k)dy$이고 적분 구간은 $0 \le y \le h$이다.

[그림 E11.1(a)] y축에 평행한 띠모양의 미소면적

$$A = \int dA = \int_0^b y dx = \int_0^b \sqrt{kx}\, dx = \frac{2}{3}\text{bh}$$

$$Q_y = \int x dA = \int_0^b x\sqrt{kx}\, dx = \frac{2}{5}\text{b}^2\text{h};$$

$$\bar{x} = Q_y/A = \frac{3}{5}\text{b}$$

[그림 E11.1(b)] x축에 평행한 띠모양의 미소면적

$$Q_x = \int y dA = \int_0^h y(b-x)dy = \int_0^h y(b - \frac{y^2}{k})dy = \frac{1}{4}\text{bh}^2;$$

$$\bar{y} = \frac{3}{8}\text{h}$$

E11.2 그림 E11.2와 같은 합성도형의 음영면적에 대한 도심을 구하라.

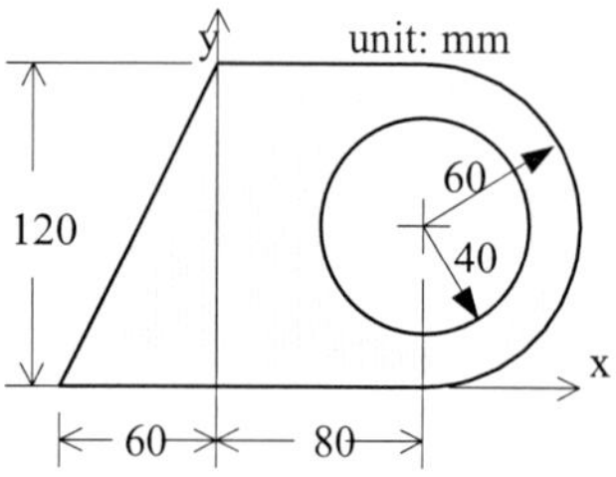

E11.2

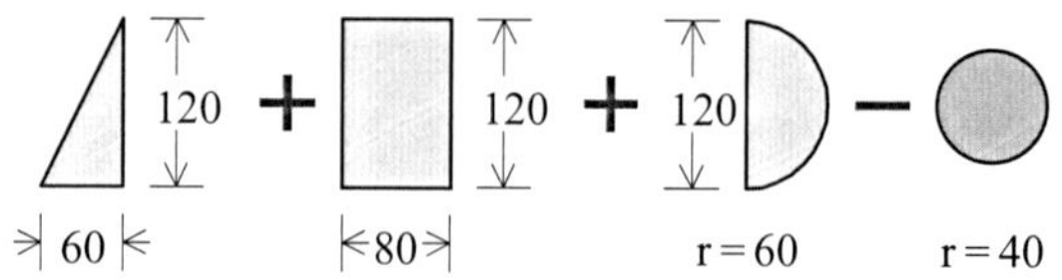

E11.2(a)

해 합성도형 그림 E11.2(a)와 같은 기본도형들로 구성되었다. 즉, 직각삼각형($\frac{1}{2}$ · 60 × 120)과 직사각형(80 × 120) 및 반원(r = 60)의 합으로부터 원(r = 40)을 뺀 것이다. 계산과정에서 표를 이용하면 편리하다.

먼저 기본 구성도형 별로 면적과 도심의 좌표(A_i, x_i ,y_i)를 기록한다. 이때 표 11.1의 결과를 활용할 수 있다. 다음으로 구성도형에 대한 면적 1차모멘트(x_iA_i, y_iA_i)를 각각 계산한다. 여기서 구멍 뚫린 부분은 면적 및 면적 1차모멘트의 계산에서 주의해야 한다. 즉, 구멍 뚫린 부분을 포함하는 전체 면적에서 구멍 뚫린 부분의 면적을 빼야 하는 것이다. 그러므로 구멍 뚫린 부분인 원(r = 40)의 면적은

표에서 음수로 취급한 것이다.
일반적으로 합성도형의 전체면적을 고려할 때, 구멍 뚫린 면적은 음수로 취급하여 계산하면 편리하다. 면적 1차 모멘트는 개념적으로 면적을 등분포력처럼 취급하여 모멘트를 계산한 것이므로, 구멍 뚫린 부분은 분포력의 크기가 0(양의 면적과 음의 면적이 동시에 존재)이라고 생각해야 하기 때문이다.

구성도형	A_i, mm^2	x_i, mm	y_i, mm	$x_i A_i$, mm^3	y_iA_i, mm^3
직각삼각형	+3600	−20	+40	−72000	+144000
직사각형	+9600	+40	+60	+384000	+576000
반원	+5655	+105.5	+60	+596400	+339300
원	−5027	+80	+60	−402160	−301620
	$A = \Sigma A_i$ = +13828			$Q_y = \Sigma x_iA_i$ = +506240	$Q_x = \Sigma y_iA_i$ = +757680

표의 계산결과를 이용하여 도심의 좌표를 구한다.

$\bar{x} = Q_y/A = 506240/13828 = 36.61$ mm

$\bar{y} = Q_x/A = 757680/13828 = 54.79$ mm

E11.3 그림 E11.3과 같은 선의 도심을 구하라.

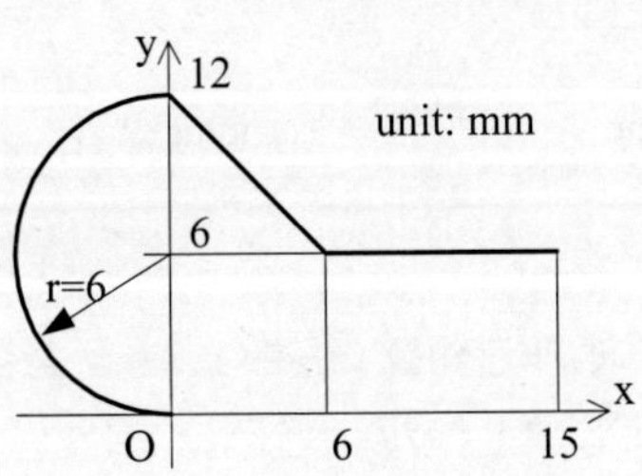

E11.3

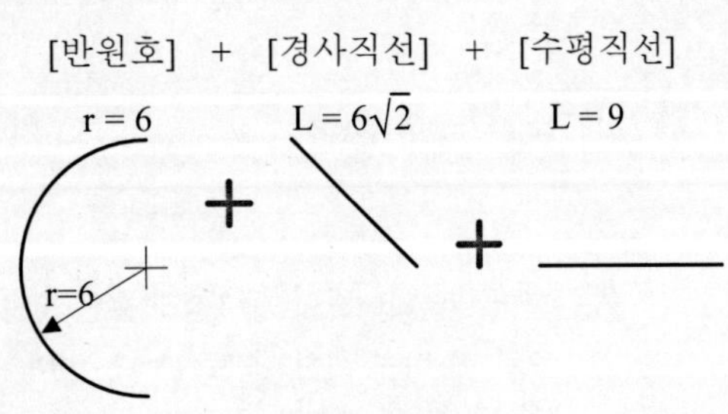

E11.3(a)

풀이 이 합성도형의 기본 구성도형은 그림 E11.3(a)에서 보는 바와 같이 반원호(r = 6)와 2개의 선분(경사직선 L=$6\sqrt{2}$ 와 수평직선 L=9)이다. 앞의 예제와 마찬가지로 계산과정에 표를 이용한다. 먼저 구성도형의 길이와 도심(L_i, x_i, y_i)을 각각 구한 다음(표 11.2를 이용), 선분 1차모멘트를 계산한다.

구성도형	L_i, mm	x_i, mm	y_i, mm	x_iL_i, mm^2	y_iL_i, mm^2
반원호(r=6)	$\pi r = 18.850$	−3.820	+6	−72	+113.1
경사직선	$6\sqrt{2} = 8.485$	+3	+9	+25.456	+76.365
수평직선	9	+10.5	+6	+94.5	+54
	$L = \Sigma L_i$ = +36.335			$Q_y = \Sigma x_i L_i$ = +47.956	$Q_x = \Sigma y_i L_i$ = +243.465

표의 계산결과를 이용하여 도심의 좌표를 구한다.

$\bar{x} = Q_y/A = 47.956/36.335 = 1.320$ mm

$\bar{y} = Q_x/A = 243.465/36.335 = 6.701$ mm

E11.4 그림 E11.4와 같은 도형이 각각 x축을 중심으로 한 바퀴(2π rad) 회전했을때 생기는 (a) 구(球, sphere), (b) 원추(圓錐, circular cone), (c) 원환체(圓環體, torus)의 표면적과 체적을 구하라.

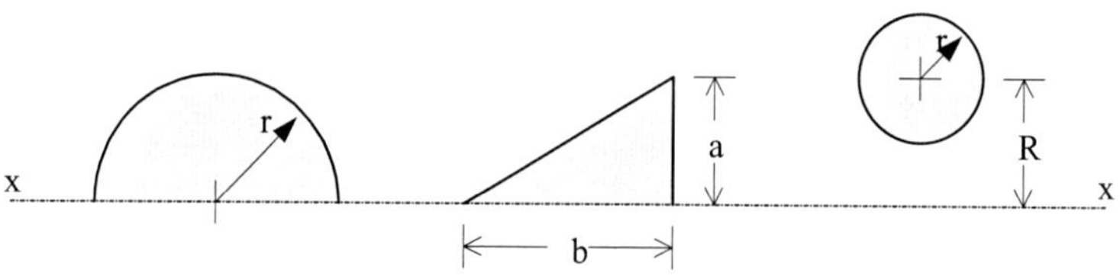

(a) sphere (b) cone (c) torus

E11.4

풀이 파퍼스-굴디너스의 제 1정리(표면적)와 제 2정리(체적)를 이용한다. x축을 중심으로 한 바퀴 회전하므로 $\theta = 2\pi$이며, 표면적은 $S = 2\pi\bar{y}L$, 체적은 $V = 2\pi\bar{y}A$이다. 표면적의 계산에 필요한 곡선의 길이 L및 체적의 계산에 필요한 면적 A, 회전축에서 곡선이나 면적의 도심까지 거리 $\bar{y}$는 표 11.1−2를 활용한다.

(a) 반경 r인 구

[표면적] $L = \pi r$, $\bar{y} = 2r/\pi$; $S = (2\pi)(2r/\pi)(\pi r) = 4\pi r^2$

[체적] $A = \pi r^2/2$, $\bar{y} = 4r/3\pi$; $V = (2\pi)(4r/3\pi)(\pi r^2/2) = 4\pi r^3/3$

(b) 밑면 반경 a, 높이 b인 원추

[측면적] $L_1 = \sqrt{a^2+b^2}$, $y_1 = a/2$; $L_2 = a$, $y_2 = a/2$;

$S = 2\pi \Sigma y_i L_i = \pi a(\sqrt{a^2+b^2} + a)$

[체적] $A = ab/2$, $\bar{y} = a/3$; $V = (2\pi)(a/3)(ab/2) = \pi a^2 b/3$

(c) 단면 반경 r, 중심 반경 R인 원환체

[표면적]　$L = 2\pi r,\ \bar{y} = R\ ;\ S = (2\pi)(R)(2\pi r) = 4\pi^2 rR$

[체적]　$A = \pi r^2,\ \bar{y} = R\ ;\ V = (2\pi)(R)(\pi r^2) = 2\pi^2 r^2 R$

E11.5 그림 E11.3의 도형이 x축을 중심으로 한 바퀴 회전하였을 때 생기는 회전체의 표면적을 구하라.

해 한 바퀴 회전하였으므로 $\theta = 2\pi$이며, $\bar{y}L = \Sigma y_i L_i$는 예제 11.3의 계산결과를 이용한다.

$$S = 2\pi \bar{y} L = 2\pi \Sigma y_i L_i = 2\pi Q_x = 2\pi(243.465) = 1529.74\ \text{mm}^2$$

Exercise

11.1 적분을 이용하여 다음과 같은 도형의 도심을 구하라.

(a) 표 11.1-(2)의 삼각형.

(b) 표 11.1-(7)의 반타원.

(c) 표 11.1-(8)의 부채꼴.

(d) 곡선 $y = b[1-(x/a)^3]$, $x = 0$, $y = 0$으로 둘러싸인 제 1사분면의 면적.
답 $(2a/5,\ 3b/7)$

(e) 포물선 $y^2 = 4ax$와 직선 $y = bx$로 둘러싸인 면적. 답 $(8a/5b^2,\ 2a/b)$

(f) 2개의 포물선 $y^2 = ax$와 $x^2 = ay$로 둘러싸인 면적. 답 $(9a/20,\ 9a/20)$

(g) 쌍곡선 $xy = c^2$, $a \le x \le b$, $y = 0$으로 둘러싸인 제 1사분면의 면적.
답 $\overline{x} = (b-a)/\log_e(b/a)$

(h) $y = a\sin(\pi x/L)$, $x = L/2$, $y = 0$으로 둘러싸인 면적. 답 $(L/\pi,\ \pi a/8)$

11.2 (a) 그림 P11.2(a)와 같이 원호와 현으로 싸인 활꼴(circular segment)의 도심을 구하라.

(b) 이 결과를 이용하여 그림 P11.2(b)의 면적에 대한 도심을 구하라.

답 (a) $\overline{x} = (2r/3)[\sin^3\alpha/(\alpha-\sin\alpha\cos\alpha)]$; (b)) $\overline{x} = 0$

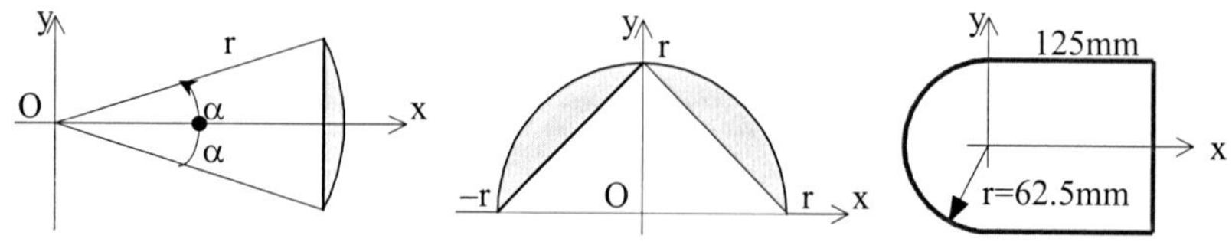

P11.2(a) P11.2(b) P11.3

11.3 등단면의 균질한 철사를 사용하여 그림 P11.3과 같이 한 변이 125mm인 정사각형의 세 변과 반경 62.5mm인 반원호를 만들었다. 도심을 구하라.
답 (41.0, 0)

11.4 그림과 같은 도형(면적)의 도심을 구하라.

답 (a) $(r/6,\ 0)$; (b) $(13.40,\ 13.40)$; (c) $(2r/\pi,\ 8r/3\pi - r/2)$; (d) $\bar{x} = 4(a+b)/3\pi$; (e) $(5.06,\ 5.06)$; (f) $(16.21,\ 31.90)$; (g) $(39.4,\ 28.5)$

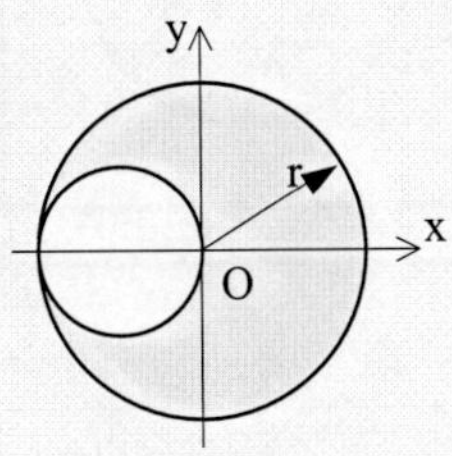

P11.4(a)

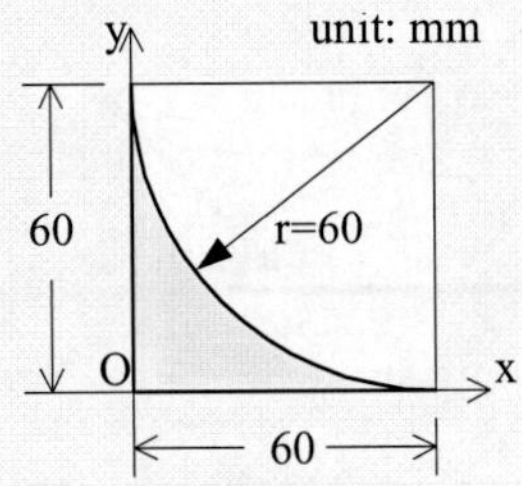

P11.4(b)

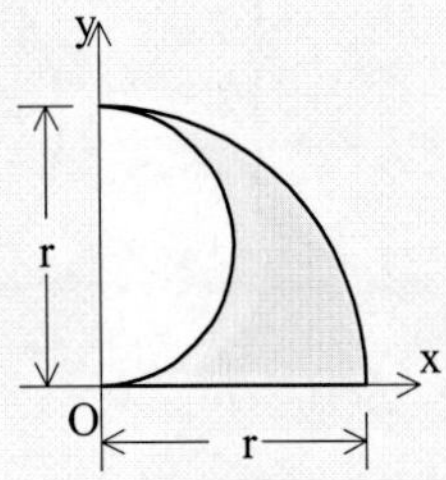

P11.4(c)

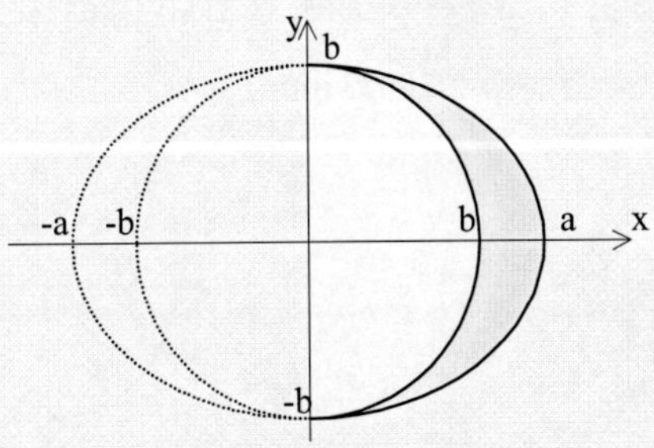

P11.4(d)

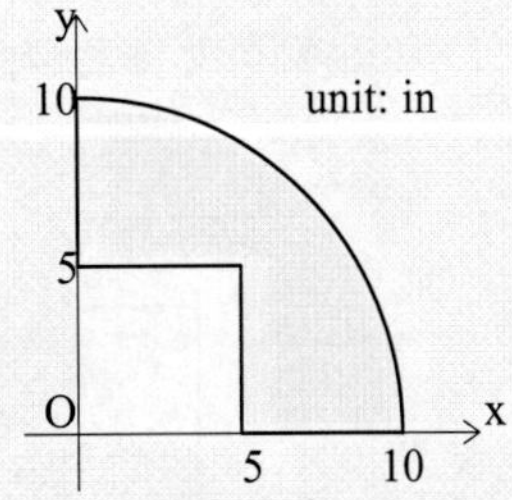

P11.4(e)

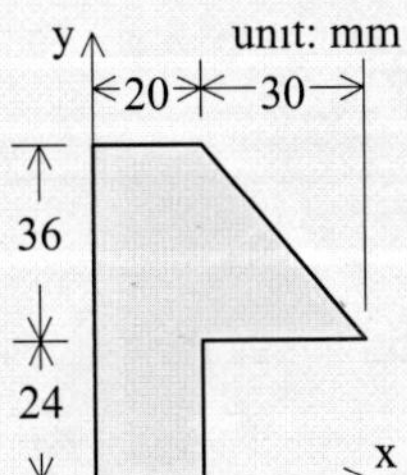

P11.4(f)

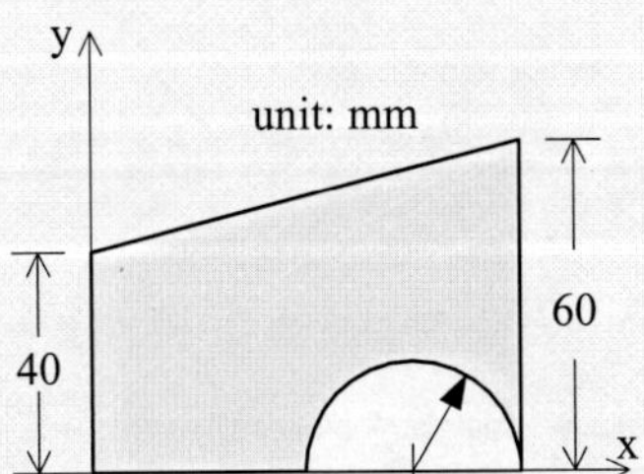

P11.4(g)

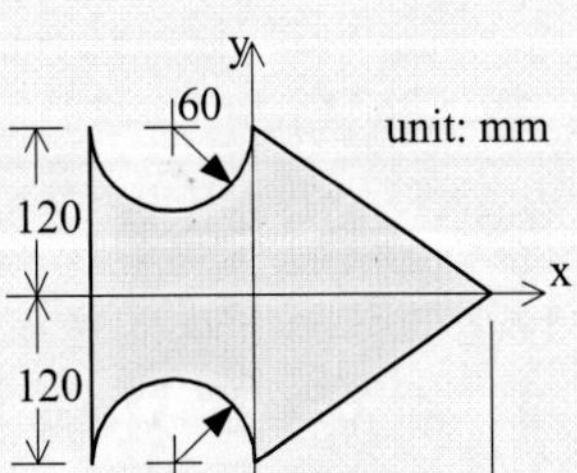

P11.4(h)

11.5 그림과 같은 도형(선)의 도심을 구하라. 답 (a) (1.36, 2.08); (b) (9.0, 27.0); (c) $\bar{x} = 0$.

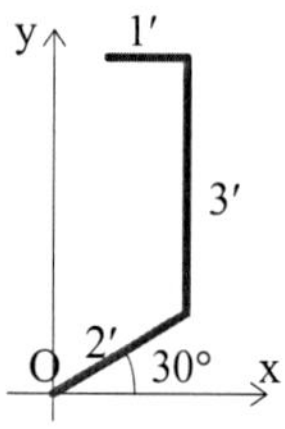

P11.5(a)

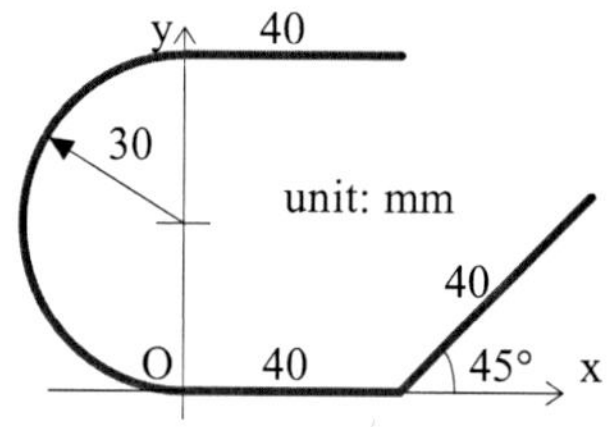

P11.5(b)

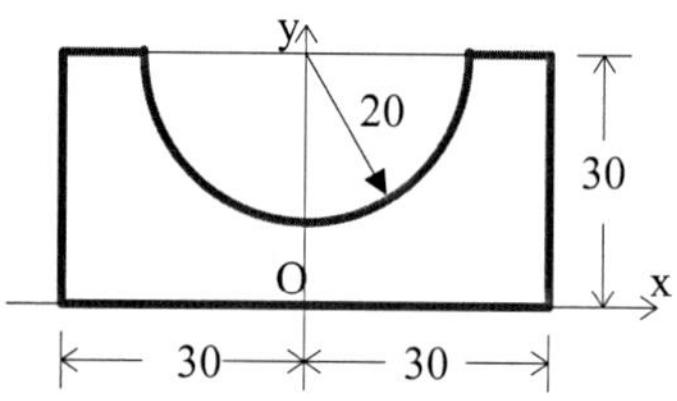

P11.5(c)

11.6 그림 P11.6과 같은 도형을 y축을 중심으로 한 바퀴 회전시켰을때 생기는 회전체의 체적과 표면적을 구하라. 답 $V = 928022\ mm^3$

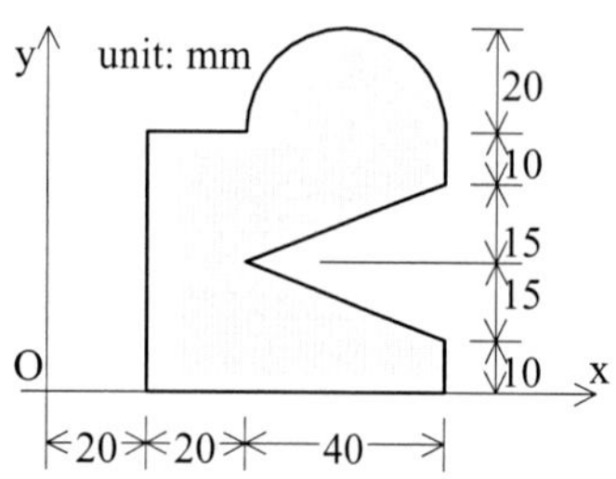

P11.6

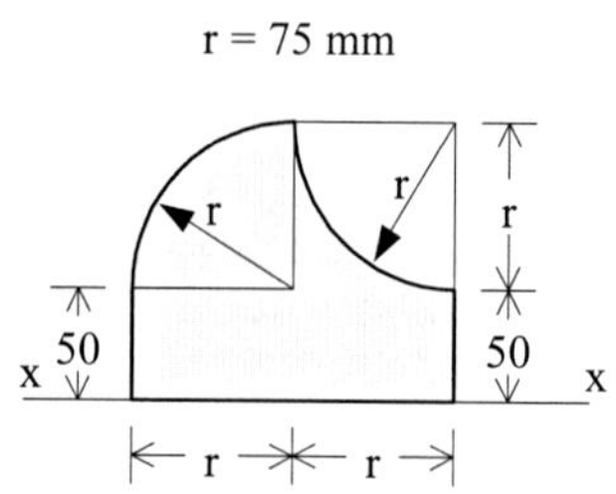

P11.7

11.7 그림 P11.7과 같은 도형이 x축을 중심으로 한 바퀴 회전했을때 생기는 회전체의 표면적과 체적을 구하라. 답 $S = 145200 mm^2$

11.8 그림 P11.8과 같은 반경 r인 반구(半球, hemisphere)의 도심을 구하라.

답 (3r/8, 0, 0)

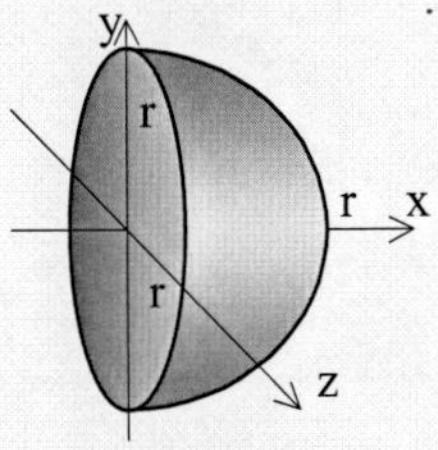

P11.8

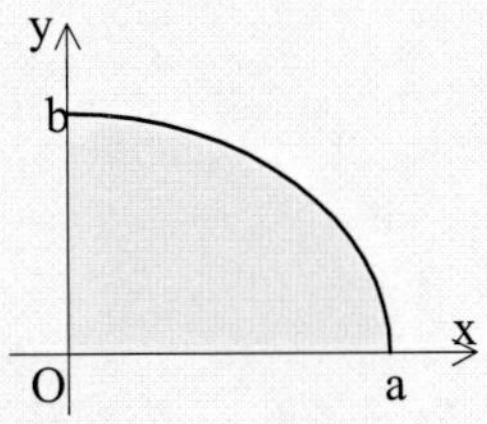

P11.9

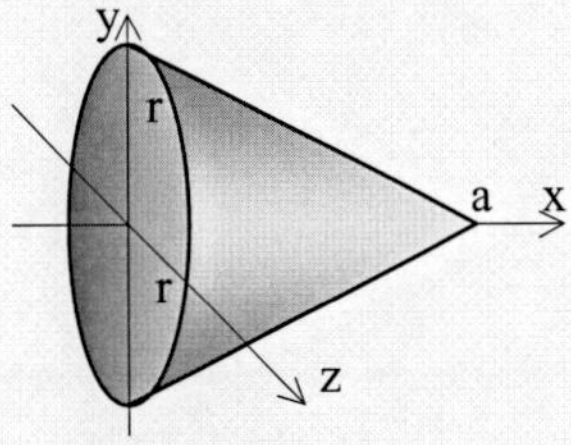

P11.10

11.9 그림 P11.9와 같은 사분타원(四分楕圓, quarter ellipse)이 x축을 중심으로 한 바퀴 회전했을 때 생기는 반타원체(半楕圓體, semi-ellipsoid)의 도심을 구하라.

답 (3a/8, 0, 0)

11.10 그림 P11.10과 같은 원추(cone; 밑면 반경 r, 높이 a)의 도심을 구하라.

답 (a/4, 0, 0)

11.11 그림 P11.11과 같은 선의 도심을 구하라. 답 (0, 50.2, 25.7)

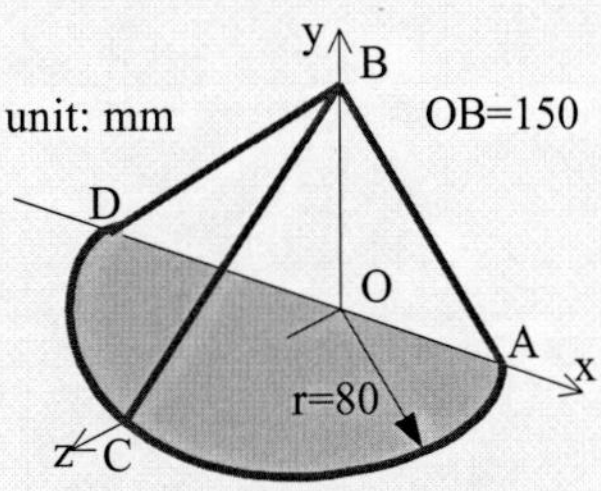

P11.11

ENGINEERING MECHANICS

LESSON 12

단면 2차모멘트 …
Moment of Inertia of Area

[+ 관성모멘트 moment of inertia + 면적 2차모멘트 second moment of area + 극단면 2차모멘트 polar moment of inertia of area + 회전반경 radius of gyration + 단면 상승모멘트 product of inertia + 평행축 정리 parallel-axis theorem]

1 면적의 관성모멘트(면적 2차모멘트, 면적의 관성모멘트)

강체의 회전운동을 해석하는 과정에서 회전 관성력을 표현하기 위하여 오일러(Leonhard Euler, 1707~1783, Swiss mathematician, physicist)는 질량의 관성모멘트(質量 慣性모멘트, moment of inertia of mass)를 사용하였다. 이와 비슷한 수학적 표현이 구조물의 해석과정에서 부재의 단면적과 관련하여 역학에 자주 사용된다. 이것을 면적의 관성모멘트(面積 慣性모멘트, moment of inertia of area) 또는 면적 2차모멘트(second moment of area)라고 한다. 여기에서 면적은 보통 구조물의 부재 단면적을 의미하므로 이를 흔히 단면 2차모멘트라고 한다.

(1) 면적 2차모멘트의 정의

평면적 A의 어떤 축(이 축을 관성축(慣性軸, inertial axis)이라 한다)에 대한 2차모멘트 I는, 그 면적을 구성하고 있는 미소면적 dA와 관성축으로부터 미소면적까지 거리 ρ의 제곱을 곱한 값인 ρ^2dA를 면적 전체에 대하여 적분한 값으로 정의한다. 이와 같이 면적에 거리의 2제곱을 곱한 모멘트이므로 면적 2차모멘트라고 하며, 이는 다음 식으로 정의한다.

$$I = \int_A \rho^2 dA \tag{12.1}$$

면적 2차모멘트는 (거리)^2 × (면적)이므로 그 단위는 [L^4]으로 m^4, mm^4, ft^4, in^4 등이다. 앞에서 공부한 면적 1차모멘트는 (거리) × (면적)이므로, 면적의 위치, 즉 거리를 나타내는 좌표의 부호에 따라 그 값이 양수 또는 음수가 될 수 있다. 그러나 면적 2차모멘트는 거리의 제곱을 곱하므로 면적의 관성축에 대한 상대적 위치(좌표의 부호)에 관계없이 항상 양수이다. 또 면적 1차모멘트가 힘의 모멘트(크기 1인 등분포력의 모멘트)와 같은 물리적 의미를 갖는 데 반해, 면적 2차모멘트는 수학적 표현일 뿐 물리적 의미는 없다. 면적 2차모멘트는 면적이 관성축을 중심으로 분산되어 있는 정도를 나타낸다고 할 수 있다.

(2) 직각 관성모멘트와 극 관성모멘트

면적 2차모멘트는 '어떤 축(관성축)에 관한 면적 2차모멘트'로 표현한다. 그림 12.1과 같이 직각 좌표계의 xy-평면상에 있는 면적 A에서 면적 2차모멘트를 정의해 보자.

x축에 관한 면적 2차모멘트(second moment of area about the x-axis) I_x를 정의하려면, 미소면적 dA와 미소면적으로부터 관성축(x축)까지의 거리를 확인해야 한다. 그림에서 보는 바와 같이 관성축, 즉 x축까지의 거리는 y좌표이다. 또 y축에 관한 면적 2차모멘트 I_y의 정의에서 사용될 미소면적과 관성축(y축) 사이의 거리는 x좌표이다. 한편 z축에 관한 면적 2차모멘트 I_z를 정의하는 데 필요한 미소면적 dA와 관성축(z축) 사이의 거리는, 그림 12.1에서 보는 바와 같이, xy-평면상에서 원점(O)으로부터 대각선 거리(r)이다. 따라서 각각의 관성축으로부터 미소면적까지 거리를 확인하고 면적 2차모멘트 I_x, I_y 및 I_z를 정의하면 각각 다음과 같다.

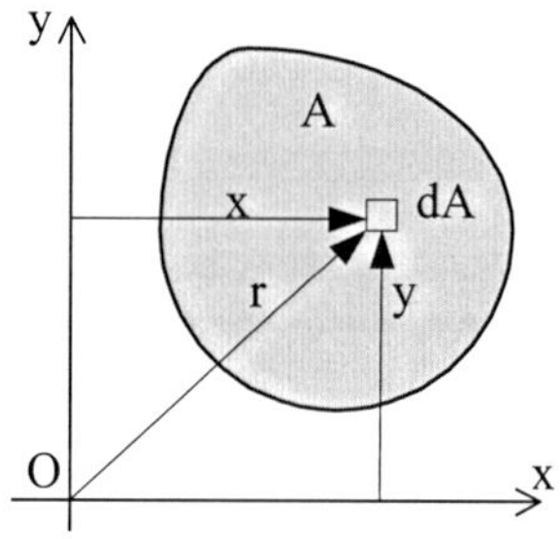

그림 12.1 면적 2차모멘트

$$I_x = \int_A y^2\, dA \tag{12.2a}$$

$$I_y = \int_A x^2\, dA \tag{12.2b}$$

$$I_z = \int_A r^2\, dA \tag{12.2c}$$

여기서 x축 및 y축은 면적 A와 동일 평면상에 있다. 이렇게 면적과 동일 평면상에 있는 관성축에 관한 면적 2차모멘트 I_x 및 I_y를 면적의 직각 관성모멘트(直角 慣性모멘트, rectangular moment of inertia of area) 또는 직각단면 2차모멘트라 한다. 그러나 z축은 xy-평면에 수직하고 O점을 지나는 축이다. 이렇게 면적 A에 수직한 관성축(z축)에 관한 면적 2차모멘트 I_z 를 면적의 극 관성모멘트(極 慣性모멘트, polar moment of inertia of area) 또는 극단면 2차모멘트라 하며 J_O라고 표기하기도 한다. x, y, z가 직교축이면 $x^2+y^2=r^2$이므로, 극단면 2차모멘트와 직각단면 2차모멘트 사이에 다음 식이 성립한다.

$$I_z = J_O = \int_A r^2 dA = \int_A (x^2 + y^2) dA = \int_A x^2 dA + \int_A y^2 dA = I_y + I_x \qquad (12.3)$$

2 회전반경

면적의 회전반경(回轉半徑, radius of gyration; k)은 $k=\sqrt{I/A}$ 또는 $I=Ak^2$으로 정의하며, 여기에서 I는 면적 2차모멘트, A는 면적이다. 사용되는 면적 2차모멘트의 종류에 따라서 회전반경에서도 x, y, z축에 관한 회전반경 k_x, k_y 및 k_z가 각각 정의된다.

$$k_x = \sqrt{\frac{I_x}{A}} \ ; \ k_y = \sqrt{\frac{I_y}{A}} \ ; \ k_z = \sqrt{\frac{I_z}{A}} \equiv k_O = \sqrt{\frac{J_O}{A}} \qquad (12.4)$$

회전반경의 단위는 길이의 단위와 같다. 또 식(12.3)을 이용하면 다음과 같은 직각관성 회전반경과 극관성 회전반경 사이의 관계를 확인할 수 있다.

$$k_O^2 = k_x^2 + k_y^2 \qquad (12.5)$$

3 적분을 이용한 면적 2차모멘트의 계산

면적 2차모멘트의 정의를 이용하여 면적 2차모멘트를 구하려면, 먼저 식(12.2)와 같은 적분을 위한 미소요소의 면적 dA를 취해야 한다. 만약 띠 모양의 미소면적을 이용한다면, 미소면적의 모든 부분이 관성축으로부터 같은 거리에 있도록 선택해야 한다.

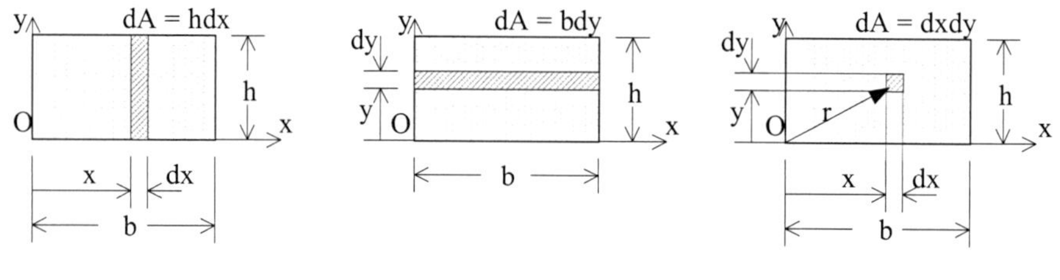

그림 12.2 적분을 위한 미소면적의 정의

예를 들어 그림 12.2와 같은 직사각형(b×h)의 면적 2차모멘트를 구해보자. 미소면적으로는 그림과 같이 3종류(y축, x축 및 원점 O로부터 일정한 거리에 있는 미소면적)를 고려할 수 있다. y축에 관한 면적 2차모멘트 I_y를 구하기 위한 미소면적으로서 그림 (a)가 적합하다. 띠 모양의 미소면적 dA의 모든 부분이 y축(관성축)으로부터 동일거리에 있기 때문이다. 그림 (b)와 같은 미소면적은 띠 모양의 모든 부분이 x축으로부터 동일거리에 있으므로 I_x를 구하는 데 적합하다. 그림 (c)와 같이 선택된 미소면적은 일반적인 것으로서 x축, y축 및 원점 O(또는 z축)로부터 일정한 거리에 있다고 할 수 있으므로 I_x, I_y 및 $J_O = I_z$를 구하는 데 모두 이용될 수 있다. 선택된 미소면적 dA를 이용하여 직사각형의 면적 2차모멘트를 구해보자.

(1) I_x의 계산 : x축으로부터 일정 거리에 있는 미소면적을 이용한다.

[그림 (b) : $dA = bdy,\ 0 \le y \le h$]

$$I_x = \int y^2 dA = \int_0^h y^2 b dy = bh^3/3$$

[그림 (c) : $dA = dxdy,\ 0 \le x \le b,\ 0 \le y \le h$]

$$I_x = \int y^2 dA = \iint y^2 dxdy = \int_0^b dx \int_0^h y^2 dy = bh^3/3$$

(2) I_y의 계산 : y축으로부터 일정 거리에 있는 미소면적을 이용한다.

[그림 (a) : $dA = hdx,\ 0 \le x \le b$]

$$I_y = \int x^2 dA = \int_0^b x^2 h dx = b^3 h/3$$

[그림 (c) : $dA = dxdy,\ 0 \le x \le b,\ 0 \le y \le h$]

$$I_y = \int x^2 dA = \iint x^2 dxdy = \int_0^b x^2 dx \int_0^h dy = b^3h/3$$

(3) J_O의 계산 : 원점 O로부터 일정 거리에 있는 미소면적을 이용한다.

[그림 (c) : dA = dxdy, 0 ≤ x ≤ b, 0 ≤ y ≤ h]

$$J_O = \int r^2 dA = \iint (x^2 + y^2) dxdy = \iint y^2 dxdy + \iint x^2 dxdy$$
$$= I_x + I_y = bh(b^2 + h^2)/3$$

관성축으로부터 거리가 일정하지 않은 띠 모양의 미소면적을 이용하면, 면적 2차모멘트를 구하기 위한 적분이 정의되지 않는다. 예를 들어, 그림 12.2(a)와 같은 미소면적을 이용하여 I_x를 구하려고 하는 경우를 살펴보자. 띠 모양의 미소면적 dA의 모든 부분이 관성축(x축)으로부터 일정한 거리에 있지 않으므로, 2차모멘트를 계산할 때 y^2dA의 y가 정의되지 않는다는 것이다.

4 단면 상승모멘트

그림 12.1과 같은 면적에 대하여 다음과 같이 정의된 P_{xy}를 x축과 y축에 관한 면적 A의 관성적(慣性積, product of inertia), 면적의 상승(相乘) 모멘트, 또는 단면 상승모멘트라 한다.

$$P_{xy} = \int xydA \tag{12.6}$$

단면 상승모멘트의 단위는 단면 2차모멘트의 단위와 같이 $[L^4]$이다. 그러나 부호는 양수 또는 음수가 될 수 있다. 단면 상승모멘트는 면적에 x좌표와 y좌표를 곱한 형식이다. 그러므로 면적이 xy-평면의 제 1사분면(x좌표와 y좌표가 모두 양수)과 제 3사분면(x좌표와 y좌표가 모두 음수이므로 그 곱은 양수)에 있으면 양수이고, x와 y좌표의 부호가 다른 제 2사분면 및 제 4사분면에 있는 면적에 대해서는 단면 상승모멘트가 음수이다.

또 x축이나 y축 중에 적어도 하나가 면적의 대칭축이면 단면 상승모멘트 P_{xy}는 0이 된다. 이는 대칭축에 관한 면적 1차모멘트가 0이 된다는 사실과 마찬가지 방법으로 설명할 수 있다.

기본도형에 대한 단면 상승모멘트를 식(12.6)으로부터 적분을 이용하여 구할 수 있다. 예를 들어, 그림 12.2와 같이 제 1사분면에 있는 직사각형

(b×h)의 단면 상승모멘트를 구해 보자. 미소면적 dA는 그림 12.2(c)와 같이 취하는 것이 단면 상승모멘트의 계산에는 유용하다. 미소면적으로부터 x축 및 y축까지의 거리가 쉽게 정의되기 때문이다.

[그림 (c) : $dA = dxdy,\ 0 \le x \le b,\ 0 \le y \le h$]

$$P_{xy} = \int xy dA = \iint xy dx dy = \int_0^b x dx \int_0^h y dy = (b^2/2)(h^2/2) = b^2h^2/4$$

표 12.1에 몇 가지의 기본도형에 대한 단면 2차모멘트와 회전반경, 단면 상승모멘트 등을 수록하였으며, 다음과 같은 기호를 사용한다.

- C = 면적의 도심(표 11.1 참조)
- x_o, y_o = x축 및 y축에 각각 평행한 도심축(圖心軸, centroidal axes)
- $\bar{I}_x$, $\bar{I}_y$ ($\bar{P}_{xy}$) = 도심축 x_o, y_o에 관한 단면 2차모멘트(단면 상승모멘트)
- $\bar{k}_x$ = 도심축 x_o에 관한 회전반경
- I_x, I_y(P_{xy}) = x축 및 y축에 관한 단면 2차모멘트(단면 상승모멘트)
- k_x = x축에 관한 회전반경
- J_C = 도심 C를 지나는 축(z_0)에 관한 극단면 2차모멘트

표 12.1 Moment of inertia of area for common geometric shapes (다음 페이지에 계속)

도형	단면 2차모멘트		회전반경
(1) rectangle 직사각형 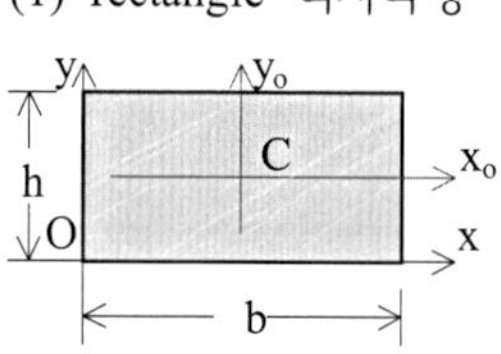	$\bar{I}_x = bh^3/12$ $\bar{I}_y = hb^3/12$ $P_{xy} = 0$ $J_C = bh(b^2 + h^2)/12$	$I_x = bh^3/3$ $I_y = hb^3/3$ $P_{xy} = b^2h^2/4$	$\bar{k}_x = \dfrac{h}{\sqrt{12}}$ $k_x = \dfrac{h}{\sqrt{3}}$
(2) triangle 삼각형 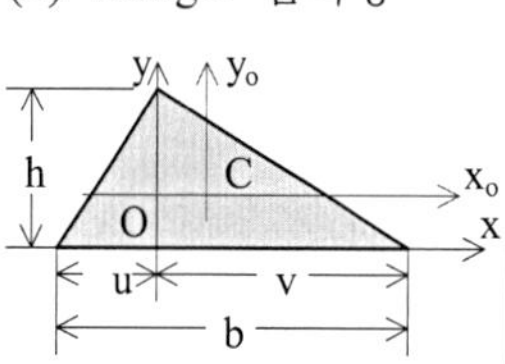	$\bar{I}_x = bh^3/36$ $\bar{P}_{xy} = h^2(u^2 - v^2)/72$	$I_x = bh^3/12$ $I_y = h(u^3 + v^3)/12$ $P_{xy} = h^2(v^2 - u^2)/24$	$\bar{k}_x = \dfrac{h}{\sqrt{18}}$ $k_x = \dfrac{h}{\sqrt{6}}$

표 12.1 Moment of inertia of area for common geometric shapes

도형	단면 2차모멘트		회전반경
(3) circle 원 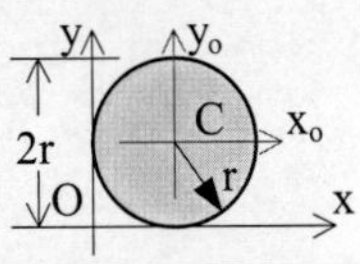	$\bar{I}_x = \bar{I}_y = \pi r^4/4$ $\bar{P}_{xy} = 0$ $J_C = \pi r^4/2$	$I_x = I_y = 5\pi r^4/4$ $P_{xy} = \pi r^4$	$\bar{k}_x = \frac{r}{2}$ $k_x = \frac{\sqrt{5}\,r}{2}$
(4) circular sector (radius : r) 부채꼴 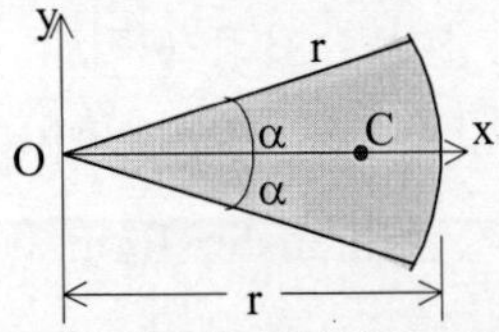	$\bar{I}_x = I_x = r^4(\alpha - \sin\alpha \cos\alpha)/4$ $I_y = r^4(\alpha + \sin\alpha \cos\alpha)/4$ $P_{xy} = 0$		
(5) half circle (radius : r) 반원 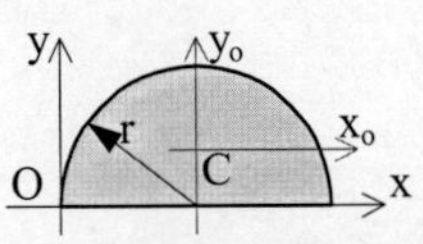	$\bar{I}_x = 0.1098r^4$ $\bar{I}_y = \pi r^4/8$ $\bar{P}_{xy} = 0$	$I_x = \pi r^4/8$ $I_y = 5\pi r^4/8$ $P_{xy} = 2r^4/3$	$\bar{k}_x = 0.2643\ r$ $k_x = r/2$
(6) quarter-circle 사분원 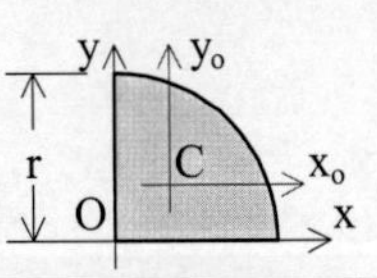	$\bar{I}_x = 0.0549r^4$ $\bar{I}_y = 0.0549r^4$ $\bar{P}_{xy} = r^4(1/8-4/9\pi)$	$I_x = \pi r^4/16$ $I_y = \pi r^4/16$ $P_{xy} = r^4/8$	$\bar{k}_x = 0.2643\ r$ $k_x = r/2$
(7) ellipse 타원 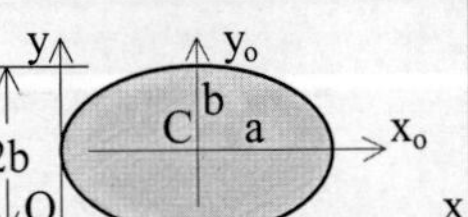	$\bar{I}_x = \pi ab^3/4$ $\bar{I}_y = \pi a^3 b/4$ $\bar{P}_{xy} = 0$ $J_C = \pi ab(a^2 + b^2)/4$	$I_x = 5\pi ab^3/4$ $I_y = 5\pi a^3b/4$ $P_{xy} = \pi a^2b^2$	$\bar{k}_x = \frac{b}{2}$ $k_x = \frac{\sqrt{5}}{2}b$
(8) half ellipse 반타원 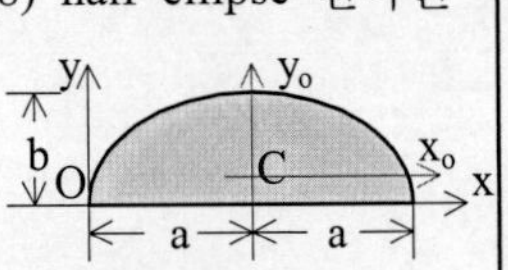	$\bar{I}_x = (\pi ab^3/8)(1-64/9\pi^2)$ $\bar{I}_y = \pi a^3 b/8$ $\bar{P}_{xy} = 0$	$I_x = \pi ab^3/8$ $I_y = 5\pi a^3b/8$ $P_{xy} = 2a^2b^2/3$	$\bar{k}_x = 0.2643\ b$ $k_x = b/2$
(9) quarter-ellipse 사분타원 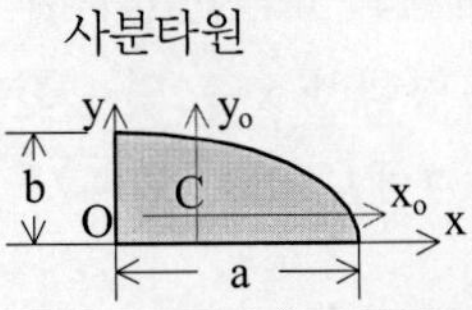	$\bar{I}_x = (\pi ab^3/16)(1-64/9\pi^2)$ $\bar{I}_y = (\pi a^3b/16)(1-64/9\pi^2)$ $P_{xy} = (a^2b^2/8)(1-32/9\pi)$	$I_x = \pi ab^3/16$ $I_y = \pi a^3b/16$ $P_{xy} = a^2b^2/8$	$\bar{k}_x = 0.2643\ b$ $k_x = b/2$

5 평행축 정리

Parallel–axis theorem : The moment of inertia I of an area with respect to any given axis L is equal to the moment of inertia $\bar{I}$ of the area with respect to a centroidal axis L_o parallel to L plus the product Ad^2 of the area A and the square of the distance d between the two axes.

그림 12.3과 같은 면적의 도심축(x_o, y_o)에 관한 면적 2차모멘트 $\bar{I}_x$, $\bar{I}_y$, $\bar{P}_{xy}$ 등을 알고 있을 때, 도심축에 평행한 축(평행축 사이의 거리가 각각 $\bar{y}$ 및 $\bar{x}$) x 및 y에 관한 단면 2차모멘트 I_x, I_y, P_{xy}를 구하려면 평행축 정리(平行軸 定理, parallel-axis theorem) 또는 전이공식(轉移公式, transfer formula)을 이용한다.

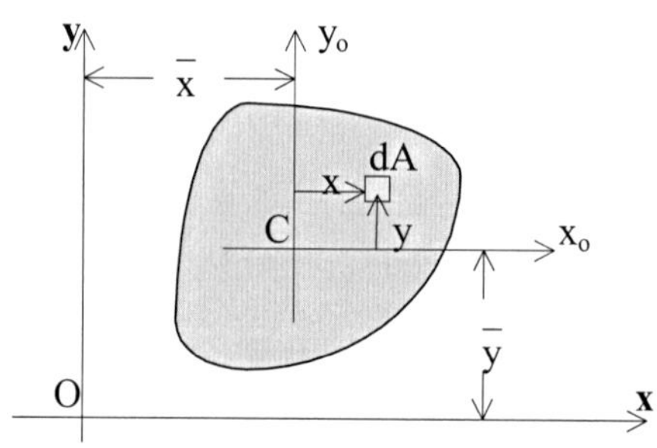

그림 12.3 평행축 정리

도심축에 평행한 어떤 축에 관한 단면 2차모멘트는, (도심축에 관한 단면 2차모멘트) + (면적) × (평행축 사이의 거리)^{2}으로 표시된다는 것이다. 평행축 정리는 합성도형의 도심축에 관한 단면 2차모멘트 등을 계산할 때 매우 유용하게 사용된다.

(1) 단면 2차모멘트에 관한 평행축 정리

그림 12.3에서 도심축 x_o 및 y_o에 관한 단면 2차모멘트 $\bar{I}_x = \int y^2 dA$와 $\bar{I}_y = \int x^2 dA$를 알고 있을 때, 이를 이용하여 도심축에 평행한 x축 및 y축에 관한 단면 2차모멘트 I_x와 I_y를 구해보자. 단면 2차모멘트의 정의에서 I_x는 다음과 같다.

$$I_x = \int (\bar{y}+y)^2 dA = \int y^2 dA + 2\bar{y}\int y dA + \bar{y}^2 \int dA$$

위 식에서 $\bar{y}$ = 도심축 x_0와 평행한 관성축 x 사이의 거리이며, ∫ydA는 도심축에 관한 면적 1차모멘트이므로 0이고, ∫dA=A(면적)이다. 그러므로 다음과 같이 단면 2차모멘트에 대한 평행축 정리(parallel-axis theorem for moment of inertia)를 얻는다.

$$I_x = \bar{I}_x + A\bar{y}^2 \quad (12.7a)$$

마찬가지 방법으로 I_y에 대해서도 다음 식을 얻는다.

$$I_y = \bar{I}_y + A\bar{x}^2 \quad (12.7b)$$

(2) 단면 상승모멘트에 관한 평행축 정리

그림 12.3에서 도심축 x_o 및 y_o에 관한 단면 상승모멘트 $\bar{P}_{xy}$ = ∫xydA를 이용하여 x축 및 y축에 관한 단면 상승모멘트 P_{xy}를 구해보자.

$$P_{xy} = \int (\bar{x}+x)(\bar{y}+y)dA = \int xydA + \bar{y}\int xdA + \bar{x}\int ydA + \bar{x}\bar{y}\int dA$$

여기에서도 ∫xdA와 ∫ydA는 각각 도심축 x_o 및 y_o에 관한 면적 1차모멘트로서 0이므로 단면 상승모멘트에 대한 평행축 정리(parallel-axis theorem for product of inertia)는 다음과 같이 표시된다.

$$P_{xy} = \bar{P}_{xy} + A\bar{x}\,\bar{y} \quad (12.8)$$

(3) 회전반경에 관한 평행축 정리

단면 2차모멘트에 관한 평행축 정리의 식(12.7)의 양변을 면적 A로 나누면, 다음과 같은 식을 얻는다

$$k_x^2 = \bar{k}_x^2 + \bar{y}^2 \text{ 또는 } k_y^2 = \bar{k}_y^2 + \bar{x}^2 \quad (12.9)$$

6 예제

E12.1 표 12.1-(6)의 사분원(四分圓, quarter-circle)에서, (1) 적분을 이용하여 I_x, I_y,

P_{xy}를 구하고, (2) 평행축 정리를 이용하여 $\bar{I}_x$, $\bar{I}_y$, $\bar{P}_{xy}$를 구하라.

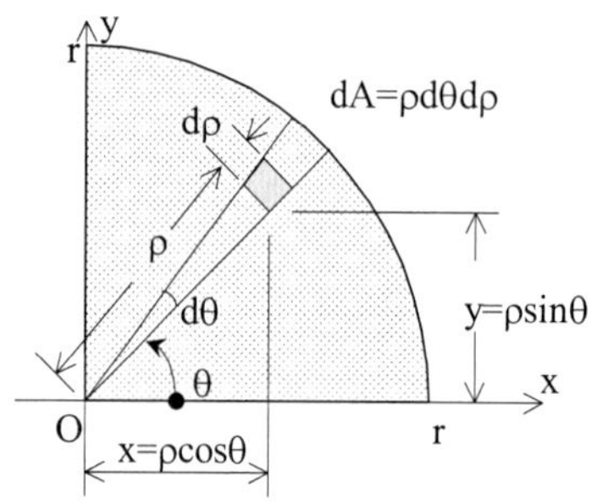

E12.1(a)

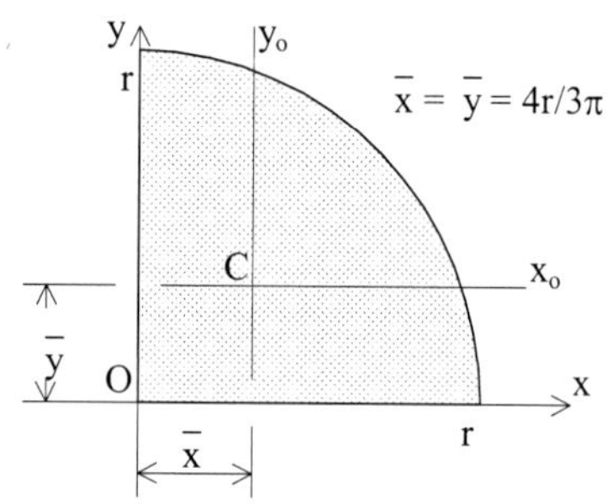

E12.1(b)

해 그림 E12.1(a)와 같이 극좌표(極座標, polar coordinates ; ρ, θ)를 이용하여 미소면적을 취한다. 극좌표(ρ, θ)를 이용하여 미소면적을 표현하면 $dA = (\rho d\theta)d\rho$이다. 또 극좌표와 직각좌표 사이의 관계는 $(x, y) = (\rho\cos\theta, \rho\sin\theta)$이다. 극좌표를 이용할 경우 반경 r인 사분원의 적분구간은 $0 \le \rho \le r$, $0 \le \theta \le \pi/2$이다.

(1) 적분을 이용한 I_x, I_y, P_{xy}의 계산

$$I_x = \int y^2 dA = \int_0^r \int_0^{\pi/2} (\rho\sin\theta)^2 \rho d\theta d\rho = \int_0^r \rho^3 d\rho \int_0^{\pi/2} \sin^2\theta d\theta = \pi r^4/16$$

$$I_y = \int x^2 dA = \int_0^r \int_0^{\pi/2} (\rho\cos\theta)^2 \rho d\theta d\rho = \int_0^r \rho^3 d\rho \int_0^{\pi/2} \cos^2\theta d\theta = \pi r^4/16$$

$$P_{xy} = \int xy dA = \int_0^r \int_0^{\pi/2} (\rho\cos\theta)(\rho\sin\theta)\rho d\theta d\rho = \int_0^r \rho^3 d\rho \int_0^{\pi/2} \sin\theta\cos\theta d\theta = r^4/8$$

위의 적분과정에서 $\sin^2\theta = (1-\cos 2\theta)/2$, $\cos^2\theta = (1+\cos 2\theta)/2$, $\sin\theta\cos\theta = (\sin 2\theta)/2$의 관계를 이용할 수 있다. 또 도형의 대칭성을 고려하면, $I_x = I_y$임을 예상할 수 있으며 이러한 사실이 확인 되었다.

(2) 평행축 정리를 이용한 $\bar{I}_x$, $\bar{I}_y$, $\bar{P}_{xy}$의 계산 :

그림 E12.1(b)에서 보는 바와 같은 도심축에 평행한 축(x축과 y축)에 관한 단면 2차모멘트 및 상승모멘트를 알고, 도심축(x_o 및 y_o)에 관한 값을 계산하는 것이다. 따라서 평행축 정리의 식을 이항하여 사용하면 된다.

$$\bar{I}_x = I_x - A\bar{y}^2 = \pi r^4/16 - (\pi r^2/4)(4r/3\pi)^2 = (\pi r^4/16)(1 - 64/9\pi^2) = 0.0549r^4$$

$$\bar{I}_y = \bar{I}_x = 0.0549r^4$$

$$\bar{P}_{xy} = P_{xy} - A\bar{x}\bar{y} = r^4/8 - (\pi r^2/4)(4r/3\pi)(4r/3\pi) = (r^4/8)(1 - 32/9\pi) = -0.01647r^4$$

도형의 대칭성에 의하여 $\bar{I}_y = \bar{I}_x$ 임을 이용하였다. 또 xy-좌표계에서는 면적이 제 1사분면에 위치하여 P_{xy}가 양수이지만, 도심축에 대한 직교 좌표계(x_oy_o-좌표계)에서는 면적이 모든 사분면에 분포하게 되므로, 단면 상승모멘트 $\bar{P}_{xy}$의 값은 음수가 될 수도 있음이 확인된다.

E12.2 그림 E12.2와 같은 I형 보의 단면에서 도심축(x_o 및 y_o)에 관한 단면 2차모멘트를 구하라. 그림의 치수의 단위는 mm이다.

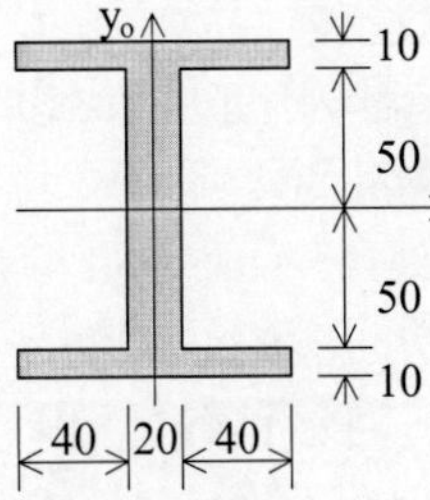

E12.2

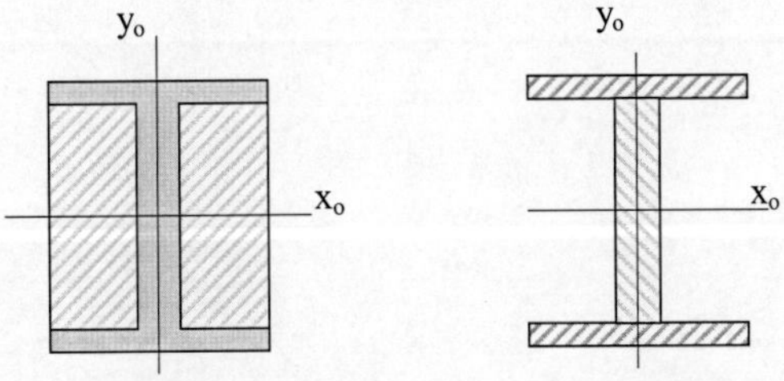

E12.2(a) E12.2(b)

해 그림 E12.2와 같은 I형 단면은 그림 E12.2(a) 또는 (b)와 같은 구성으로 볼 수 있다. (a)는 큰 직사각형(100×120)에서 2개의 직사각형(40×100)을 뺀 것으로 구성 되었다고 생각한 것이며, I형 단면의 도심축 x_o와 모든 구성요소 도형들의 도심축이 일치한다. 따라서 I형 단면의 도심축 x_o에 관한 단면 2차모멘트는 큰 직사각형(100×120)의 도심축 x_o에 관한 단면 2차모멘트에서 2개의 직사각형(40×100)의 도심축 x_o에 관한 단면 2차모멘트를 대수적으로 빼면 된다.

그림 (b)는 I형 단면이 2개의 직사각형 플랜지(100×10)와 웨브 직사각형(20×100)을 더한 것으로 구성 되었다고 생각한 것이며, y_o가 전체도형 및 구성도형들의 공통 도심축인 경우이다. 따라서 I형 단면의 도심축 y_o에 관한 단면 2차모멘트를 구할 때 구성도형들의 단면 2차모멘트에 대한 평행축 정리를 사용하지 않아도 된다. 즉, 2개의 직사각형 플랜지(100×10)와 웨브 직사각형(20×100)의 도심축 y_o에 관한 단면 2차모멘트를 대수적으로 합하면 된다.

구성도형의 도심축과 전체도형의 관성축이 일치하지 않을 경우에는, 구성도형의 단면 2차모멘트에 대해 평행축 정리를 이용하여 전체도형의 관성축에 관한 단면 2차모멘트를 계산한다.

따라서 구성도형의 도심축과 I형 단면의 도심축이 일치하는 경우의 대수적인 합산법과, 구성도형의 도심축과 I형 단면의 도심축이 일치하지 않아서 평행축 정리를 이용하여 합성도형의 단면 2차모멘트를 계산하는 방법을 각각 제시한다.

• 대수적인 합산법 : 모든 구성도형의 도심축이 합성도형의 전체면적에 대한 관성

축과 일치할 때 사용한다.

[그림 E12.2(a)] : $\bar{I}_x = 100(120^3)/12 - 2 \times 40(100^3)/12 = 7.733 \times 10^6\ mm^4$

[그림 E12.2(b)] : $\bar{I}_y = 2 \times 10(100^3)/12 + 100(20^3)/12 = 1.733 \times 10^6\ mm^4$

- 평행축 정리를 이용한 계산법 : 구성도형의 도심축과 합성도형의 전체면적에 대한 관성축이 일치하지 않을 때 사용한다.

  [그림 E12.2(b)] : $\bar{I}_x = 2 \times \{100(10^3)/12 + (100 \times 10)(50+5)^2\} + 20(100^3)/12 = 7.733 \times 10^6\ mm^4$

  [그림 E12.2(a)] : $\bar{I}_y = 120(100^3)/12 - 2 \times \{100(40^3)/12 + (100 \times 40)(10+20)^2\} = 1.733 \times 10^6\ mm^4$

12.1 적분을 이용하여 표 12.1의 도형에 대한 단면 2차모멘트 및 단면 상승모멘트를 구하고, 표의 결과를 확인하라.

12.2 표 11.1-(3)의 도형에서 n = 2일 때(포물선 하부의 면적), x축 및 y축에 관한 단면 2차모멘트와 단면 상승모멘트를 각각 구하라.

답 $I_x = ab^3/21,\ I_y = a^3b/5,\ P_{xy} = a^2b^2/12.$

12.3 그림 P12.3과 같이 포물선과 x축으로 싸인 면적에서 $\bar{I}_x$, $\bar{I}_y$, I_x, I_y를 각각 구하라.

답 $\bar{I}_x = 16ab^3/175,\ \bar{I}_y = 4a^3b/15,\ I_x = 32ab^3/105,\ I_y = 8a^3b/5$

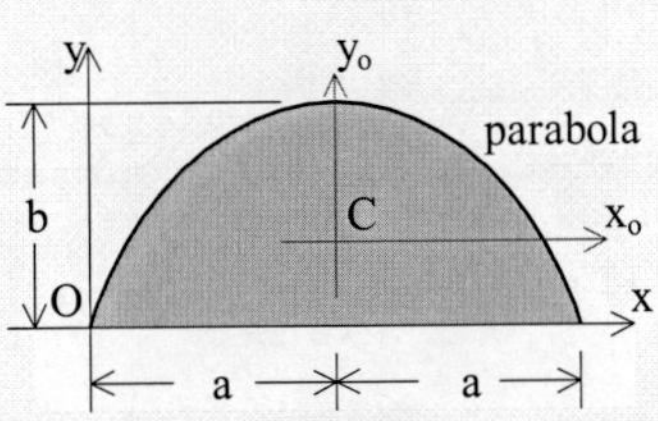

P12.5

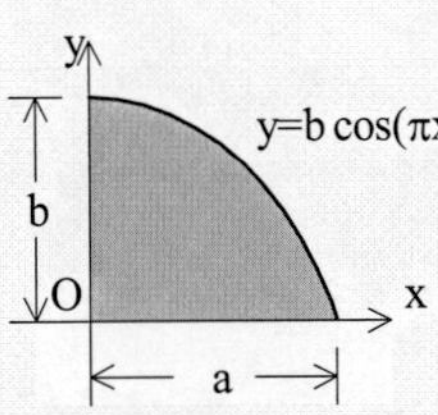

P12.3

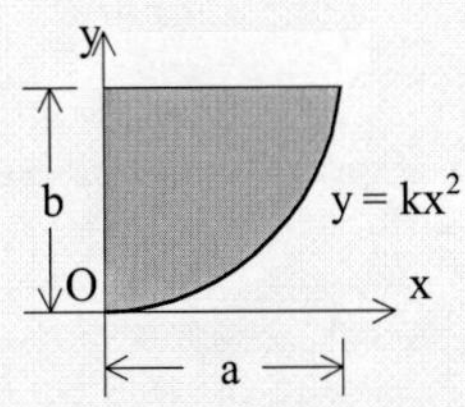

P12.4

12.4 그림 P12.4와 같은 코사인 곡선 하부의 면적에서 I_x, I_y를 각각 구하라.

답 $I_x = 4ab^3/9\pi,\ I_y = 2a^3b/\pi - 16a^3b/\pi^3$

12.5 그림 P12.5와 같은 면적에서 I_x, I_y를 각각 구하라. 답 $I_x = 2ab^3/7,\ I_y = 2a^3b/15$

12.6 문제 11.2(a)의 그림 P11.2(a)와 같은 활꼴의 x축 및 y축에 관한 단면 2차모멘트를 구하라.

답 $I_x = Ar^2(1 - 2\delta/3)/4,\ I_y = Ar^2(1 + 2\delta)/4$, A = 활꼴 면적,

$\delta = \sin^3\alpha\cos\alpha/(\alpha - \sin\alpha\ \cos\alpha).$

12.7 그림 P12.7과 같은 면적에서 I_x, I_y를 각각 구하라. 답 $I_x = 45.9 \times 10^6\ \text{mm}^4$

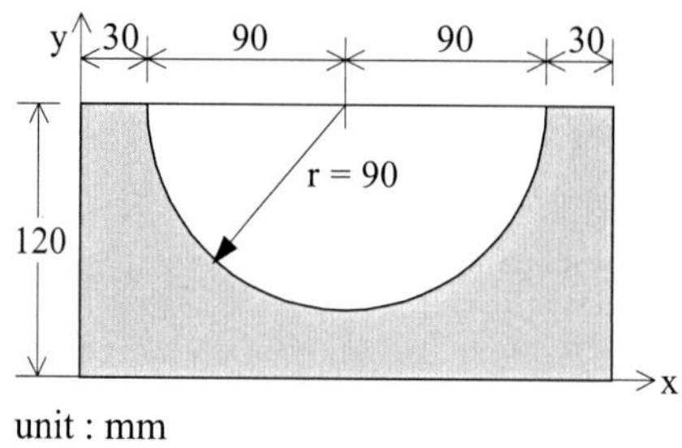

P12.7

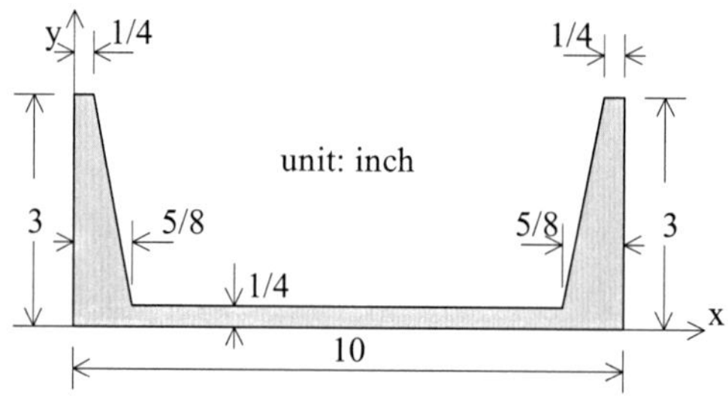

P12.8

12.8 그림 P12.8과 같은 단면에서 $\bar{I}_x$, $\bar{I}_y$를 각각 구하라. 답 $\bar{I}_x = 3.52\ \text{in}^4$

12.9 그림 P12.9(a) ~ (c)와 같은 면적에서 수평 도심축(x_0)에 관한 단면 2차모멘트 ($\bar{I}_x$)를 구하라. 치수의 단위는 모두 mm이다.

답 (a) $46.3 \times 10^4\ \text{mm}^4$; (b) $13.89 \times 10^6\ \text{mm}^4$; (c) $22.6 \times 10^6\ \text{mm}^4$

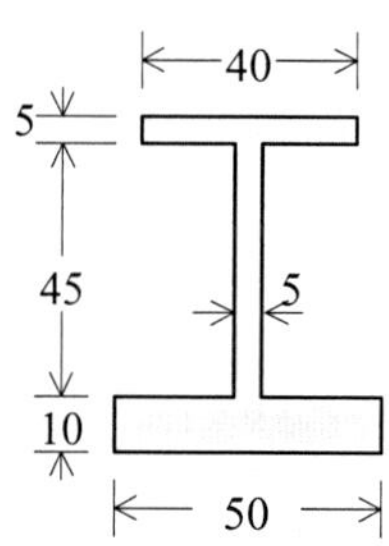

P12.9(a)

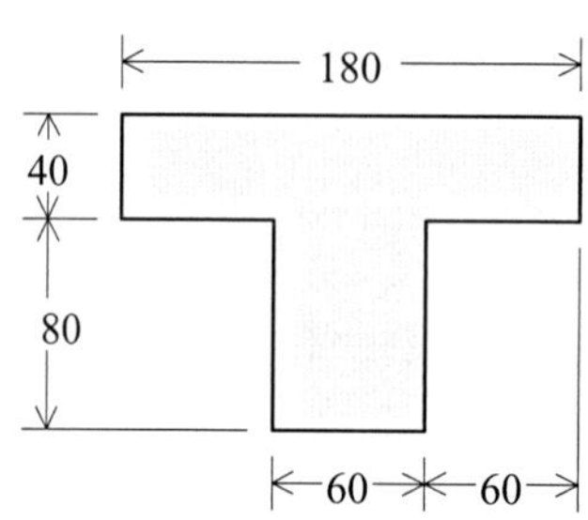

P12.9(b)

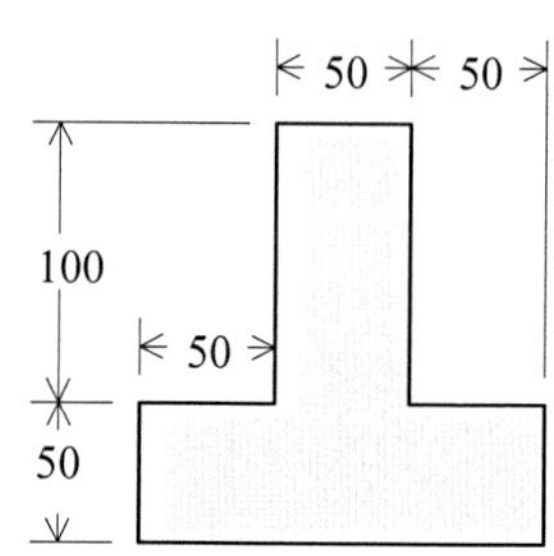

P12.9(c)

12.10 그림 P11.4(a) ~ (h)의 면적에서 I_x, I_y, P_{xy}를 각각 구하라.

12.11 그림 P12.11과 같은 중공 원형단면(hollow circular section)에서 두께는 $t = R_2 - R_1$, 평균반경은 $R = (R_2 + R_1)/2$이다.

(1) 두께 t가 매우 작을 때, 극 회전반경(polar radius of gyration) k_O는 평균반경과 근사적으로 같음($k_O \approx R$)을 보여라.

(2) 두께와 평균반경의 비가 t/R = 1, 0.5, 0.1, 0.05일 때, 극 회전반경에 대한 근사값의 상대오차 R/k_O의 값을 각각 구하라.

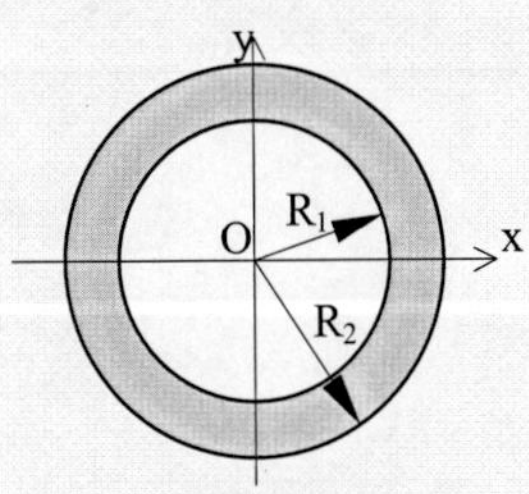

P12.11

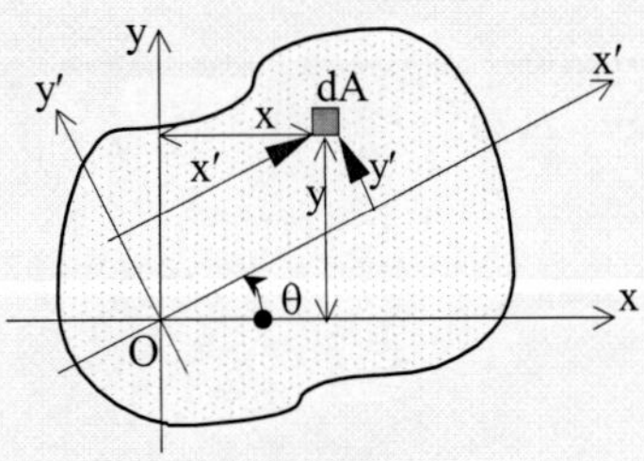

P12.12

12.12 그림 P12.12에서 x 및 y축에 관한 단면 2차모멘트와 상승모멘트 I_x, I_y, P_{xy}를 알고 있다고 하자. 좌표축을 반시계 방향으로 θ 만큼 회전시킨 축 x' 및 y'축에 관한 단면 2차모멘트와 상승모멘트 $I_{x'}$, $I_{y'}$, $P_{x'y'}$를 I_x, I_y, P_{xy} 및 θ의 함수로 표시하여라.

힌트. $x' = x\cos\theta + y\sin\theta$ 및 $y' = y\cos\theta - x\sin\theta$의 관계식을 이용하라.

답 $$I_{x'} = I_x \cos^2\theta - 2P_{xy}\sin\theta\cos\theta + I_y \sin^2\theta \tag{12.10a}$$

$$I_{y'} = I_x \sin^2\theta + 2P_{xy}\sin\theta\cos\theta + I_y \cos^2\theta \tag{12.10b}$$

$$P_{x'y'} = (I_x - I_y)\sin\theta\cos\theta + P_{xy}(\cos^2\theta - \sin^2\theta) \tag{12.10c}$$

12.13 문제 12.12에서 단면 2차모멘트의 최대값(I_{max})과 최소값(I_{min}) 및 그 때의 θ의 값이 다음과 같음을 보여라. (I_{max}와 I_{min}의 관성축은 직교하며, 이러한 관성축을 면적의 주축(主軸, principal axes of the area about O)이라 한다. 주축에 관한 단면 상승모멘트는 0이다.)

$$I_{\max,\min} = \frac{I_x + I_y}{2} \pm \sqrt{\left(\frac{I_x - I_y}{2}\right)^2 + P_{xy}^2} \tag{12.11a}$$

$$\tan 2\theta = -\frac{2P_{xy}}{I_x - I_y} \tag{12.11b}$$

ENGINEERING MECHANICS

LESSON 13

질량 2차모멘트 ...
Moment of Inertia of Mass

[+ 질량 2차모멘트 moment of inertia of mass + 회전반경 radius of gyration + 평행축정리 parallel-axis theorem + 얇은 판 thin plate

1. 질량 2차모멘트
2. 회전반경
3. 질량 상승모멘트
4. 평행축 정리
5. 얇은 판의 질량 2차모멘트 – 면적 2차모멘트의 이용
6. 예제

   연습문제

1 질량 2차모멘트

강체의 회전운동의 해석에서는 질량 2차모멘트(moment of inertia of mass)가 사용된다. 이를 질량의 관성모멘트라고도 한다. 질량 2차모멘트의 계산 과정과 이에 관련된 평행축 정리 등은 단면 2차모멘트의 경우와 유사하다.

(1) 질량 2차모멘트의 정의

어떤 축 또는 평면(이것을 관성축 또는 관성평면이라 한다)에 대한 질량 M의 2차모멘트 I는, 미소질량 dM과 그 축 또는 평면으로부터 미소질량까지의 거리 ρ의 제곱을 곱한 값인 ρ^2 dM을 질량 전체에 대하여 적분한 것으로 정의한다.

$$I = \int_M \rho^2 dM \tag{13.1}$$

질량 2차모멘트는 $(거리)^2 \times (질량)$이므로 그 단위는 $[ML^2]$으로 $kg_m \cdot m^2$, $lb_m \cdot ft^2$ 등이다. 또 질량 대신에 힘의 단위를 사용하면 $[FLT^2]$으로 $N \cdot m \cdot s^2$, $lb \cdot ft \cdot s^2$등이다. 질량 2차모멘트도 면적 2차모멘트와 같이 항상 양수이다.

(2) 질량 2차모멘트의 종류

질량 2차모멘트는 관성축(慣性軸)에 관한 질량 2차모멘트(axial moment of inertia of mass)와 관성평면(慣性平面)에 관한 질량 2차모멘트(planar moment of inertia of mass)로 분류할 수 있다.

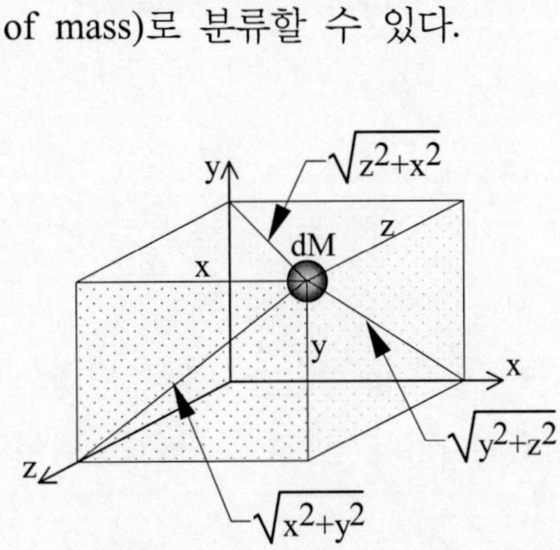

그림 13.1 질량 2차모멘트

그림 13.1과 같은 직각 좌표계에서 좌표축 및 좌표평면에 관한 질량 2차모멘트를 정의해 보자. 그림에는 좌표축 x, y, z로부터 미소질량 dM까지의 거리를 표시하였으며, 미소질량의 위치인 좌표 (x, y, z)는 각각 yz-평면, zx-평면, xy-평면으로부터 dM까지의 거리를 나타낸다. 따라서 관성축 x, y, z에 관한 질량 2차모멘트 I_x, I_y, I_z와 관성평면 xy, yz, zx평면에 관한 질량 2차모멘트 I_{xy}, I_{yz}, I_{zx}는 각각 다음과 같이 정의된다.

(1) 축에 관한 질량 2차모멘트: 좌표축이 관성축인 경우

$$I_x = \int_M (y^2 + z^2) dM \tag{13.2a}$$

$$I_y = \int_M (z^2 + x^2) dM \tag{13.2b}$$

$$I_z = \int_M (x^2 + y^2) dM \tag{13.2c}$$

(2) 평면에 관한 질량 2차모멘트: 좌표평면이 관성평면인 경우

$$I_{xy} \equiv I_{yx} = \int_M z^2 dM \tag{13.2d}$$

$$I_{yz} \equiv I_{zy} = \int_M x^2 dM \tag{13.2e}$$

$$I_{zx} \equiv I_{xz} = \int_M y^2 dM \tag{13.2f}$$

평면에 관한 질량 2차모멘트 I_{xy}, I_{yz}, I_{zx}와 질량의 상승모멘트(product of inertia) P_{xy}, P_{yz} 및 P_{zx}는 다르다는 것을 주의해야 한다. 또 축에 관한 질량 2차모멘트(I_x, I_y, I_z)와 평면에 관한 질량 2차모멘트(I_{xy}, I_{yz}, I_{zx}) 사이에 다음의 관계를 확인할 수 있다.

$$I_x = I_{xy} + I_{xz} \ ; \quad I_y = I_{yz} + I_{yx} \ ; \quad I_z = I_{zy} + I_{zx} \tag{13.3}$$

2 회전반경

축 또는 평면에 관한 질량의 회전반경 k는 단면의 회전반경과 마찬가지로 다음과 같이 정의한다. 회전반경의 단위는 길이의 단위이다.

$$I = Mk^2,\ \text{또는}\ k = \sqrt{\frac{I}{M}} \tag{13.4a}$$

- 따라서 x, y, z축에 관한 회전반경은 다음과 같다.

$$k_x = \sqrt{\frac{I_x}{M}}\ ;\ k_y = \sqrt{\frac{I_y}{M}}\ ;\ k_z = \sqrt{\frac{I_z}{M}} \tag{13.4b}$$

3 질량 상승모멘트

그림 13.1과 같은 질량에 대하여 2개의 직교축(x와 y, y와 z, z와 x)에 관한 질량 M의 관성적(慣性積, product of inertia) 또는 질량 상승모멘트 P_{xy}, P_{yz} 및 P_{zx}를 정의한다.

$$P_{xy} \equiv P_{yx} = \int xydM\ ;\ P_{yz} \equiv P_{zy} = \int yzdM\ ;\ P_{zx} \equiv P_{xz} = \int zxdM \tag{13.5}$$

질량 상승모멘트 P_{xy}, P_{yz} 및 P_{zx}는 평면에 관한 질량 2차모멘트 I_{xy}, I_{yz} 및 I_{zx}와 정의가 다르므로 그 차이를 명확히 알아야 한다.

질량 상승모멘트의 단위는 질량 2차모멘트의 단위와 같다. 그러나 부호는 양수 또는 음수가 될 수 있다. 질량 상승모멘트는 질량에 2개의 좌표를 곱한 형식이다. 그러므로 2개의 좌표의 부호가 같으면 양수이고, 좌표의 부호가 다르면 음수이다. 또 2개의 축 중에서 어느 하나라도 질량의 대칭축이면 질량 상승모멘트는 0이 된다.

4 평행축 정리

면적의 2차모멘트에 관한 평행축 정리와 마찬가지로 질량 2차모멘트에 관한 평행축 정리(平行軸 定理, parallel-axis theorem)가 성립한다.

$$I_M = \bar{I}_M + M\,d^2 \tag{13.6}$$

여기서 M은 물체의 전체 질량, $\bar{I}_M$은 물체의 도심축에 관한 질량 2차모멘트, I_M은 도심축에 평행한 관성축에 관한 질량 2차모멘트, d는 평행한 2축 사이의 거리이다. xyz-좌표계에서 질량 M인 물체의 도심의 좌표가 ($\bar{x}$,

$\bar{y}$, $\bar{z}$) 일 때, 도심축에 관한 질량 2차모멘트 ($\bar{I}_x$, $\bar{I}_y$, $\bar{I}_z$)와 x, y, z축에 관한 질량 2차모멘트 (I_x, I_y, I_z)사이에 다음과 같은 평행축 정리가 성립한다.

$$
\begin{aligned}
I_x &= \bar{I}_x + M(\bar{y}^2 + \bar{z}^2) \\
I_y &= \bar{I}_y + M(\bar{z}^2 + \bar{x}^2) \\
I_z &= \bar{I}_z + M(\bar{x}^2 + \bar{y}^2)
\end{aligned} \qquad (13.7)
$$

질량 상승모멘트(P_{xy}, P_{yz}, P_{zx})에 대해서도 유사한 평행축 정리를 유도할 수 있다.

$$
\begin{aligned}
P_{xy} &= \bar{P}_{xy} + M\bar{x}\,\bar{y} \\
P_{yz} &= \bar{P}_{yz} + M\bar{y}\,\bar{z} \\
P_{zx} &= \bar{P}_{zx} + M\bar{z}\,\bar{x}
\end{aligned} \qquad (13.8)
$$

또 평면에 관한 질량 2차모멘트(I_{xy}, I_{yz}, I_{zx})에서도 유사한 정리를 유도할 수 있으며, 이를 평행면 정리(平行面 定理, parallel-plane theorem)라고도 한다. 즉, 물체의 어떤 평면에 관한 질량 2차모멘트는, 그 평면과 평행하면서 도심을 포함하는 평면인 도심면(圖心面, centroidal plane)에 관한 질량 2차모멘트에 평행평면 사이의 거리의 제곱과 질량의 곱을 더한 것과 같다.

$$
\begin{aligned}
I_{xy} &= \bar{I}_{xy} + M\bar{z}^2 \\
I_{yz} &= \bar{I}_{yz} + M\bar{x}^2 \\
I_{zx} &= \bar{I}_{zx} + M\bar{y}^2
\end{aligned} \qquad (13.9)
$$

5 얇은 판의 질량 2차모멘트 – 면적 2차모멘트의 이용

물체가 얇은 균질평판으로서 두께 t와 밀도가 일정할 때, 질량 2차모멘트 I_{mass}는 면적 2차모멘트 I_{area}를 이용하면 쉽게 계산된다. 그림 13.2와 같이 xy-평면에 있는 평판에서 x-축 및 y-축과 평판에 수직한 z-축에 관한 질량 2차모멘트를 구해 보자. 미소면적 dA에 대응하는 미소질량은 $dM = \gamma t\, dA$이므로, 질량 2차모멘트의 정의로부터 다음의 관계식이 유도된다.

$$I_{x,\,mass} = \int y^2 dM = \gamma t \int y^2 dA = \gamma t\, I_{x,\,area} \qquad (13.10a)$$

$$I_{y,\,mass} = \int x^2 dM = \gamma t \int x^2 dA = \gamma t\, I_{y,\,area} \qquad (13.10b)$$

$$I_{z,\,mass} = \int r^2 dM = \gamma t \int (x^2 + y^2) dA = \gamma t\, J_O \qquad (13.10c)$$

여기서 $I_{x,\,area}$ 및 $I_{y,\,area}$는 x축 및 y축에 관한 면적 2차모멘트이고, J_O는 극단면 2차모멘트(면에 수직한 z축에 관한 단면 2차모멘트 $I_{z,\,area}$)이다. 즉, 얇은 판의 질량 2차모멘트는 동일한 형상의 면적의 동일 관성축에 대한 면적 2차모멘트에 단위 면적당의 질량(γt)을 곱한 것이다.

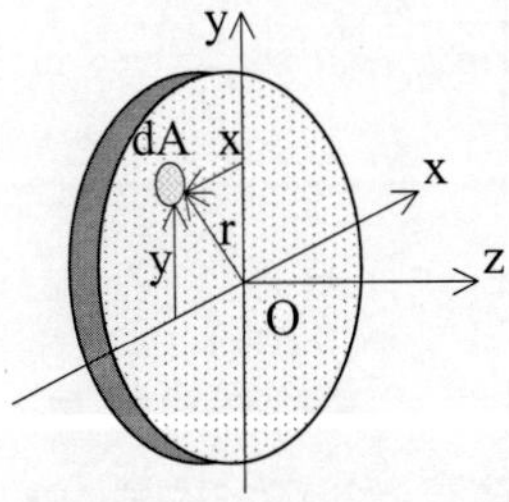

그림 13.2 얇은 판

면적 2차모멘트를 이용하여 기본적인 형상의 얇은 판에 대한 질량 2차모멘트를 계산하여 정리한다. 얇은 판의 밀도는 γ, 두께는 t이며, 면적 2차 모멘트는 표 12.1의 결과를 활용한다.

(1) 직사각형의 얇은 판 (thin rectangular plate of sides a and b)

그림 13.3(a)와 같은 직사각형의 얇은 판($a \times b \times t$)에서 C는 면적의 도심(직사각형의 도심)이며, 전체 질량은 $M = \gamma abt$이다. 따라서 면적 2차모멘트를 이용하여 질량 2차모멘트를 구하면 다음과 같다.

$$I_x = \gamma t(ab^3/12) = Mb^2/12 \qquad (13.11a)$$

$$I_y = \gamma t(a^3b/12) = Ma^2/12 \qquad (13.11b)$$

$$I_z = I_x + I_y = M(a^2 + b^2)/12 \qquad (13.11c)$$

(2) 원형의 얇은 판 (thin circular plate, or disk, of radius r)

그림 13.3(b)와 같은 원형의 얇은 판(반경 r, 두께 t)에서 C는 면적의 도심(원의 중심)이며, 전체질량은 $M = \gamma \pi r^2 t$이다. 따라서 면적 2차모멘트를

이용하여 질량 2차모멘트를 구하면 다음과 같다.

$$I_x = \gamma t(\pi r^4/4) = Mr^2/4 \tag{13.12a}$$

$$I_y = I_x = Mr^2/4 \tag{13.12b}$$

$$I_z = I_x + I_y = Mr^2/2 \tag{13.12c}$$

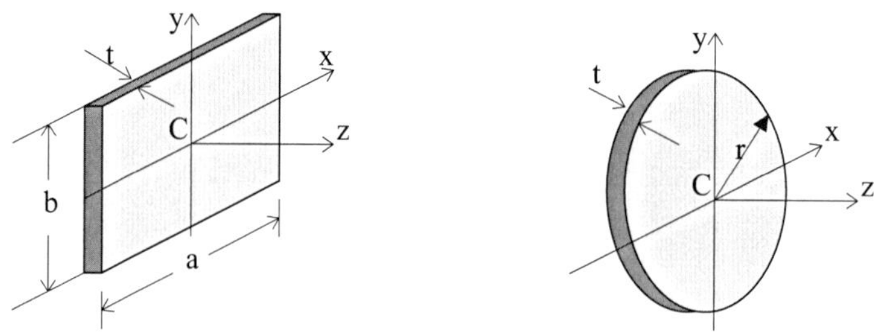

그림 13.2 얇은 판의 질량 2차모멘트와 면적 2차모멘트

표 13.1 Moment of inertia of mass for common solids (다음 페이지에 계속)

(1) slender straight bar 가는 직선봉 $M = \gamma L$ $\bar{x} = a/2,\ \bar{y} = b/2,$ $\bar{z} = c/2$	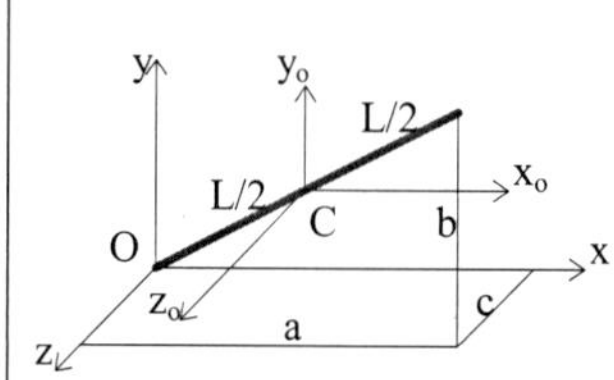	$I_x = M(b^2 + c^2)/3$ $\bar{I}_x = M(b^2 + c^2)/12$ $I_y = M(c^2 + a^2)/3$ $\bar{I}_y = M(c^2 + a^2)/12$ $I_z = M(a^2 + b^2)/3$ $\bar{I}_z = M(a^2 + b^2)/12$ $P_{xy} = Mab/3$ $\bar{P}_{xy} = Mab/12$
(2) rectangular prism 직육면체 $M = \gamma abc$ $\bar{x} = a/2,\ \bar{y} = \bar{b}/2,$ $\bar{z} = c/2$	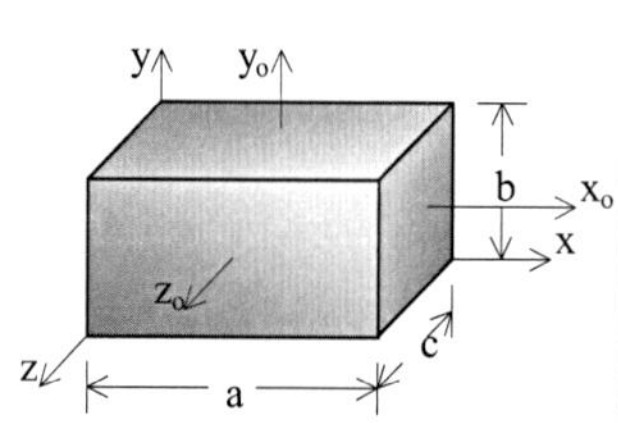	$I_x = M(b^2 + c^2)/3$ $I_x = M(b^2 + c^2)/12$ $I_y = M(c^2 + a^2)/3$ $\bar{I}_y = M(c^2 + a^2)/12$ $I_z = M(a^2 + b^2)/3$ $\bar{I}_z = M(a^2 + b^2)/12$ $P_{xy} = Mab/4 \quad \bar{P}_{xy} = 0$
(3) circular cylinder 원주 $M = \gamma \pi a^2 L$ $\bar{x} = L/2,\ \bar{y} = 0,\ \bar{z} = 0$	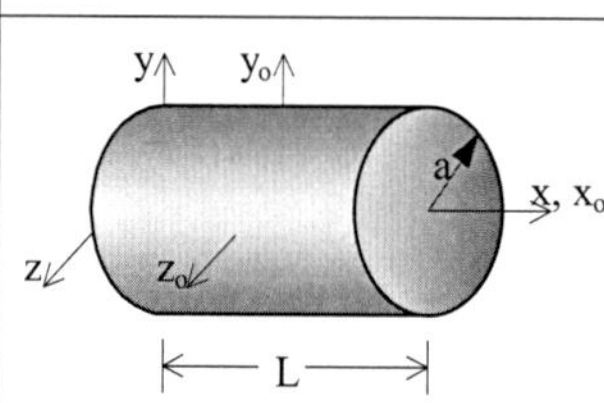	$I_x = \bar{I}_x = Ma^2/2$ $I_y = M(3a^2 + 4L^2)/12 = I_z$ $\bar{I}_y = M(3a^2 + L^2)/12 = \bar{I}_z$ $P_{xy} = P_{yz} = P_{zx} = 0 \quad \bar{P}_{yz} = 0$

표 13.1 Moment of inertia of mass for common solids

(4) circular cone 원추 $M = \gamma\pi a^2 L/3$ $\bar{x} = 3L/4,\ \bar{y} = 0,$ $\bar{z} = 0$	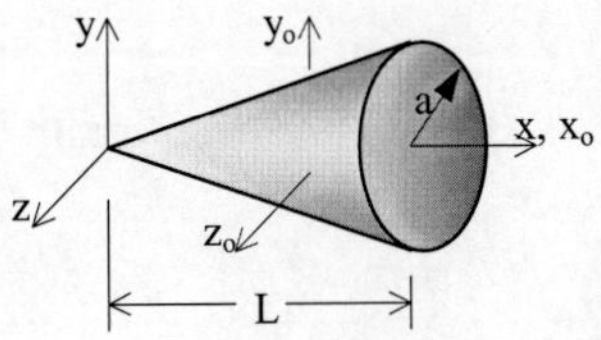	$I_x = \bar{I}_x = 3Ma^2/10$ $I_y = 3M(a^2 + 4L^2)/20 = I_z$ $\bar{I}_y = 3M(4a^2 + L^2)/80 = \bar{I}_z$ $P_{xy} = P_{yz} = P_{zx} = 0 \quad \bar{P}_{yz} = 0$
(5) sphere 구 $M = 4\gamma\pi a^3/3$	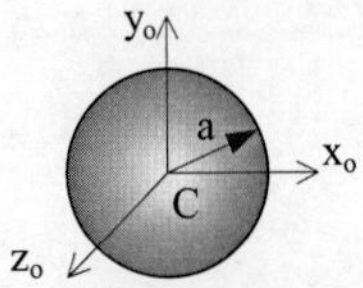	$\bar{I}_x = \bar{I}_y = \bar{I}_z = 2Ma^2/5$ $\bar{P}_{xy} = \bar{P}_{yz} = \bar{P}_{zx} = 0$
(6) circular tube 얇은 벽의 중공원주 $M = 2\gamma\pi aL$ $\bar{x} = L/2,\ \bar{y} = 0,\ \bar{z} = 0$	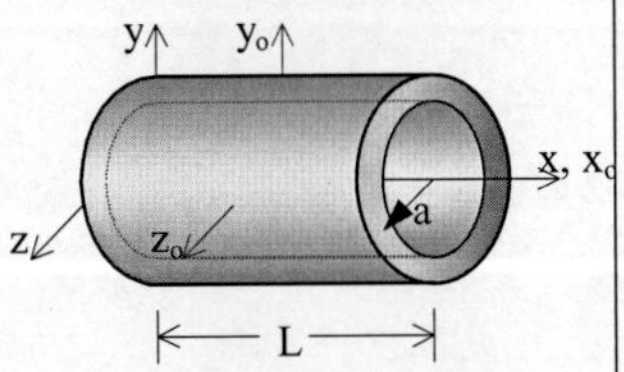	$I_x = \bar{I}_x = Ma^2$ $I_y = M(3a^2 + 2L^2)/6 = I_z$ $\bar{I}_y = M(6a^2 + L^2)/12 = \bar{I}_z$ $P_{xy} = P_{yz} = P_{zx} = 0 \quad \bar{P}_{yz} = 0$
(7) spherical shell 얇은 벽의 중공 구 $M = 4\gamma\pi a^2$	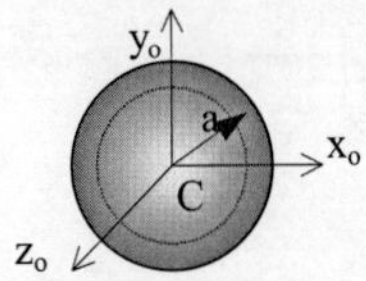	$\bar{I}_x = \bar{I}_y = \bar{I}_z = 2Ma^2/3$ $\bar{P}_{xy} = \bar{P}_{yz} = \bar{P}_{zx} = 0$

6 예제

(1) 기본적인 물체의 질량 2차모멘트 – 적분을 이용한 계산 예

E13.1 그림 E13.1과 같이 길이 L이고 전체 질량이 M인 가늘고 긴 균질의 봉(homogeneous slender rod)에서, 봉의 축(x축)에 수직한 도심축(y_o축)에 관한 질량 2차모멘트 $\bar{I}_y$를 구하라. 또 x축에 수직하며 봉의 한 끝을 지나는 축(y축)에 관한 질량 2차모멘트 I_y를 구하라.

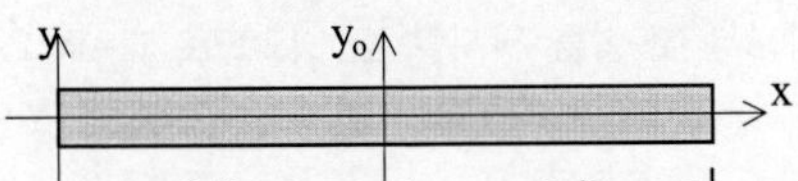

E13.1

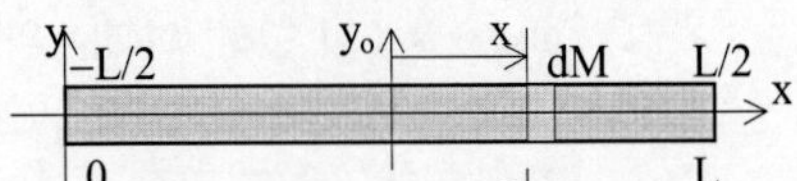

E13.1(a)

풀이 봉이 균질하면 단위길이 당의 질량은 M/L이므로, 그림 13.1(a)와 같은 미소요소의 질량은 $dM = \frac{M}{L}dx$이다. $\bar{I}_y$를 구하기 위한 적분구간은 $-\frac{L}{2} \le x \le \frac{L}{2}$이고, I_y를 구하기 위한 적분구간은 $0 \le x \le L$이다.

$$\bar{I}_y = \int x^2 dM = \int_{-L/2}^{L/2} x^2 \frac{M}{L} dx = \frac{ML^2}{12}$$

$$I_y = \int x^2 dM = \int_0^L x^2 \frac{M}{L} dx = \frac{ML^2}{3}$$

도심축에 관한 질량 2차모멘트 $\bar{I}_y$를 계산한 다음에 I_y를 구하기 위하여 평행축 정리를 이용할 수도 있다.

$$I_y = \bar{I}_y + M\bar{x}^2 = ML^2/12 + M(L/2)^2 = ML^2/3$$

E13.2 그림 E13.2와 같은 직육면체($a \times b \times c$)에서, z축에 관한 질량 2차모멘트를 구하라. 좌표축의 원점은 yz-평면상의 면($b \times c$)의 도심이다.

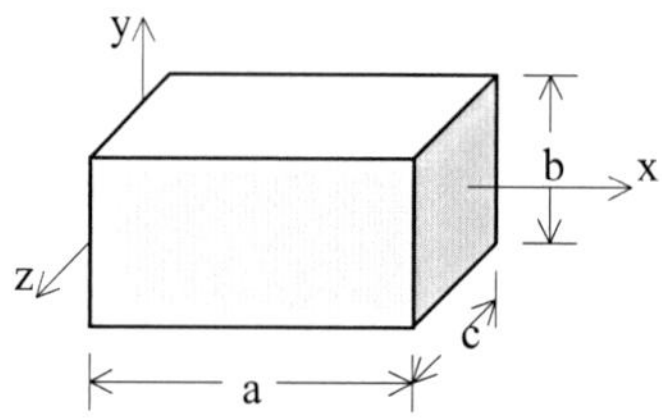

E13.2

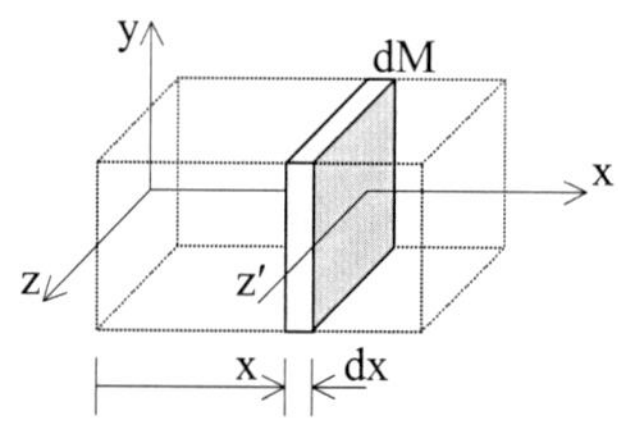

E13.2(a)

해 물체의 밀도를 γ라 하면 전체질량은 $M = \gamma abc$이다. 미소요소로서 그림 E13.2(a)와 같이 얇은 판($b \times c \times dx$)을 취하면 미소질량은 $dM = \gamma bcdx$이며, 얇은 판의 도심축 z'에 관한 질량 2차모멘트는 식(13.11)로부터 $dI_{z'} = b^2\, dM/12$이다. 미소요소의 z축에 관한 질량 2차모멘트를 평행축 정리를 이용하여 구하면, $dI_z = dI_{z'} + x^2\, dM = b^2\, dM/12 + x^2\, dM = (b^2/12 + x^2)\gamma bcdx$이므로 이를 $x = 0$부터 $x = a$까지 적분하면 된다.

$$I_z = \int dI_z = \int_0^a (\frac{1}{12}b^2 + x^2)\gamma bcdx = \gamma abc(b^2/12 + a^2/3) = M(b^2/12 + a^2/3)$$

만약 b가 a에 비하여 매우 작으면($b \ll a$) 가늘고 긴 직육면체(slender rectangular prism)가 되며, 이때는 위의 식에서 첫 항을 무시할 수 있으므로 $I_z = Ma^2/3$라고 할 수 있다. 이 결과는 예제 E13.1에서 $L = a$일 때의 결과와 일치함을 확인할 수 있다.

마찬가지 방법으로 y축에 관한 질량 2차 모멘트도 구할 수 있다.

$$I_y = M(c^2/12 + a^2/3)$$

E13.3 그림 E13.3(a)와 같이 질량 M인 균질의 등단면 각주(等斷面 角柱, prismatic bar)에서, 밑면(면적 A)에 수직한 임의의 축(z)에 관한 질량 2차모멘트 I는 밑면의 z축에 대한 극회전반경(polar radius of gyration)의 제곱($k^2 = J/A$)에 질량을 곱한 것과 같다는 것을 보여라. 이 결과($I = Mk^2$)를 이용하여, 그림 E13.3(b)와 같이 내반경과 외반경이 각각 r 및 R이고 길이 L이며 질량 M인 중공원주(中空圓柱, hollow circular bar)의 중심축 z에 관한 질량 2차모멘트를 구하라.

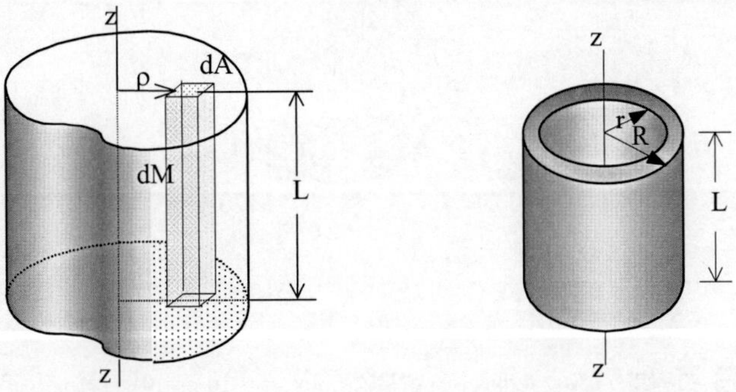

E13.3(a) E13.3(b)

풀이 (i) 등단면 각주의 질량 2차모멘트 : 각주의 밀도를 γ라 할 때, 질량은 $M = \gamma LA$이다. 그림 E13.3(a)와 같이 각주의 밑면에 수직인 z축에서 동일 거리(ρ)에 있는 가늘고 긴 각주모양의 미소질량 dM을 취한다. 미소각주의 밑면적은 dA, 길이는 L이므로 $dM = \gamma LdA$이다. 따라서 질량 2차모멘트의 정의와 밑면의 면적에 대한 극단면 2차모멘트의 정의를 차례로 이용하여 다음 결과를 유도할 수 있다.

$$I = \int \rho^2 dM = \gamma L \int \rho^2 dA = \gamma LJ = \gamma L(Ak^2) = Mk^2 \qquad (13.13)$$

(ii) 중공원주의 질량 2차모멘트 : 외반경이 R이고 내반경이 r인 중공 원형단면의 중심축에 관한 극단면 2차모멘트는 다음과 같이 쓸 수 있다.

$$J = \pi(R^4 - r^4)/2 = \pi(R^2 + r^2)(R^2 - r^2)/2$$

밑면의 면적은 $A = \pi(R^2 - r^2)$이므로, $k^2 = J/A = (R^2 + r^2)/2$이다. 따라서 중공원주의 z축에 관한 질량 2차모멘트는 다음과 같다.

$$I = Mk^2 = \frac{1}{2}M(R^2 + r^2)$$

(2) 합성체(合成體, composite body)의 질량 2차모멘트 – 평행축 정리의 응용 예

E13.4 길이 120 mm이고 반경 60 mm의 강철 원주에 그림 E13.4와 같이 축방향의 원형 구멍을 4개 뚫었다. 구멍의 직경은 20 mm이고, 구멍의 중심은 반경 30 mm의 동심원주상에 등간격으로 위치한다. 강철의 밀도가 7850 kg/m³일 때, 구멍뚫린 원주의 중심축(x축)에 관한 질량 2차모멘트를 구하라.

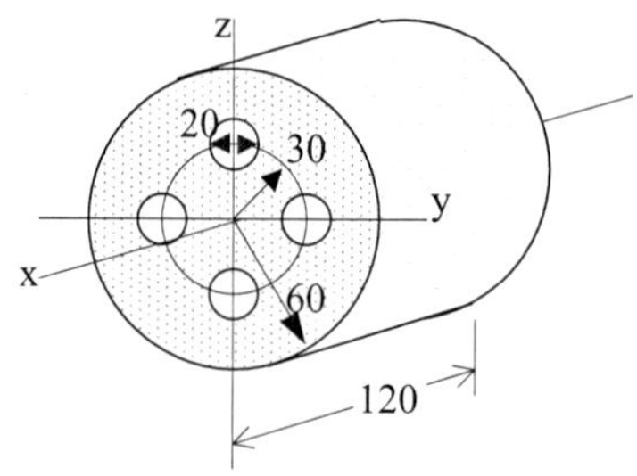

E13.4

해 그림과 같이 4개의 원형구멍(hole; r = 10mm)이 뚫어진 원주(cylinder : R = 60mm)의 질량 2차모멘트는, 원주의 질량 2차모멘트 I_c에서 구멍 4개의 질량 2차모멘트 $4I_h$를 뺀 것이다. 원주와 구멍 하나의 질량은 각각 다음과 같다. ($7850 kg/m^3 = 7.850 \times 10^{-6}$ kg/mm^3)

원주 : $M_c = (7.850 \times 10^{-6})\ \pi\ (60)^2\ (120) = 3.3912\pi$ kg = 10.654 kg

구멍 : $M_h = (7.850 \times 10^{-6})\ \pi\ (10)^2\ (120) = 0.5652\pi$ kg = 1.776 kg

원주의 x축에 관한 질량 2차모멘트를 표 13.1-(3)을 이용하여 구하고, 평행축 정리를 이용하여 구멍부분의 x축에 관한 질량 2차모멘트를 구한다.

$I_{cx} = M_c R^2/2 = 6104.16\pi = 19.177 \times 10^3\ kg \cdot mm^2 = 19.177 \times 10^{-3}\ kg \cdot m^2$

$I_{hx} = M_h r^2/2 + M_h d^2 = 0.5652\pi\ (10^2/2 + 30^2) = 536.94\pi\ kg \cdot mm^2$

$= 1.687 \times 10^{-3}\ kg \cdot m^2$

따라서 4개의 구멍이 뚫린 원주의 x축에 관한 질량 2차모멘트는,

$\bar{I}_x = I_{cx} - 4I_{hx} = 6104.16\pi - 4(536.94\pi) = 3956.4\pi\ kg \cdot mm^2$

$= 12.429 \times 10^{-3}\ kg \cdot m^2$

E13.5 그림 E13.5와 같은 회전바퀴(flywheel)가 밀도 7850 kg/m³인 강철로 만들어져 있다. 바퀴축에 관한 질량 2차모멘트를 구하라. 그림의 치수 단위는 mm이며, 테(rim)의 단면은 직사각형(350 × 75 mm), 바퀴통(hub)의 단면은 직사각

형(300 × 75 mm), 살(spoke)의 단면은 타원형으로 주축의 직경이 각각 100 mm 및 50 mm이다.

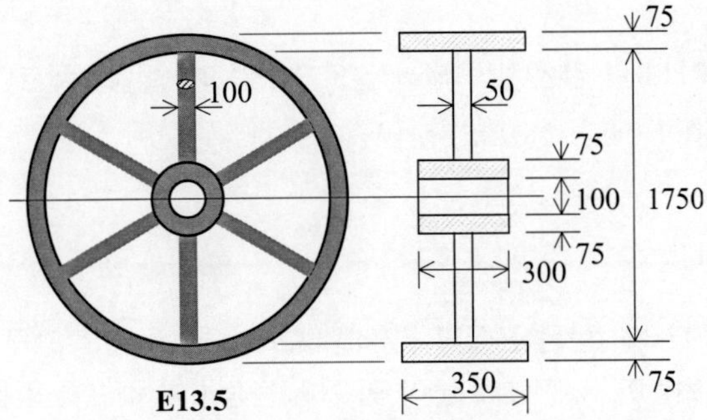

E13.5

풀이 테와 바퀴통 및 살의 관성모멘트 I_r, I_h, I_s를 각각 계산하여 합한다. 테는 외부 원주(반경 950mm)에서 내부 원주(반경 875 mm)를 뺀 것으로 계산한다.

$$I_r = \frac{1}{2}\left[(7850)\ \pi(0.950)^2\ (0.350)\right](0.950)^2 - \frac{1}{2}\left[(7850)\ \pi(0.875)^2\ (0.350)\right](0.875)^2 = 985.4\ \text{kg}\cdot\text{m}^2$$

바퀴통도 외부원주(반경 125 mm)에서 내부원주(반경 50 mm)를 뺀 것으로 계산한다.

$$I_h = \frac{1}{2}\left[(7850)\ \pi(0.125)^2\ (0.30)\right](0.125)^2 - \frac{1}{2}\left[(7850)\ \pi(0.05)^2\ (0.30)\right](0.05)^2 = 0.9\ \text{kg}\cdot\text{m}^2$$

살의 질량 2차모멘트 I_s는 예제 E13.1의 결과와 평행축 정리를 이용하여 구한다. 살은 타원주로서 장반경 50 mm, 단반경 25 mm, 길이 875 − 125 = 750 mm이다.

$$m_s = (7850)[\pi(0.05)(0.025)(0.75)] = 23.12\ \text{kg}$$

$$I_s = \frac{1}{12}(23.12)(0.750)^2 + (23.12)(0.125 + 0.750/2)^2 = 6.9\ \text{kg}\cdot\text{m}^2$$

따라서 회전바퀴의 회전축에 관한 질량 2차모멘트는 다음과 같다.

$$I = I_r + I_h + 6I_s = 985.4 + 0.9 + 6(6.9) = 1027.7\ \text{kg}\cdot\text{m}^2$$

Exercise

13.1 적분을 이용하여 표 13.1의 물체에 대한 질량 2차모멘트를 계산하라.

13.2 그림 P11.8과 같은 반구에서 밀도가 γ일 때, 질량 2차모멘트 I_x 및 I_y를 구하라. 답 $I_x = I_y = 2Mr^2/5$, $M = \gamma(2\pi r^3/3)$

13.3 그림 P13.3과 같은 균질의 원환(圓環, circular ring)의 평균반경이 r, 질량이 M이다. 원환이 yz-평면에 놓여 있으며, 중심 C가 좌표축의 원점이다. 원환의 각 좌표축에 관한 질량 2차모멘트 I_x, I_y, I_z를 구하라.

답 $I_x = Mr^2$, $I_y = Iz = Mr^2/2$

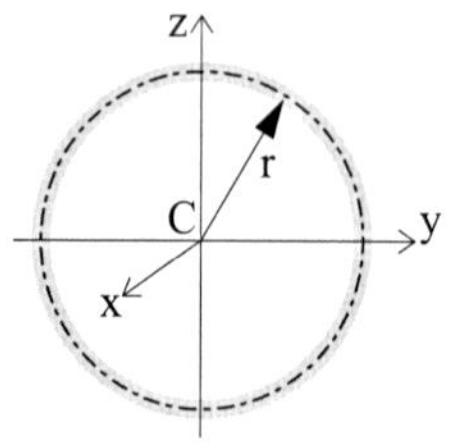

P13.3

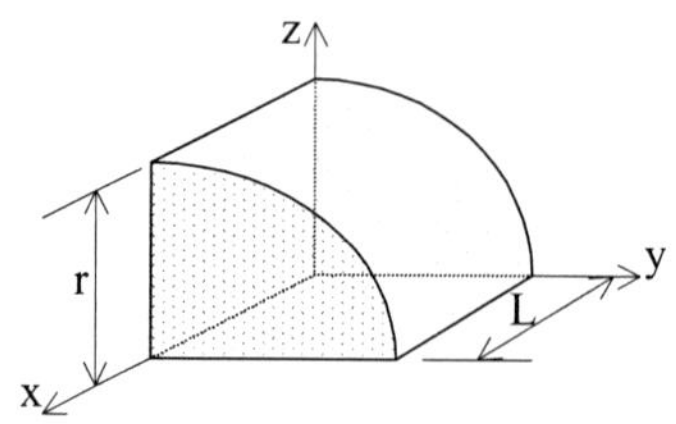

P13.4

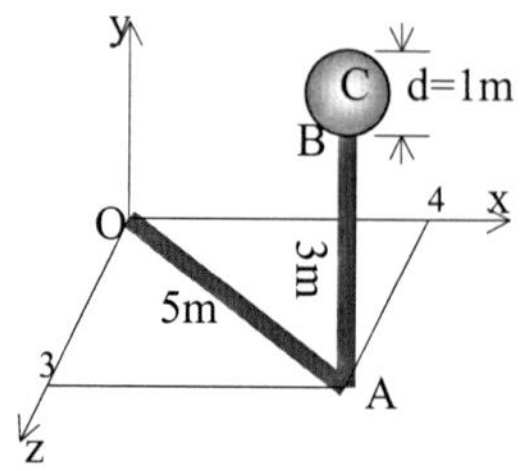

P13.5

13.4 그림 P13.4와 같은 사분원주(四分圓柱, 반경 r, 길이 L)의 질량 상승모멘트 P_{yz}와 P_{zx}를 구하라. 답 $P_{yz} = Mr^2/2\pi$, $P_{zx} = 2MrL/3\pi$

13.5 그림 P13.5와 같은 합성물체에서, xz-평면에 놓여 있는 균질봉 OA, y축에 평행한 균질봉 AB 및 봉 AB의 끝에 놓인 균질의 구 C의 질량이 각각 120 kg, 100 kg 및 200 kg이다. 구의 직경은 1m, 점 A와 B의 좌표는 (4, 0, 3) 및 (4, 3, 3)이며 좌표의 단위는 m이다.

(1) 합성물체의 질량의 y축에 관한 회전반경을 구하라. 답 4.50 m

(2) 합성물체의 질량 상승모멘트 P_{xy}를 구하라. 답 $3400\ kg \cdot m^2$

13.6 예제 E13.4에서 구멍이 하나만 있을 때, I_x를 구하라.

13.7 그림 P13.7과 같은 단면을 a-a축을 중심으로 한 바퀴 회전시켜서 복부판(腹部板, solid web)이 있는 회전바퀴(flywheel)를 만든다. 1 lb = (1slug)(32.2ft/sec^2)임을 알 때, 회전축에 관한 회전바퀴의 질량 2차모멘트를 구하라. 재료는 주철로서 단위중량이 450 lb/ft^{3}이다.

답 2.12 slug-ft^2

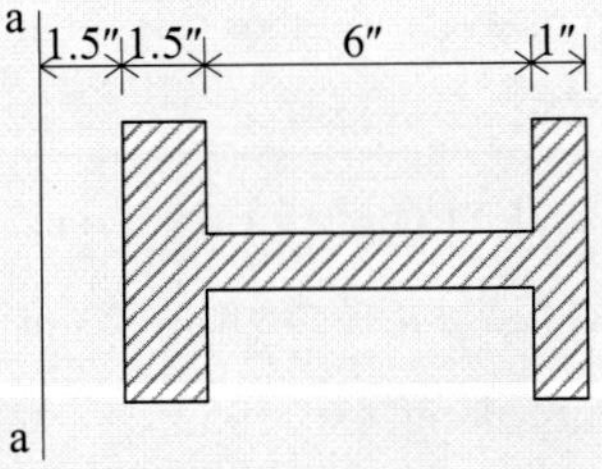

P13.7

참고문헌

- references -

(1) Beer, F.P. and Johnston, E.R., Vector Mechanics for Engineers – Statics, McGraw-Hill, Inc., 1984.

(2) Levinson, I.J., Statics and Strength of Materials, Prentice-Hall, Inc., 1971.

(3) McLean, W.G. and Nelson, E.W., Theory and Problems of Engineering Mechanics, Schaum Publishing Co. 1952.

(4) Meriam, J.L., Engineering Mechanics : vol. 1 Statics, John-Wiley & Sons, 1981.

(5) Hibbeler, R.C., Engineering Mechanics, McMillan Co., 1987

(6) 곽 윤근, 안 성청 공역, 공업역학(Higdon, A. 외 원저), 청문각, 1989.

(7) 박 영조, 이 해경, 공업역학, 문운당, 1982.

(8) 오 양균, 공업역학, 형설출판사, 1990.

(9) 유 철수, 민 만기 공저, 공업역학, 고려대학교 출판부, 1984.

(10) 이 성로, 이 봉구, 우 호길, 공업역학, 형설출판사, 1989.

찾아보기

- INDEX -

Related Title

기본열역학

1. 열역학의 기본 개념 2. 순수 물질의 상태량 3. 열, 일 및 질량에 의한 에너지 전달 4. 열역학 제1법칙 5. 열역학 제2법칙 6. 엔트로피 7. 기체 동력 사이클 8. 증기 동력 사이클 9. 냉동 사이클 10. 기체 혼합물 / 부록 1. 물성치 표와 선도(SI 단위계) / 부록 2. 물성치 표와 선도(영국 단위계) / 부록 3. EES 입문

I S B N	8988825691
저　　자	김덕줄 외
정　　가	26,000원
출간년도	2004-12

강의자료 PowerPoint
Solution manual

알기 쉽게 설명한 핵심 기초 유체역학

제1장 서론
제2장 유체의 기본성질
제3장 유체 정역학
제4장 유체운동학
제5장 에너지 방정식
제6장 운동량 이론
제7장 내부 층류유동
제8장 관로의 손실

I S B N	9788972837909
저　　자	유주식
정　　가	21,000원
출간년도	2012-03

쉽게 배우는 유체역학, 4판(한국어판)

I S B N	9788972838340
저　　자	고형종 외
정　　가	28,000원
출간년도	2010-03

System Dynamics, 2/E

I S B N	9780073529271
저　　자	Palm
정　　가	39,000원
출간년도	2009-01

Fluid Mechanics with Multimedia DVD, 5/Ed

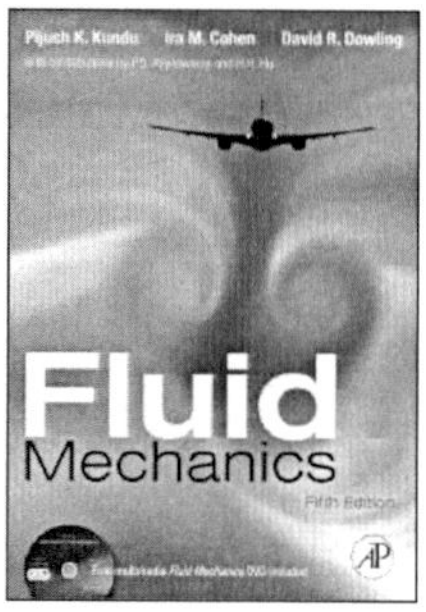

I S B N	9780123821003
저　　자	Kundu
정　　가	59,000원
출간년도	2011-09

Introduction to Fluid Mechanics, 4/Ed

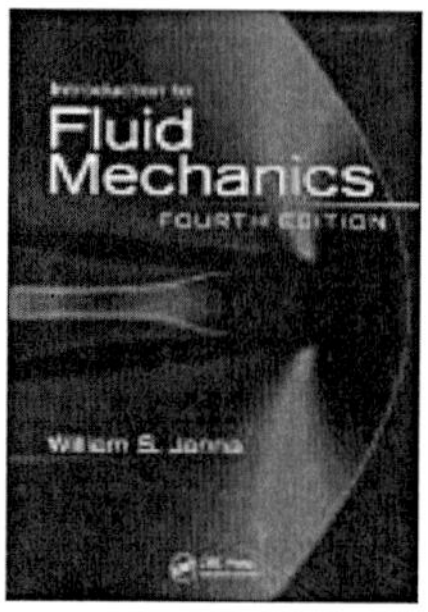

I S B N	9781420085242
저　　자	Janna
정　　가	55,000원
출간년도	2009-11

| 저자 소개 |

류 연 선

- 부경대학교 해양공학과 교수
- 아이오와대학교 기계공학과(공학박사)

정가 16,000원

공업역학 [정역학]

2012년 7월 13일 초판 인쇄
2012년 7월 20일 초판 발행
저　자 : 류연선
발행자 : 우명찬 · 송　준
발행처 : 홍릉과학출판사
주　소 : 서울시 강북구 인수동 455-60
142-885
등　록 : 1976년 10월 21일 제5-66호
전　화 : (02) 999-2274~5, 903-7037
팩　스 : (02) 905-6729
e-mail: hongpub@hongpub.co.kr
http://www.hongpub.co.kr
ISBN: 978-89-97570-25-6

저자와의 협의하에 인지생략